5G 无线接入网络：中心化无线接入，云无线接入以及小小区虚拟化

5G Radio Access Networks: Centralized RAN, Cloud-RAN, and Virtualization of Small Cells

〔印〕Hrishikesh Venkatarman　〔美〕Ramona Trestian　著

王军选　江　帆　译

西安邮电大学学术专著出版基金资助

科学出版社

北　京

图字：01-2019-0295 号

内 容 简 介

本书内容涵盖了5G无线通信的无线接入网架构、关键技术以及物联网接入优化等内容。在以用户为中心的5G网络体系部分，介绍了基于C-RAN架构的软件定义网络、网络功能虚拟化、移动性管理技术以及自配置的网络管理功能。在5G关键技术中讨论了非正交接入、云计算、云管理和控制等技术；同时对5G应用也进行了研究，包括虚拟化无线接入IOT传感器应用、大规模传感器网络服务的上行跨层优化技术等。

本书主要介绍5G无线网络架构以及虚拟化的关键技术和应用，可供通信领域高年级本科生、研究生阅读与参考，同时也可供无线通信领域的工程师和高级设计人员参考。

图书在版编目（CIP）数据

5G无线接入网络：中心化无线接入，云无线接入以及小小区虚拟化 / (印)赫里希克 · 文卡塔曼, (美)拉莫纳 · 特雷斯蒂安著; 王军选, 江帆译. —北京:科学出版社, 2020.3

书名原文: 5G Radio Access Networks: Centralized RAN, Cloud-RAN, and Virtualization of Small Cells

ISBN 978-7-03-064089-5

Ⅰ. ①5… Ⅱ. ①赫…②拉…③王…④江… Ⅲ. ①无线接入技术-接入网 Ⅳ. ①TN915.6

中国版本图书馆CIP数据核字（2020）第015199号

责任编辑：宋无汗 / 责任校对：郭瑞芝

责任印制：张 伟 / 封面设计：陈 敬

科学出版社 出版

北京东黄城根北街16号

邮政编码：100717

http://www.sciencep.com

北京中石油彩色印刷有限责任公司 印刷

科学出版社发行 各地新华书店经销

*

2020年3月第 一 版 开本：720×1000 B5

2022年2月第三次印刷 印张：16 1/2

字数：361 000

定价：120.00 元

（如有印装质量问题，我社负责调换）

译 者 序

作为新一代移动通信技术，相对于4G网络，5G网络可以提供数十倍以上的信息传输速率，而且时延更短、功耗更低、传输更可靠，主要用于满足2020年以后信息对通信的需求。5G技术可以提供密集而高效的网络支持，可以更方便地实现大规模物联网、AR/VR以及工业互联网等场景。目前，已有一些与5G相关的书籍出版，涉及5G的基本介绍到关键技术等。但是，将5G的关键技术、未来发展和具体应用作为有机整体介绍的比较少。本书在介绍相关技术的基础上，对未来的网络进行探讨，同时介绍了基于C-RAN架构的物联网链路的优化，具有一定的特色。

全书共11章，涵盖了5G无线接入网架构、无线网络功能虚拟化以及物联网接入应用等内容。第1章主要介绍5G的网络架构。第2章介绍了5G移动网络中面向高效移动边缘计算管理的分布式架构。第3章概述了非正交多址接入技术的研究进展。第4章介绍了基于C-RAN架构的非正交多址接入下行仿真性能。第5章展望了未来的云计算发展方向、云管理和控制技术。第6章主要讨论了C-RAN中的软件定义网络和网络功能虚拟化技术。第7章研究了C-RAN中的软件定义网络架构。第8章提出了下一代具有软件定义功能的实用移动管理技术。第9章阐述了下一代网络中支持自由化、自配置的网络管理功能。第10章讨论了5G虚拟化无线接入IoT传感器应用中的各种数据融合和压缩技术。第11章介绍了5G C-RAN中支持大规模传感器网络服务的上行链路跨层优化技术。

本书第1～6章由王军选翻译，第7～11章由江帆翻译，研究生王漪楠、焦丽川、刘昊云、张晓晴、黄冠、康敏、袁增、张兰、张欢等对本书的翻译提供了帮助。

感谢国家科技重大专项子课题(项目编号：2017ZX03001012-005)和国家自然科学基金项目(项目编号：61501371)对本书翻译工作的支持。

前　言

在不断发展的电信业中，智能移动计算设备越来越便宜，而其功能越来越强大，将带来移动用户数量和带宽需求的显著增长。为了满足流量的需求，无线通信系统急需相应的解决方案，其中传统基站可以采用分布式的方式部署到更多通用、简单的小型节点上，用以执行尽量小的任务（如射频操作等），同时其他计算密集型任务(如资源分配、基带处理等）将采用集中式部署。集中式或云无线接入网(C-RAN）与传统无线接入网相比有许多优点，并且 C-RAN 提供的架构设计和技术使其成为与 5G 无线网络标准结合的有力候选者。C-RAN 将实现多个小区之间的联合调度和处理，可以实现多个运营商和多个产品供应商之间的无缝覆盖。小小区试图将计算从用户终端/设备移动到类似网络的线路上，该网络要么是小小区节点本身，要么是核心网络。从这方面可知，小小区的功能类似于 C-RAN 所提供的功能。实际上，随着网络功能虚拟化在电信业的迅速发展，通信服务提供商和产品供应商一直在寻求可提供虚拟化功能的小小区。

致　　谢

《5G 无线接入网络：中心化无线接入，云无线接入以及小小区虚拟化》一书能与读者们见面，离不开大家的辛勤工作和团结合作。真诚地感谢 CRC Press 整个团队对本书出版的支持和帮助。感谢审稿人团队在审查过程中投入的大量时间和精力，他们的专业知识使本书得以高质量地出版。同时，还要感谢所有为本书付出努力的工作人员家人的支持和帮助。

特别要提到的是，Hrishikesh Venkatarman 感谢父母给予他涉足新领域的信心；感谢妻子和岳母在撰写本书时对他个人生活方面的关心和付出；还要感谢研究团队，他们的大力支持使得他能专注于本书的撰写。

此外，Ramona Trestian 感谢充满爱心的父母 Maria 和 Vasile，他们无私的爱与关怀成为她工作和生活中的灵感源泉；感谢丈夫 Kumar 的耐心支持，这对本书的完成是必不可少的；最后还要感谢 Noach Anthony，她带来的快乐使生活变得更有价值。

作　　者

Hrishikesh Venkatarman，2004 年在印度理工学院坎普尔分校获得硕士学位，2007 年在德国不来梅雅各布大学获得博士学位，并于 2003～2004 年获得德国学术交流中心奖学金，2004～2008 年获得爱尔兰国家研究奖学金。2008～2013 年，Hrishikesh Venkatarman 担任爱尔兰都柏林城市大学电子工程学院的爱尔兰国家研究中心首席研究员。在此期间，他还担任了由 Everseen 公司和爱尔兰爱立信研究所资助的 RINCE 两个研究项目的项目负责人。2013 年 Venkatarman 博士回到印度，在马衡达信息技术有限公司网络技术部首席技术办公室担任了两年的技术架构师。在这里，他参与了算法的开发、构建解决方案，并在虚拟化领域为欧洲电信标准化协会做出了贡献。

从 2015 年 5 月起，Venkatarman 博士作为印度信息技术研究所的教授，牵头研究车辆和无线通信课题。他担任了印度国家知识网络的机构协调员，也是网络、服务器和信息系统的负责人。此外，Venkatarman 博士还拥有 2 项专利，在由 IEEE、ACM 和 Springer 等承办的国际会议的论文集上发表文章 50 多篇，获得 2 次最佳论文奖。2011 年 4 月～2016 年 4 月，Venkatarman 博士担任了 *Transactions on Emerging Telecommunication Technologies* 的编委。此外，他还主编了两本书，分别由 CRC Press 和 Springer 出版。

Ramona Trestian，2007 年获得罗马尼亚克卢日·纳波卡技术大学电子、通信和信息技术专业工学学士学位，2012 年获得爱尔兰都柏林城市大学电子工程学院博士学位，研究方向为自适应多媒体系统和网络选择机制。2011 年 12 月～2013 年 8 月，她在都柏林的 IBM 实验室担任 IBM/爱尔兰科学研究委员会外聘博士后研究员。目前，是英国米德尔塞克斯大学科学与技术学院设计工程和数学系的高级讲师。在著名的国际会议和期刊上发表过多篇论文，并撰写了两本书，研究方向包括移动与无线通信、多媒体流、切换与网络选择策略以及软件定义网络，是多个国际期刊和会议的评论员、IEEE 青年专业协会会员、IEEE 通信协会和 IEEE 广播技术协会的会员。

贡 献 者

Giuseppe Araniti 于 2000 年在意大利雷焦卡拉布里亚地中海大学获得学士学位，2004 年获得电子工程博士学位，目前任该大学电信学院助理教授。他的主要研究领域包括个人通信系统、增强型无线和卫星系统、流量和无线电资源管理、多播和广播服务、4G/5G 蜂窝网络上的设备到设备和机器类型通信。

Zdenek Becvar 分别于 2005 年和 2010 年在布拉格捷克理工大学获得电信工程硕士和博士学位。2006～2007 年，加入位于布拉格的 Sitronics 研发中心，专注于研究 IP 语音质量。2009 年参与了布拉格捷克理工大学沃达丰研发中心的研究活动。曾在匈牙利布达佩斯理工学院(2007 年)、法国 CEA-Leti(2013 年)和法国通信系统工程师学校与研究中心(2016 年)做实习生。目前是布拉格捷克理工大学电信工程系的副教授。参与了几个以移动网络为重点的欧洲研究项目。2013 年，成为布拉格捷克理工大学欧洲电信标准化协会和 3GPP 标准化组织的代表，是十几个国际会议或研讨会项目委员会的成员，出版了 3 本书，发表了 60 余篇会议或期刊论文，是多个著名期刊的审稿人，包括 IEEE、Wiley、Elsevier 和 Springer 出版的期刊。他致力于为未来移动网络(5G 及以上)开发解决方案，特别关注无线资源管理和移动支持的优化、自我优化、无线接入网架构及小小区。

Namadev Bhuvanasundaram 于 2009 年在印度普杜切里的本地治理大学获得电气、电子和通信工程理学学士学位，2012 年获得英国米德尔塞克斯大学电信工程硕士学位。他的研究方向包括移动和无线通信、多输入多输出系统以及下一代网络的多种接入技术。

Massimo Condoluci 分别于 2011 年和 2016 年在意大利雷焦卡拉布里亚地中海大学获得电信工程硕士学位和信息技术博士学位。2017 年任英国伦敦国王学院信息学系电信研究中心的博士后副研究员。他的主要研究兴趣包括软件化、虚拟化、移动性管理以及面向 5G 系统的群组和机器类型的通信。

Xuan Thuy Dang 于 2013 年获得德国柏林工业大学计算机科学硕士学位。他是德国-土耳其信息通信先进技术研究中心的副研究员，主要研究方向包括：①软件定义网络；②云计算；③业务感知敏捷网络；④移动 ad hoc、延迟容忍和以信息为中心的网络。

Nikos Deligiannis 是布鲁塞尔自由大学电子与信息学系的助理教授、比利时艾曼德研究所的数据科学首席研究员，与 Rodrigues(英国伦敦大学学院)和 Calderbank(美国杜克大学)一起担任荷语布鲁塞尔自由大学-杜克大学-伦敦大学学院大数据联合实验室的主任，同时还担任布鲁塞尔自由大学应用计算机科学硕士项目副主任。他于 2006 年获得希腊帕特拉斯大学的电气和计算机工程硕士学位，并于 2012 年获得布鲁塞尔自由大学应用科学博士学位，研究方向包括大数据挖掘、处理和分析、压缩感知、物联网和分布式处理。发表了超过 75 篇的期刊和会议论文，并拥有一项美国专利(由英国 BAFTA 推广)。他是 2011 年 ACM/IEEE 分布式智能摄像国际会议最佳论文奖和 2013 年比利时 IBM 科学奖的获得者，还是 IEEE 的会员。2013 年 7～9 月，担任希腊总理内阁的顾问，负责对希腊公共部门的物联网和大数据技术整合。2013 年 10 月～2015 年 2 月，是英国伦敦大学电子与电气工程系的高级研究员，英国电影和电视艺术学院的大视觉数据技术顾问。一直为智能城市的大数据分析领域的公司和创业公司提供咨询服务。

Manzoor Ahmed Khan 于 2011 年 12 月在德国柏林工业大学获得计算机科学博士学位。自 2011 年起，担任分布式人工智能实验室的高级研究员和网络与移动中心副主任。他曾任职于巴基斯坦一家主要从事移动运营商的部署和优化部门。主要研究方向包括：①软件定义网络；②云计算；③基于代理的自主网络；④长期演进、网络功能虚拟化、5G 愿景以及 LTE 协议和运营的各种使用案例的实验研究；⑤未来无线网络和分布式云计算系统中以用户为中心的网络选择、资源分配和体验质量。获得了多项最佳论文奖，发表了多篇会议、期刊文章。

Joanna Kusznier 于 2013 年获得德国柏林洪堡大学的经济学硕士学位。主要研究方向包括云计算、自主学习和机器人。

Jiaxiang Liu 于 2017 年在北京邮电大学攻读硕士学位。研究方向包括支持缓存的网络和 5G 的软件定义网络。

Felicia Lobillo 于 1998 年获得塞维利亚大学电信工程硕士学位。从事电信运营商系统集成项目已超过 12 年，对电信行业的业务支持系统具有深入的了解，能通过设计技术解决方案满足业务需求。参与了为期 4 年的欧洲未来网络领域的研发项目，涉及的核心技术包括 5G 的小小区、云、大数据和软件定义网络以及网络功能虚拟化。在此期间，准确地预测了 IT 和电信市场的主要技术趋势。2015 年 11 月，加入了阿托斯 Iberia 的商业智能和分析团队，专注于大数据和分析开发阿托斯商机。

Spyridon Louvros 是位于希腊帕特雷的希腊高等技术与教育学院计算机与信息工程系的助理教授。十多年来，一直为爱立信的官方分包商 Teledrom 公司提供研发咨询和培训服务。他还是塞浦路斯移动云和网络服务(MCNS)的创始人之一。MCNS 是一家电信和云服务公司，提供大数据分析和模型以及移动网络规划与优化方面的专业服务。他毕业于克里特大学物理系，主修应用物理、微电子和激光等专业。在英国克兰菲尔德大学航空航天工程学院电子系统设计系航空电子射频设计和通信研究方向完成了研究生课程。在学习期间，由于在学术上的优秀表现，获得了亚历山德罗斯-欧纳西斯基金会用于西欧研究生教育的 2 年全额奖学金。2004 年，他获得希腊帕特雷大学物理系电子与信息技术部信号处理实验室的博士学位。曾在西门子 TELE S.A.担任微波规划和优化工程师，并在沃达丰希腊股份公司担任网络运营和维护部门的高级开发工程师。加入 Cosmote 蜂窝技术股份公司担任网络统计部门经理和质量保证工程师。在实时网络的统计分析和关键绩效指标方面经验丰富，并在多个项目中提供咨询服务，旨在开发实时监控解决方案和基于专家数据的系统，以实现问题的自动解决。他参与国内和国际研究项目，研究兴趣包括无线通信、移动网络和大数据分析及性能、移动网络容量规划和规模、电信网络中的应用代数拓扑、5G 技术，重点是 CRAN 和无线光通信技术。在国际会议和期刊上发表了 70 多篇论文，参与出版了 12 部图书，论文在国际上多次被引用(被引频次超过 100 次)。他是多个国际期刊积极的论文评阅者。同时，还是 IEEE Society、Hellenic IEEE Communications Chapter 和 Physics Hellenic Union 的会员。

Pavel Mach 分别于 2006 年和 2010 年在布拉格捷克理工大学获得电信工程硕士和博士学位。研究期间，他加入了 Sintronics 和 Vodafone 研发中心的研究小组，专注于无线移动技术。他是 15 个以上国际会议计划委员会的成员，在国际期刊和会议上发表了 50 多篇论文。积极参与了多个国家的国际项目，并且参加了欧盟委员会成立的几个项目。研究兴趣包括认知无线电、设备到设备通信和移动边缘计算。正在研究与无线电资源管理相关的内容，如移动管理、无线电资源分配和新兴无线技术中的功率控制。

Toktam Mahmoodi 是伦敦国王学院信息学系的电信讲师。2013 年在加利福尼亚州圣何塞市 F5 Networks 作访问研究科学家，2010～2011 年在帝国理工学院电气和电子工程系的智能系统和网络研究小组作博士后研究员，2006～2009 年是移动虚拟卓越中心研究员。参与了欧洲 FP7 和 EPSRC 项目，旨在推动下一代移动通信的发展。2002～2006 年，在移动和个人通信行业工作，并在一个研发团队中为无线本地环路应用开发数字增强型无线电信标准。他拥有伊朗谢里夫科技大学电气工程学士学位和英国伦敦国王学院电信学博士学位。

Huan X. Nguyen 于 2000 年在越南河内科技大学获得理学学士学位，2003～2006 年在新南威尔士大学(澳大利亚)攻读博士学位。此后，在英国几所大学的多个职位任职。目前是米德尔塞克斯大学(英国伦敦)科学与技术学院的高级讲师，研究兴趣包括物理层安全、能量收集、多输入多输出技术、网络编码、中继通信、认知无线电和多载波系统。Nguyen 博士是 IEEE 的高级会员，是 *KSII Transactions on Internet and Information Systems* 的编辑。

Ngozi Ogbonna 于 2011 年获得尼日利亚奥韦里联邦科技大学的工程学士学位，2014 年获得英国伦敦米德尔塞克斯大学电信工程硕士学位。在尼日利亚拉各斯 Concept Nova 从事研发工作，研究兴趣包括移动和无线通信、云无线接入网及物联网。

Miguel A. Puente 于 2012 年获得马德里理工大学的电信工程硕士学位。在斯图加特大学(2010～2012 年)获得了信息技术硕士学位。自 2012 年以来，他一直在阿托斯研究与创新部门(西班牙)工作，参与欧洲研究项目，涉及 5G、LTE、云计算、移动云/边缘计算、QoE / QoS 优化和递归互联网等主题。特别是在欧洲 TROPIC 项目中，他致力于 LTE 移动网络的架构增强，以用于移动云计算的支持以及移动边缘计算的云设计和虚拟基础架构管理。2014 年，开始在马来西亚博特拉大学攻读博士学位。

Matej Rohlik 分别于 2008 年和 2012 年在布拉格捷克理工大学获得硕士和博士学位。他的研究涉及网络安全主题，重点关注下一代移动网络和传感器网络的安全性。2008～2015 年，他积极参与由欧洲委员会资助的国际 FP7 项目(如 FREEDOM 和 TROPIC)，还参与了由捷克政府资助的国家项目，并为 3GPP 项目标准化做出了贡献。2014～2015 年，他接手了科罗拉多技术大学国际电信联盟网络安全卓越中心。他是一位勤奋、富有创新精神并且条理性很强的网络安全专家，为亚太地区和欧洲、中东、非洲、美国地区的全球客户设计、实施和管理一流、合规且经济高效的解决方案，拥有十年以上的专业经验。他拥有多项国际专业认证，如信息系统安全专家认证、思科网络专家认证、思科设计专家认证、思科网络助理认证及思科网络安全专家认证等。

Purav Shah 为伦敦米德尔塞克斯大学科学与技术学院的高级讲师。于 2008 年获得英国普利茅斯大学的通信和电子工程博士学位。曾是埃克塞特大学 EU-FP6 PROTEM 项目的副研究员，2008～2010 年负责基于探针的存储器扫描项目。工作包括读写通道设计、噪声建模和探针存储的信号处理。研究兴趣主要集中在无线传感器网络(协议、路由和能效)、物联网、M2M 解决方案、异构无线网络系统建模和智能交通系统的性能评估领域。他是 IEEE 会员，Wiley 旗下期刊 *IET Electronics Letters*、*IEEE Transactions on Circuits and Systems for Video Coding*、*KSII Transactions on Internet and Information Systems*、*MDPI Sensors and International Journal on Communication Systems* 以及 Elsevier 旗下期刊 *Computer Networks* 的审稿人。

Bolagala Sravya 是印度信息技术研究所计算机科学优秀本科毕业生，在学院排名为前 5%，于 2017 年 7 月毕业。专注于信息安全和网络研究。

Zhao Sun 于中国北京邮电大学攻读博士学位。在移动通信领域拥有 5 年的研究经验，研究兴趣主要包括异构网络中的移动性管理和 5G 的演进网络架构。

Tomas Vanek 分别于 2000 年和 2008 年在布拉格捷克理工大学获得电信工程硕士和博士学位。参与了几个致力于研究安全和移动网络的欧洲和国家级项目。2013 年，在哥斯达黎加大学实习。目前是布拉格捷克理工大学电信工程系的助理教授。发表了 20 多篇会议或期刊论文。2014 年以来，在一家私营公司担任 ICT 安全顾问，专注于公钥基础设施系统和身份验证流程研究。参与了下一代移动网络和物联网网络安全解决方案的开发，特别关注无线更新流程的安全性。

Quoc-Tuan Vien 于 2005 年获得越南胡志明城市技术大学理学士学位，2009 年获得韩国庆熙大学电信专业硕士学位，2012 年获得英国格拉斯哥卡利多尼亚大学电信专业博士学位。2005～2007 年，在越南 Binh Duong 的 Fujikura 光纤越南公司担任生产系统工程师。2010～2012 年，在格拉斯哥卡利多尼亚大学工程与建筑环境学院担任助教。2013 年春，在英国诺丁汉特伦特大学科技学院担任博士后研究助理。目前是英国伦敦米德尔塞克斯大学科学与技术学院计算与通信工程方向的讲师。研究兴趣包括多输入多输出、空时编码、网络编码、物理层安全、跨层设计和优化、中继网络、认知无线电网络、异构网络和云无线接入网。Vien 博士是 IEEE 的高级会员、工程技术学会的会员和高等教育管理局的成员。他出版了一部著作，是 38 篇论文的主要作者和 19 篇论文的联合作者。自 2015 年起担任 *International Journal of Big Data Security Intelligence* 的编委，*International Journal of Computing and Digital Systems* 的副主编，2016 IEEE International Conference on Emerging Technologies and Innovative Business for the Transformation of Societies(EmergiTech 2016)会议和 2017 the International Conference on Recent Advance in Signal Processing，Telecommunications and Computing(SigTelCom 2017)会议的联合主席，参加了 2016 年 IEEE VTC 春季会议、2015 年 IEEEWCNC 和 ISWCS 会议、2014 年的 IEEE VTC 秋季会议并担任程序委员会委员，2011 年后参加了 50 多个会议和期刊的审稿人工作。

Michal Vondra 分别于 2008 年、2010 年和 2015 年在布拉格捷克理工大学学获得电子与电信工程学士学位、电信工程与无线电硕士学位和电信工程博士学位。他的论文“小区网络分配资源”获得了优秀学位论文的院长奖。2010 年以来，参与由欧洲委员会和几个国家项目资助的 FP7 项目。2014 年 1～6 月，在爱尔兰都柏林大学的性能工程实验室实习，并参与了 TRAFFIC 项目。目前，他是 Wireless @ KTH 的客座研究员。发表了 15 篇以上的会议论文或期刊论文，负责部分书籍章节的撰写，研究兴趣包括无线网络和车载自组织网络中的移动性管理、智能交通系统以及直接空对地通信。

Xiaodong Xu 于 2007 年获得北京邮电大学博士学位，是北京邮电大学副教授。2014 年 1 月～2015 年 1 月，在瑞典查尔姆斯理工大学担任客座研究员。研究兴趣包括无线接入网架构、无线资源管理、无线网络功能虚拟化和干扰管理。

本书构成

前面提到的研究目前还处于初期阶段，C-RAN 和虚拟化小小区带来了几项重大的研究挑战。本书旨在虚拟化和云环境的情况下深入了解下一代 RAN 架构，将全面研究文献中不同层次下的软件定义网络、C-RAN 和小小区解决方案，如物理特性、开放接入、动态资源调度、技术中立性、覆盖率、干扰问题最小化等。

本书分为两个部分。第一部分描述了 5G RAN 架构和应用的无线接入网环境中的挑战，这将引导下一代无线网络的发展。该部分包括中国、捷克、德国、西班牙和英国著名实验室的研究人员撰写的重要章节，介绍了下一代 5G 网络领域的最新技术，包括可能的架构和解决方案、性能评估和干扰抵消、资源分配管理、能源效率和云计算等。5G RAN 架构和应用部分包括以下 5 章。

第 1 章讨论了一种用于 5G 的以用户为中心的新型网络架构，称为无框架网络架构。提出的无框架网络架构将传统基站的功能分为集中处理实体(CPE)和天线单元(AE)，CPE 可以维持网络连接、实现信号处理、处理控制平面和用户平面、管理无线电资源、构建按需用户中心服务集。

第 2 章明确了 5G 网络中分布式架构的需求，以便在移动边缘计算中实现高效的计算管理；介绍了采用分布式部署的两种单元管理方案以及在基于 C-RAN 的 5G 移动网络中的应用。通过对所提出分布式架构的分析和仿真，证明与集中式解决方案相比，信令延迟和信令负载都明显降低。

第 3 章介绍了 5G 网络的最新发展和非正交多址接入(NOMA)方案的使用。对正交多址接入(OMA)方案和 NOMA 方案进行比较，分析了每种技术的优缺点；讨论了上行链路和下行链路传输的 NOMA 解决方案，重点介绍了基于 NOMA 的下行链路传输方案。

第 4 章研究在下行链路云无线接入网环境中使用的基于 NOMA 方案的性能评估。该方案利用了串行干扰抵消接收机，以便增强信号接收强度并在功率域中将多个基站相互叠置部署。

第 5 章详细介绍了云计算的背景和术语，以便于在未来实现灵活的网络部署。详细介绍未来的网络云以及对云管理和控制的高效框架需求，还概述了云计算的常用实验工具——OpenStack。

第二部分主要介绍了 5G RAN 虚拟化解决方案，介绍了世界各地研究人员在软件定义网络和网络功能虚拟化不同领域提出的各种解决方案。该部分包括比利时、德国、希腊、印度、意大利和英国著名实验室的研究人员撰写的重要章节，介绍了软件定义网络、移动性管理、物联网(IoT)、传感器应用领域的成果等。5G RAN 虚拟化解决方案内容部分包含以下 6 章。

第 6 章讨论了 C-RAN 的两种关键技术，软件定义网络和网络功能虚拟化，充分讨论了技术的优缺点。

第 7 章首先介绍了软件定义网络的必要性，然后解释新的软件定义网络范例，并与传统网络进行比较。此外，遵循自下而上的方法对软件定义网络架构进行深入的概述。

第 8 章提供了一个全面而实用的实例，用于熟悉具有软件定义网络的下一代无线网络的移动性管理。

第 9 章详细描述了自动网络管理技术，从自主和认知网络开始，详细论述本书所提出的下一代自配置和自优化框架。

第 10 章讨论了基于 5G 虚拟 RAN，IoT 传感器应用的不同分布式数据聚合机制和压缩技术。介绍了用于移动云的集中式 C-RAN 架构和用于无线传感器网络的基于簇头的架构机制，还阐述了在两个应用领域中使用无线视觉传感器的重要性——温度测量的分布式聚合和视觉数据的分布式视频编码。

第 11 章论述了支持传感器网络服务中大规模的 5G C-RAN 的上行链路跨层优化机制，介绍了与干扰、吞吐量、可访问性和上行链路连接相关的规划困难和限制，并提出解决方案要遵循的规则。

本书的读者主要是对移动和无线通信领域的最新发展感兴趣的高年级本科生、研究生和研究人员，还可供在该领域工作或对此感兴趣的专业人士阅读，为他们提供行业人员的最新研究内容，通过改善现有的解决方案来进一步推动研究。

目　录

第1章 以用户为中心的5G无线接入网的无框架网络架构

为满足移动服务和海量应用的新兴需求，未来移动通信的系统容量需要增加。长期以来，蜂窝网络拓扑结构和网络策略一直被视为是提升系统所需容量最有效的方法。然而随着小区部署密集化的出现，传统蜂窝结构限制了资源的使用效率，不同类型基站间的协调越来越复杂，并且产生巨大的成本。

本章讨论了5G中一种以用户为中心的新型网络架构，称为无框架网络架构(frameless network architecture，FNA)。通过对5G网络架构需求演进的一些研究，对当前工作做了综合性的介绍。

无框架网络架构将传统的基站(base station，BS)分为集中处理实体(centralized processing entity，CPE)和天线单元(antenna element，AE)，因此基于无框架网络架构的无线接入网(radio access networks，RAN)由两个新的网络单元组成。其中，集中处理实体的功能是网络维护、信号处理、操作控制平面和用户平面，管理包括天线单元在内的无线资源，并且构造一个针对特定用户需求的用户中心服务集。天线单元根据用户对服务质量(quality of service，QoS)的需求，为特定用户构建一个服务集。

在无框架网络架构网络下，每个用户都希望是天线单元服务集的中心用户，这意味着小区边界或者传统的小区结构将不复存在。基于无框架网络架构的控制平面和用户平面相互分离。指定的控制天线单元实现了CPE操作和维护控制平面的功能。数据天线单元保持其用户平面受控于控制天线单元。

此外，本章还讨论了基于无框架网络架构的控制平面和用户平面的适应策略，该策略用来提升系统的能量效率。本章给出使用控制平面和用户平面适应约束的三步实现系统能效优化方案。该方案通过构建和适应控制平面及用户平面来优化系统能量效率，同时保证用户QoS。系统级仿真结果表明，在用户QoS的约束下，系统能量效率的性能有一定的提高。

最后，为了进一步提高资源效率，特别是基于协调的、以用户为中心的RAN中天线单元的使用效率，讨论了无框架网络架构中的路由策略。基于控制平面和用户平面的解耦，通过软件定义网络(software defined network，SDN)方法探索网络功能虚拟化(network function virtualization，NFV)。将无线资源虚拟化为共享资源池。在用户平面中，使用流来支持不同的服务切片。该方案采用多流协作技术以满足中心用户特定QoS的要求。在控制平面中，系统维护一个访问路由表来支持流选择策略。通过选择灵活且适当的路由策略，可以改善移动信道的随机性和信道噪声而导致的性能下降。

通过这种方法，可以向用户提供相对更稳定的服务，并且能提高资源效率。在路由算法方面，参考无线网状网络路由算法，定义了基于效用函数的路由选择算法，获得了更好的性能。

本章着重讨论了无框架网络架构技术，描述了面向 5G 演进的以用户为中心的 RAN。随着蜂窝网络架构的突破，我们坚信未来的移动网络一定会有新的性能提升。

1.1 相关工作

目前，移动互联网应用和多功能移动服务正在影响人们日常生活的方方面面。具体而言，数据流量的急剧增加对网络容量构成了巨大挑战，并迫使移动运营商进行革命性的变革。除了扩展频谱和改善无线传输外，移动网络架构被认为是进一步提高 5G 系统容量的另一种潜在方式[1,2]。

随着 5G 系统的演进，蜂窝网络拓扑和建模面临着进一步发展的迫切需求。传统的六边形蜂窝网络拓扑被认为不适合集中处理，而是适用于 RAN 架构的分布式部署[1]，其特点为异构网络(heterogeneous networks，HetNet)、超密集小区和为中心用户提供服务。演进的网络架构应该适应中央控制实体和大量分布式远程天线元件，还应该为具有特定 QoS 要求的用户提供按需服务的 BS 和用户关联，这些要求是典型的以用户为中心的要求。此外，还需要为未来的网络部署准确设计网络拓扑建模，这将为运营商提供未来网络规划和优化的指导。

对于上述要求，已有一些关于 OpenRAN、Soft Cell 和 C-RAN 的研究[3-5]。文献[3]提出了一种通过虚拟化实现软件定义 RAN 的架构。文献[4]中提出的软小区概念，为用户提供了透明的 BS 集。基于基带池，中国移动研究院建议 C-RAN 应具有集中式基带单元(baseband unit，BBU)、协调和云计算等特征[5]。为了解决 C-RAN 前进道路上的关键挑战，演进的网络架构和有前景的关键技术备受关注[6-10]。为了克服具有前传约束的 C-RAN 缺点，文献[6]提出了一种经济有效的潜在解决方案——异构云无线接入网(heterogeneous cloud radio access networks，H-CRAN)，以减轻结合云计算的异构网络中的层间干扰，并改善协作处理增益。文献[7]提出了基于雾计算的无线接入网(fog computing-based radio access network，F-RAN)，可以充分利用本地无线信号处理、协作无线资源管理及边缘设备中的分布式存储能力。这些特性可以有效地减轻前传的沉重负担，避免集中式基带单元池中的大规模无线信号处理。此外，文献[7]还提出了一些关于 C-RAN 和 H-CRAN 的关键技术，包括射频拉远(remote radio head，RRH)关联策略、层间干扰消除以及受约束前传的性能优化等。在文献[8]中，给出了单个和 N 个最近的 RRH 关联策略，还推导了所提出的 RRH 关联策略的遍历性闭合表达式。文献[9]提出了一种基于合同的干扰协作框架，以减轻 H-CRAN 中 RRH 和宏基站之间的层间干扰。文献[10]中设计了一种用于 C-RAN 的下行链路场景的混合多点协作传输方案，实现了协作增益与前传约束之间的灵活折中。

1.2　以用户为中心的无线接入网无框架网络架构

除了 1.1 节中提到的 RAN 演进体系结构，以用户为中心的无线接入网无框架网络架构提出了一种 5G 无线接口网络演进架构，其目的是提供一套概念和原理来指导 RAN 演进的集中处理网络架构和拓扑结构的发展[11-13]。无框架网络架构的演进实现方案如图 1.1 所示，包括核心网、RAN 的部署和用户终端。

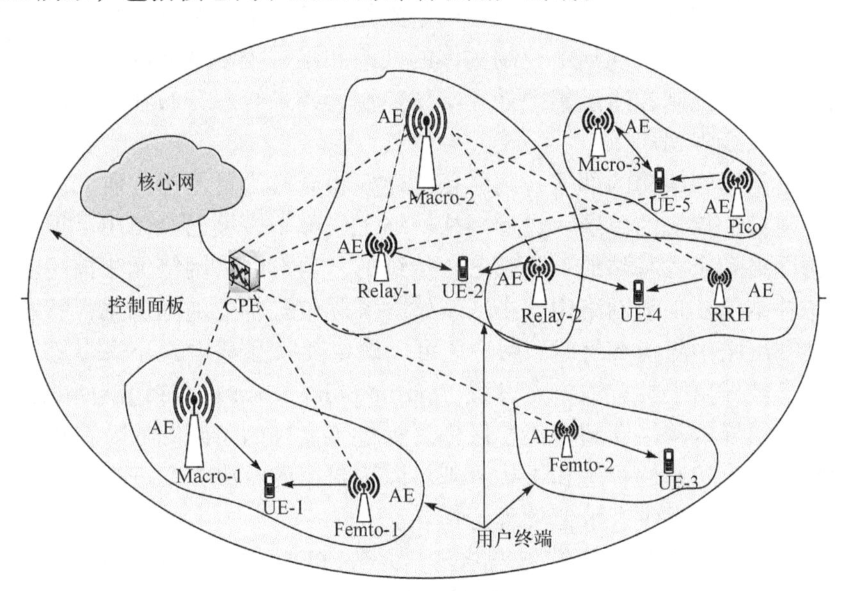

图 1.1　无框架网络架构的演进实现方案

无框架网络架构的 RAN 由两个主要的网络单元组成。无框架网络架构以演进的方式发展，将传统的基站分为集中处理实体和天线单元。集中处理实体可以定位为宏基站或者任意一种有处理能力的基站，主要用作逻辑节点；天线单元负责无线信号的传输和接收。集中处理实体和天线单元的回传链路应选择光纤、无线回程、有线节点或者其他链路方式。不同类型的回传链路有不同的容量和时延特性，也应该将这些因素考虑到资源分配中。

天线阵列(AEs)根据特殊用户的服务质量需求来选择约束服务集，也可以为上述用户形成一个用户平面。一个服务集包含一个或多个天线阵列。一个天线单元也可以是一个单天线或者一个天线阵。根据天线发射的射频功率，天线阵列按照不同的覆盖能力分为多种类型，如宏天线单元、微天线单元、微微天线单元、毫微微天线单元、RRH 天线单元等。服务集的天线单元也有不同的类型，天线单元和集中处理实体的协调技术对特定的用户提供了更加灵活的服务集构建。

如图 1.1 所示，不同的天线阵列部署于底层场景。UE-1 采用基于天线阵列 Marco-1 和 Femto-1 的协作传输模式作为 UE-1 QoS 的相应服务集。UE-2 由天线阵列 Macro-2、Relay-1 和 Relay-2 服务。天线阵列 Femto-2 仅服务于 UE-3。天线阵列 Relay-2 是 UE-4 服务集和 UE-2 服务集的公共节点。对于 UE-5，由天线阵列 Micro-3 和 Pico 天线构建服务集。基于多点协作(coordinated multipoint，CoMP)[14,15]的传输方案可以和处理方案联合起来，或者在传输节点处采用预编码技术来提高协作传输方案。动态适应更新服务集构造导致每个用户终端的服务集所覆盖的区域都是模糊的。

在无框架网络架构中，覆盖天线阵列区域中任意部署的集中处理实体管理协作传输。与虚拟小区类似[16,17]，基于无框架网络架构的控制平面和用户平面是分离的。设计的控制天线单元用来实现集中控制实体的处理和维持控制平面的功能。数据天线阵列完成用户平面的控制，通过集中处理实体控制天线来管理分布在一个控制天线覆盖范围内的数据天线阵列。

根据无框架网络架构的部署，网络拓扑建模将会成为最基本的研究课题之一。对于网络拓扑建模，传统的单层六边形网格网络工作部署模型已经使用了很长时间。随着多层异构网络和家庭基站的不断部署，传统的六角形网格网络无法描述多层超密集异构网络拓扑结构。未来网络中，小区基站的实际位置将更加随机化，特别是当毫微微蜂窝基站在网络中随机部署时，用户还可以确定其家庭基站的开/关状态。对于上述网络拓扑，已经提出了具有泊松点过程(Poisson point process，PPP)模型的随机几何方法[18,19]，为多层异构网络和超密集小区部署提供了良好的可跟踪性。在很多场景下，系统的中断容量、移动性管理和干扰管理可以用封闭的解决方案进行分析，为实际的网络规划和性能分析提供有价值的理论指导。

但是随着对 PPP 模型的研究越来越多，发现 PPP 模型也存在一些局限性，其中最主要的问题是 PPP 模型的随机性。在实际的网络中，没有一个完整的独立状态，甚至是内部的基站部署，这是现场网络规划和优化的典型特征。PPP 模型是将相互接近的基站部署在一起，但这不符合实际网络的具体使用情况。另一个模型为吉尼布雷点过程(Ginibre point process，GPP)模型，被用于描述多层超密集异构网络部署拓扑，支持部署基站的独立性，将是很好的网络工作拓扑建模工具[20]。虽然关于 GPP 模型的研究才刚刚开始，但基于对无框架网络架构拓扑和随机几何方法的深入研究，证明 RAN 演化在网络拓扑和建模方面的关键技术有了一定的突破。对于 5G 网络中以用户为中心的分布式部署架构，还需要进行更多的理论研究。

1.3 节能型控制平面和用户平面的适应方案

如 1.1 节所述，控制平面与用户平面地分离和适应是无框架网络架构最重要的特性之一。在本节中，将给出控制平面与用户平面的适应方案，以改进无框架网络架构网络下行场景下的系统能效性能，并设计了一个三步能效优化过程。

1.3.1　控制天线单元与数据天线单元之间的主从关系

如图 1.1 所示，控制天线单元和数据天线单元之间存在主从关系。为了量化这种关系，将重点放在一个简化的场景上，该场景包括一个单元的控制天线和多个数据天线。为了便于符号表达，控制天线记为 AE_0，数据天线阵记为 $\mathrm{AE}_i\,(i=1,\cdots,N)$，$P_i$ 表示第 i 个天线单元的最大发射功率，p_c 和 p_0 分别表示控制天线控制平面和用户平面所分配的发射功率，满足约束条件 $p_\mathrm{c}\leqslant P_0$，$p_0\leqslant P_0$。对于数据天线单元，约束条件应该满足 $p_i\leqslant P_i(i=1,\cdots,N)$，$p_i$ 表示用户平面已经分配的第 i 个数据天线的发射功率。由于控制平面为用户平面提供传输必要的信令，因此应该为用户平面设置额外的覆盖约束。也就是说，数据天线阵构建的所有用户平面的整个覆盖范围不应超过控制平面的覆盖范围，那么这个约束条件可以转化为数据天线的覆盖半径：

$$d_i+r_i\leqslant r_0 \tag{1.1}$$

其中，d_i 是控制天线单元和第 i 个数据天线单元的距离；r_i 是第 i 个数据天线单元的覆盖半径；r_0 是控制天线单元的覆盖半径。

第 i 个数据天线单元的覆盖半径是由它的最大发射功率 p_i 决定，而控制天线单元的覆盖半径 r_0 是由它的控制平面的发射功率 p_c 决定。式(1.1)可以进一步变成第 i 个数据天线单元的功率约束：

$$p_i\leqslant p_\mathrm{c}-P\left(d_i\right),i\in\{1,\cdots,N\} \tag{1.2}$$

其中，$P\left(d_i\right)$ 表示第 i 个数据天线单元到控制天线单元的功率衰落。之前给出的功率控制仍然保证用户平面的覆盖不会超过控制平面的覆盖，并将用于 1.3.2 小节的用户平面的构建步骤。

为了表示前面提到的约束，定义了一种获取路径损耗和阴影衰落的基本信号传输模型[21]：

$$P_{rx}=K\left(\frac{r}{r_0}\right)^{-\alpha}\cdot\varphi\cdot P_{tx} \tag{1.3}$$

其中，P_{rx} 是接收功率；P_{tx} 是传输功率；r 是传输距离；α 是路径损耗指数。

随机变量 φ 用于慢衰落效应的建模，通常服从对数正态分布。K 为距离 r_0 处的自由空间路径增益，假设为全向天线。在这里，覆盖率被定义为最大覆盖范围，它满足用户单元所需的最小接收功率 $P_{\min}$。阴影衰落的影响将在控制平面的构建和适应网络规划中达到平衡。覆盖半径可表示为 $r_i=r_0\sqrt[\alpha]{KP_i/P_{\min}}$。

为了实现基于控制平面与用户平面适应的能效优化，首先构建传输功率最小控制平面的无缝部署。Voronoi 图是计算几何学中的一种几何结构，它将空间划分为多个区域，这些区域由比其他点更靠近特定站点的所有点组成。由于能耗与距离成正比，Voronoi 图还定义了能耗更低的区域。为了在控制面板的构建和适应中实现更好的能效，可以为控制器构建一个 Voronoi 覆盖区域。位于 Voronoi 覆盖区域内的数据天线单元由相应的控制天线单元控制。

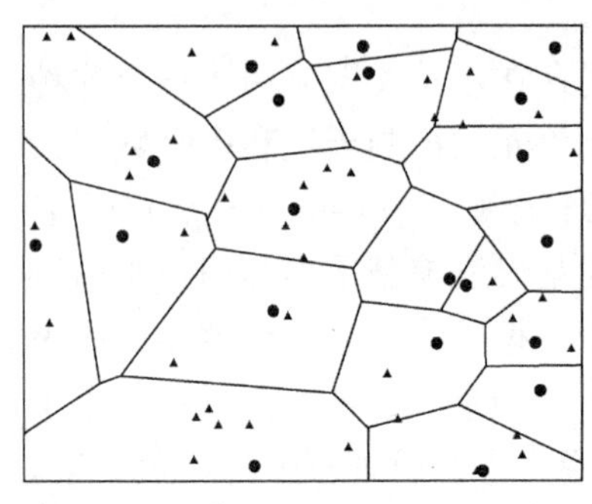

图 1.2 控制平面结构的 Voronoi 图
(圆点代表控制天线单元的位置，三角号代表数据天线单元的位置)

图 1.2 较好地表示了控制平面结构，其中控制天线单元的部署创建了 Voronoi 图。假设 C 表示二维欧氏空间中 n 个控制天线单元的集合，$d_{\mathrm{E}}\left(c_i,x\right)$ 表示控制天线单元的第 i 个位置与位置 x 之间的欧氏距离，可定义控制天线单元的第 i 个位置的 Vorinoi 覆盖率为

$$\operatorname{Vor}\left(c_i\right)=\left\{x\in R^2 \parallel \forall j\neq i, d_{\mathrm{E}}\left(c_j,x\right)\right\} \tag{1.4}$$

随着控制天线单元的部署和覆盖区域的更新，为了进一步适应控制天线的传输功率，根据控制天线单元和点 x 之间的路径损耗，Voronoi 覆盖率可以被重新定义。$\alpha\left(c_i,x\right)_t$ 表示第 i 个控制天线单元和位置 x 的欧氏距离。因此，第 i 个控制天线单元的 Voronoi 覆盖率可以定义为

$$\operatorname{Vor}\left(c_i\right)_t=\left\{x\in R^2 \parallel \forall j\neq i, \alpha\left(c_i,x\right)_t<\alpha\left(c_j,x\right)_t\right\} \tag{1.5}$$

因此，所有的用户平面可以用 $U_{1<i<n}\operatorname{Vor}\left(c_i\right)$ 表示。这个定义使得 Voronoi 覆盖区域的任何位置都比其他覆盖区域位置更接近它的 Voronoi 控制天线单元，产生更小的功耗，从而使得控制天线单元发射所需的传输功率最小化。本节提出的控制平面构造和适应性的仿真评估在 1.3.4 小节中介绍。

1.3.2 联合天线单元和子载波分配的以用户为中心的用户平面结构

用户平面的初始位置应该在控制平面构建之后构建，每个用户都应该根据用户 QoS 需求分配可用的系统资源。基于无框架网络架构，天线单元作为一种新的维度无线资源，用于分配和调度无线资源。通过联合分配天线单元和子信道资源，将中心用户需求与用户的 QoS 要求相结合。天线单元的传输功率在这个步骤中被平均分配。最后，根据博弈论对传输功率进行进一步调整。

1. 联合资源分配模型的用户平面结构

对两种类型的数据天线单元网络，即宏天线单元和小小区天线单元而言，每个天线单元具有相同的带宽且被划分为 M 个子信道。设 P_i 为第 i 次数据天线单元的最大传输功率。同时在无框架网络架构的覆盖区域内随机分布 K 个用户，包括 K_1 个有保证比特率(guaranteed bit rate，GBR)的用户和 K_2 个无 GBR 的用户。考虑到空间分割多址方案，天线单元的每个子信道只能分配给一个用户。

为了量化用户的不同 QoS 需求，引入经济学中的效用理论，通过将数据速率映射到用户满意度水平[22]来描述服务的特征。根据用户 QoS 的约束，将有 GBR 和无 GBR 服务

的效用函数作为相应的 S 型凸函数进行验证[22,23]。根据文献[24]的理论，得到满足两种服务的效用函数如下：

$$U(r)=\frac{E}{A+Be^{-C(r-d)}}+D \tag{1.6}$$

其中，r 表示分配给用户的数据速率；C 表示曲线斜率的主要影响因子；A、B、D、E 是主要影响效用价值的范围；d 是效用函数的拐点，表示用户对资源的需求。

通过设置不同的参数值，效用函数可以呈现出不同的特征，即 S 型函数和凸函数。其中，有 GBR 服务的效用函数 $U_{\text{real}}(r)$ 和无 GBR 服务的效用函数 $U_{\text{non-real}}(r)$ 可从式(1.6)中得到[24]。

系统效用定义为所有用户效用值的线性加权和。在式(1.7)中，λ 表示有 GBR 服务的优先级，μ 表示无 GBR 服务的优先级。这两个权值的约束条件是 $\lambda,\mu\in[0,1]$，$\lambda+\mu=1$。

$$U_{\text{system}}=\lambda\sum_{k=1}^{K_1}U_{\text{real}}\left(r_k\right)+\mu\sum_{k=K_1+1}^{K_1+K_2}U_{\text{non-real}}\left(r_k\right) \tag{1.7}$$

系统效用可以进一步扩展，以包含更多类型的服务。由于效用值表示用户的满意程度，因此系统效用可以表示所有用户的满意水平，比吞吐量能更好地反应系统性能。

2. 基于遗传算法的集中式资源分配

如上所述，在无框架网络架构中，天线单元将作为无线电资源的一个新的维度进行分配。因此，在用户平面构建的过程中，不同 QoS 需求的用户将通过天线单元和子信道共同分配。利用基于资源池的集中式无线资源管理(radio resources management，RRM)方案可以解决这种多维资源分配问题[11]。该方案由 CPE 处理，统一管理所有可用资源。由于集中式资源分配的优化问题具有较大且复杂的搜索空间，因此采用遗传算法(genetic algorithm，GA)以较快的收敛速度获得近似最优解。

在遗传算法的基础上，利用一个二维整数矩阵的染色体来表示潜在的资源分配方案。矩阵的每一行表示特定用户的资源分配策略。此外，每一行还可以进一步分为几个部分，每个部分列出了资源特定维度所分配的元素。特别地，下面遗传过程中的染色体 G 可表示为

$$G=\begin{cases}a_{1,1},a_{1,2},\cdots,a_{1,N_\text{a}};b_{1,1},b_{1,2},\cdots,b_{1,N_\text{s}};\\ \cdots\cdots\\ a_{K_1,1},a_{K_1,2},\cdots,a_{K_1,N_\text{a}};b_{K_1,1},b_{K_1,2},\cdots,b_{K_1,N_\text{s}};\\ a_{K_1+1,1},a_{K_1+1,2},\cdots,a_{K_1+1,N_\text{a}};b_{K_1+1,1},b_{K_1+1,2},\cdots,b_{K_1+1,N_\text{s}};\\ \cdots\cdots\\ a_{K_1+K_2,1},a_{K_1+K_2,2},\cdots,a_{K_1+K_2,N_\text{a}};b_{K_1+K_2,1},b_{K_1+K_2,2},\cdots,b_{K_1+K_2,N_\text{s}};\end{cases} \tag{1.8}$$

其中，第一个K_1行表示有K_1个有 GBR 服务的用户资源分配策略，其余的K_2行表示使用无 GBR 服务的用户资源分配策略。每一行进一步分成两部分，第一部分包含整数N_a，表示已分配的天线单元，而第二部分包含整数N_s，列出已分配的子信道。最初的种群是由随机过程产生的，包括N_p个染色体。

为了对染色体进行评价，需要用上述的系统效用函数构造适应度函数。适应度值越大，得到解的数值也越大。因此，优化目标是适应度最大，即系统效用最大化。由于效用值表示用户满意程度，在以用户为中心的构建过程中，所提出的算法在三个约束条件下应满足两种服务类型的需求。具体地说，假设最多N_a个天线单元和N_s个子信道分配给用户k。除了天线单元和子信道的限制，也用式(1.2)进行功率约束，选择两种功率约束P_i(最大传输功率的限制)和$p_c - P(d_i)$中的最小值。通过这些约束可以保证用户平面的覆盖范围不会超过控制平面的覆盖范围：

$$\max F = \max U_{\text{system}} = \max\left[\lambda\sum_{k=1}^{K_1} U_{\text{real}}(r_k) + \mu\sum_{k=K_1+1}^{K_1+K_2} U_{\text{non-real}}(r_k)\right] \tag{1.9}$$

s.t.

$$|A_k| \leqslant N_a, A_k \subseteq \{0,1,2,\cdots,N\}, \forall k$$
$$|S_k| \leqslant N_s, A_k \subseteq \{0,1,2,\cdots,M\}, \forall k$$
$$p_i \leqslant \min\{P_i, p_c - P(d_i)\}, i \in \{1,2,\cdots,N\}$$

这些染色体将通过四个步骤的育种过程传递给下一代，包括选择、交叉、突变和修改。

首先，根据所谓的轮盘赌轮选择一对亲本个体，适应度越高，被选择的机会越大。选择G_i染色体的可能性为

$$p(G_i) = \frac{F(G_i)}{\sum_{k=1}^{N_p} F(G_k)} \tag{1.10}$$

其中，$F(G_i)$为染色体G_i的适应度函数值，注意所选的染色体仍在种群中，因此染色体完全有可能被多次选择。

然后，结合父母的基因产生两个子代。特别地，交叉点首先在两个给定染色体的某一列随机选择。接下来，为了形成第一个子代，第一个矩阵的交点之前的所有行向量将在第二个矩阵的交点之后与行向量合并。第二个后代以相反的方式产生。本节将对交叉过程进行说明。

假定有两个选定的父个体A和B，如下所示：

$$A=\begin{cases}a_{1,1},a_{1,2},\cdots,a_{1,N_\mathrm{a}};b_{1,1},b_{1,2},\cdots,b_{1,N_\mathrm{s}};\\ \cdots\cdots\\ a_{K_1,1},a_{K_1,2},\cdots,a_{K_1,N_\mathrm{a}};b_{K_1,1},b_{K_1,2},\cdots,b_{K_1,N_\mathrm{s}};\\ a_{K_1+1,1},a_{K_1+1,2},\cdots,a_{K_1+1,N_\mathrm{a}};b_{K_1+1,1},b_{K_1+1,2},\cdots,b_{K_1+1,N_\mathrm{s}};\\ \cdots\cdots\\ a_{K_1+K_2,1},a_{K_1+K_2,2},\cdots,a_{K_1+K_2,N_\mathrm{a}};b_{K_1+K_2,1},b_{K_1+K_2,2},\cdots,b_{K_1+K_2,N_\mathrm{s}};\end{cases}\tag{1.11}$$

$$B=\begin{cases}a'_{1,1},a'_{1,2},\cdots,a'_{1,N_\mathrm{a}};b'_{1,1},b'_{1,2},\cdots,b'_{1,N_\mathrm{s}};\\ \cdots\cdots\\ a'_{K_1,1},a'_{K_1,2},\cdots,a'_{K_1,N_\mathrm{a}};b'_{K_1,1},b'_{K_1,2},\cdots,b'_{K_1,N_\mathrm{s}};\\ a'_{K_1+1,1},a'_{K_1+1,2},\cdots,a'_{K_1+1,N_\mathrm{a}};b'_{K_1+1,1},b'_{K_1+1,2},\cdots,b'_{K_1+1,N_\mathrm{s}};\\ \cdots\cdots\\ a'_{K_1+K_2,1},a'_{K_1+K_2,2},\cdots,a'_{K_1+K_2,N_\mathrm{a}};b'_{K_1+K_2,1},b'_{K_1+K_2,2},\cdots,b'_{K_1+K_2,N_\mathrm{s}};\end{cases}\tag{1.12}$$

交叉点可以随机选择。假设交叉点位于 $b_{1,1}$ 和 $b_{1,2}$ 之间，那么两个染色体 C 和 D 可以表示为

$$C=\begin{cases}a_{1,1},a_{1,2},\cdots,a_{1,N_\mathrm{a}};b_{1,1},b'_{1,2},\cdots,b'_{1,N_\mathrm{s}};\\ \cdots\cdots\\ a_{K_1,1},a_{K_1,2},\cdots,a_{K_1,N_\mathrm{a}};b_{K_1,1},b'_{K_1,2},\cdots,b'_{K_1,N_\mathrm{s}};\\ a_{K_1+1,1},a_{K_1+1,2},\cdots,a_{K_1+1,N_\mathrm{a}};b'_{K_1+1,1},b_{K_1+1,2},\cdots,b'_{K_1+1,N_\mathrm{s}};\\ \cdots\cdots\\ a_{K_1+K_2,1},a_{K_1+K_2,2},\cdots,a_{K_1+K_2,N_\mathrm{a}};b_{K_1+K_2,1},b'_{K_1+K_2,2},\cdots,b'_{K_1+K_2,N_\mathrm{s}};\end{cases}\tag{1.13}$$

$$D=\begin{cases}a'_{1,1},a'_{1,2},\cdots,a'_{1,N_\mathrm{a}};b'_{1,1},b_{1,2},\cdots,b_{1,N_\mathrm{s}};\\ \cdots\cdots\\ a'_{K_1,1},a'_{K_1,2},\cdots,a'_{K_1,N_\mathrm{a}};b'_{K_1,1},b_{K_1,2},\cdots,b_{K_1,N_\mathrm{s}};\\ a'_{K_1+1,1},a'_{K_1+1,2},\cdots,a'_{K_1+1,N_\mathrm{a}};b'_{K_1+1,1},b_{K_1+1,2},\cdots,b_{K_1+1,N_\mathrm{s}};\\ \cdots\cdots\\ a'_{K_1+K_2,1},a'_{K_1+K_2,2},\cdots,a'_{K_1+K_2,N_\mathrm{a}};b'_{K_1+K_2,1},b_{K_1+K_2,2},\cdots,b'_{K_1+K_2,N_\mathrm{s}};\end{cases}\tag{1.14}$$

通过这种方式，后代具有父母共同的特征，可形成更好的染色体。

此外，为了避免收敛到局部最优解，所有子节点在交叉过程后都会进行突变操作。此外，由于交叉和突变产生的个体可能不再满足系统约束条件，因此需要进行一些修改。

最终，为了防止优良的解决方案在育种过程中丢失，并保证算法的收敛性，可以从父代取两个最佳的解决方案(命名为精英)，并将它们引导到子代。与此同时，所有其他的父母都将被下一代所取代。新一代将取代原来一代，并且这些过程总共重复了

N_g次。整个种群从一代进化到下一代，逐渐收敛得到最优解。当算法终止时，当前种群的最佳个体 G_{best} 表示资源分配方案的结果。

在能效优化的下一步中，基于遗传算法的优化解可以构造出具有相同传输功率分配的用户平面。此外，根据用户平面结构参数进一步优化能效性能，通过功率调节方案实现的用户平面的适应性将在 1.3.3 小节介绍。本节提出的以用户为中心的用户平面构造方案的仿真评估见 1.3.4 小节。

1.3.3 基于功率调整的博弈论的用户平面适应方案

为了达到最大化系统能效的目的[25]，可以选择博弈论作为一种基于控制平面和上述提出的用户平面结构调整的功率策略。这是一种非合作博弈模型，利用定价函数实现数据天线单元的优化系统能效。这里，惩罚被定义为来自宏观模型数据天线单元的过度损耗，会产生严重的干扰。同时，本节验证了该博弈模型的纳什均衡的存在性和唯一性。

1. 适用于用户平面的博弈论模型

正如前文所假定的，无框架网络架构网络由 N_1 个宏数据天线单元和 N_2 个小小区数据天线单元组成。一个数据天线单元能够在其覆盖范围内服务多个用户。假设每个服务集中的每个信号中只有一个预定的活动用户，$k \in \{1,2,\cdots,N\}$ 表示预定用户 k，根据上述用户平面构造步骤中 G_{best} 和 $p_i \in \{1,2,\cdots,N\}$ 的结果，预定用户 k 在子信道 m 上接收到的信干噪比(signal-to-interference-plus-noise-ratio，SINR)可以表示为

$$\gamma_k^m = \frac{\sum\limits_{i \in A_k^m} p_i \mid h_{i,k}^m \mid^2}{\sum\limits_{j \in \overline{A}_k^m} p_j \mid h_{j,k}^m \mid^2 + n_k^m} \tag{1.15}$$

$\gamma_k \geqslant \gamma_k^m$ 和 $p_k = \sum\limits_{i \in A_k^m} p_i$ 分别为预定用户的总信干噪比和总传输功率。考虑到用户 k 的 QoS 需求，其接收到的信干噪比具有 $\gamma_k \geqslant \gamma_k^{\text{threshold}}$ 的约束，但是有 GBR 服务和无 GBR 服务的阈值 $\gamma_k^{\text{threshold}}$ 是不同的。

2. 基于博弈理论的用户平面的适应性

用户平面的适应性取决于服务集数据天线单元的传输功率。基于博弈论提出了一种源于数据天线单元远景的系统能效优化的功率调整方案。在服务集中的每个数据天线单元都将选择合适的发射功率来最大化自己能效性能的效用，这是一种经典的非合作的 N-play 游戏问题。令 $G = \left[N, \{p_k\}, \{u_k(p_k, \gamma_k \mid p_{-k})\}\right]$ 表示基于定价非合作功率调整博弈(noncooperative power adjustment game with pricing, NPGP)，其中，$N = \{1,2,\cdots,N\}$

表示服务集数据天线单元的索引；$\{p_k\}=\{p_k|p_k\in[0,p_{\max}]\}$是服务集数据天线单元对用户$k$的传输功率，并且$p_{\max}>0$是合作数据天线单元的最大功率约束。

$\{u_k(p_k,\gamma_k\mid p_{-k})\}$表示用户$k$的效用，其中$\gamma_k$和$p_k$分别是用户$k$的总信干噪比和传输功率，$p_{-k}$是除用户$k$的服务数据天线单元之外的所有服务集数据天线单元的传输功率向量。

考虑到用bit/J表示能量效率单位[26]，用户服务集数据天线单元的效用函数为

$$u_k(p_k,\gamma_k\mid p_{-k})=a_k\frac{f(\gamma_k)}{p_k}-b_kp_k \tag{1.16}$$

其中，$a_k(f(\gamma_k)/p_k)$表示用户k的能效；b_kp_k表示用户k的线性定价；a_k和b_k表示积极因子。$f(\gamma_k)$可以定义为

$$f(\gamma_k)=1-\mathrm{e}^{\frac{-\gamma k}{2}} \tag{1.17}$$

说明随着γ_k的增加，用户k的收益也会慢慢增加[27]。

线性定价b_kp_k将确保用户k的服务集数据对具有更大传输功率的其他用户造成干扰时，可以对用户k的服务集数据天线单元进行惩罚。

最终根据博弈模型，确定了用户平面适应性的能效优化问题：

$$\max_{0\leqslant p_k\leqslant p_{\max}} u_k(p_k,\gamma_k\mid p_{-k}),\forall k=1,2,\cdots,N \tag{1.18}$$

3. 功率调节博弈的纳什均衡

纳什均衡是一种稳定状态，为博弈提供可预测的结果，其中，数据天线单元通过自我优化与自私行为竞争，并且收敛到没有数据天线单元期望单方面偏离的点。对于所提出的博弈模型[式(1.18)]，纳什均衡定义如下。

定义 1.1 假设$p_k^*,\forall k=1,2,\cdots,N$是式(1.18)的解，那么对于任意的点$p$所提出的非合作博弈，点$p^*$是纳什均衡，满足以下条件：

$$u_k(p_k^*,\gamma_k^*\mid p_{-k}^*)\geqslant u_k(p_k,\gamma_k\mid p_{-k}),\forall k=1,2,\cdots,N \tag{1.19}$$

本章中提出的定价博弈模型是超模博弈[28]。纳什均衡的存在性和唯一性将得到如下验证。

1) 纳什均衡的存在性

定理 1.1 超模博弈的纳什均衡集是非空的。此外，纳什集具有最大元素和最小元素。该定理的证明可以参考文献[29]。设E表示纳什均衡集，p_{S}和p_{L}分别表示E中最小和最大的元素，该定理说明所有的均衡$p\in E$处于$p_{\mathrm{S}}<p<p_{\mathrm{L}}$。

本节引入了一个完全异步的算法，它产生的一系列功率收敛到最小的纳什均衡p_{S}。假设用户k的服务集数据天线单元在集合$T=\{t_{k1},t_{k2},t_{k3},\cdots\}$给出的时间实例处更新它们的功

率，其中 $t_{k0} < t_{k(l+1)}$ ，并且对于所有 k ， $t_{k0} = 0$ 。定义 $T = \{\tau_1, \tau_2, \tau_3, \cdots\}$ 为更新实例集 $T_1 \cup T_2 \cup \cdots \cup T_N$ 按升序排序。假设在集合 T 中没有两个时间实例完全一样，寻找纳什均衡的算法设计如下。

算法 1.1 考虑所提出的非合作功率调整博弈，其定价公式如式(1.18)所示，将生成一系列传输功率。

设置初始功率矢量 $t = 0; p = p(0)$ ； $l = 1$ 。

对所有的 l 有 $\tau_1 \in T$ 。

对用户 k 所有的服务集数据天线单元有 $\tau_1 \in T_k$ 。

(1) 给定 $p(\tau_{l-1})$ ，计算 $p_k^* = \arg\max\limits_{p_k \in p_k} u_k(p_k, \gamma_k \mid p_{-k})$ 。

(2) 如果 $\gamma_k^* \leqslant \gamma_k^{\text{threshold}}$ ，进入循环。

$p_k(t_1) = \min(p_k^*, p_{\max})$ 。

否则：在此迭代中删除用户并在下一次迭代中继续算法[30]。

跳出循环。

定理 1.2 所提出的算法 1.1 收敛于 NPGP 的纳什均衡，此外在纳什均衡集中，最小的均衡值为 p_{S} 。

证明过程可以参考文献[31]，说明所提出的 NPGP 中的纳什均衡存在，并且可以通过算法 1.1 从策略空间的顶部或底部得到结果。由于不知道是否存在唯一的均衡，比较纳什均衡集 E 中的均衡，以确定是否存在支配所有其他均衡的单一均衡。实际上，可以证明 p_{S} 是集合 E 中的最佳均衡。

2) 纳什均衡的唯一性

定理 1.3 如果 $x, y \in E$ 是两个 NPGP 中的纳什均衡，并且 $x \geqslant y$ ，对于所有 k ， $u_k(x) \leqslant u_k(y)$ 。

证明：注意，由于固定了 p_k ，对于所有的 k ，随着 p_{-k} 的增加，效用 $u_k = a_k \dfrac{f(\gamma_k)}{p_k} - b_k p_k$ 减少。因此，当 $x_{-k} \geqslant y_{-k}$ ，有

$$u_k(x_k, x_{-k}) \leqslant u_k(x_k, y_{-k}) \tag{1.20}$$

此外，根据纳什均衡的定义，由于 y 是 NPGP 的纳什均衡，有

$$u_k(x_k, y_{-k}) \leqslant u_k(y_k, y_{-k}) \tag{1.21}$$

从式(1.20)和式(1.21)得

$$u_k(x) \leqslant u_k(y) \tag{1.22}$$

根据定理 1.3 可知，对于所有用户，纳什均衡越小，效用越高。对于所有 $p \in E$ 有 $p_{\text{S}} < p$ ，可以得出结论，对于所有 $p \in E$ ，

$$u_k(p_{\text{S}}) \geqslant u_k(p) \tag{1.23}$$

该结果说明在 NPGP 具有纳什均衡的情况下，产生最高效用的那个值是具有最小

总传输功率的纳什均衡。

NPGP 的纳什均衡的存在性和唯一性得到证明。在纳什均衡条件下，服务集数据天线单元的传输功率方案被认为是用户平面能效改进的合理解决方案。提出的用户平面适应性方案的仿真评估在 1.3.4 小节中介绍。

1.3.4　仿真结果和分析

在本节中，通过进行系统级仿真以评估提出的控制平面和用户平面适应方案。

1. 仿真环境

仿真场景基于无框架网络架构的部署场景，建立了异构覆盖环境，包含与一个集中处理实体相连的不同类型的天线单元。在 2km×2km 的覆盖区域内产生 9 个宏天线阵列和 72 个小蜂窝天线阵列。在每个宏天线阵列的覆盖范围中，小小区天线阵列随机分布为几个簇。集中处理实体通过选择控制天线阵列来构建和维护控制平面，以保证覆盖区域中的信令要求。此外，集中处理实体还通过分配数据天线阵列来构建和更新用户中心的用户平面，以构成协调服务集来满足用户的 QoS 要求。表 1.1 列出了详细的仿真设置，包括联合资源分配的系统参数和 GA 参数。

表 1.1　仿真设置

系统参数	
宏天线阵列的数量	9
小小区天线阵列的数量	72(每个宏天线单元具有两个簇，每个簇具有四个小天线单元)
子信道数量	20
宏天线阵列的最大功率	46dBm
小小区天线阵列最大功率	30dBm
载波频率	2GHz
带宽	10MHz
路径损耗模型	$PL = 128.1 + 37.6\lg d, d$ 的单位为 km
阴影标准差	8dB
阴影相关距离	50m
快衰落	瑞利衰落
噪声密度	−174dBm/Hz
服务集 N_a 的最大尺寸	3
子载波集 N_s 的最大尺寸	3
GA 参数	
人口规模	500
世代数 N_g	200
突变率 P_m	0.001

2. 仿真结果

1) 控制平面构建和 Voronoi 图的自适应

在本节中，所提出的基于 Voronoi 图的控制平面构建和适应方案及传统控制平面构建方案的能量效率性能如图 1.3 所示。与作为基本方案的传统控制平面构建方案相比，所提方案的系统增益是显著的。模拟结果集中在生成的覆盖区域中，选择不同数量的控制天线单元验证算法效果。

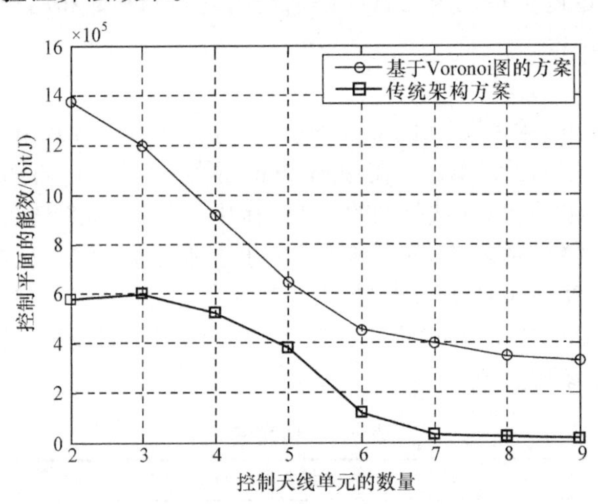

图 1.3　基于 Voronoi 图的控制平面构建和适应方案及传统控制平面构建方案的能量效率

图 1.3 显示了能量效率性能与为控制平面构建选择的不同控制天线单元数量的关系。随着生成的覆盖区域中控制天线单元的数量增加，两种方案的能效性能都会下降。这是由于控制天线单元之间的站点间距离可以改善能量消耗。然而，基于 Voronoi 图的控制平面构建和适应方案仍然优于传统方案。

2) 基于遗传算法联合天线单元和子信道分配的以用户为中心的用户平面架构

在仿真时，使用两种算法作为比较。一种是基于路径损耗的天线单元选择，用于以用户为中心的服务集构造和随机子信道集分配(PL-Random)；另一种比较算法是基于路径损耗的以用户为中心的服务集构造和最大信干噪比子信道集分配(PL-MaxSINR)算法。系统效用和系统吞吐量的仿真结果分别如图 1.4 和图 1.5 所示。

如图 1.4 所示，所提出的用户平面构造方案的性能以系统效用值与用户数量的形式显示。观察到基于 GA 的方案实现了最高的系统效用值，PL-MaxSINR 排名第二，PL-Random 具有最低的性能。需注意，随着用户数量的增加，GA 与其他算法之间的性能差距会变大。这主要是由于当资源不足时，优化资源管理中基于不同用户 QoS 要求有效分配资源的优势更加明显，进一步提高了系统效用。

图 1.5 显示 PL-MaxSINR 算法的系统最大吞吐量性能最好，基于 GA 的方案排名第二，并且还实现了相对较高的系统吞吐量。这证实了基于 GA 的方案可以在用户满

意度和系统吞吐量之间实现更好的平衡，即它可以提供更好的资源利用率，但系统吞吐量稍差。

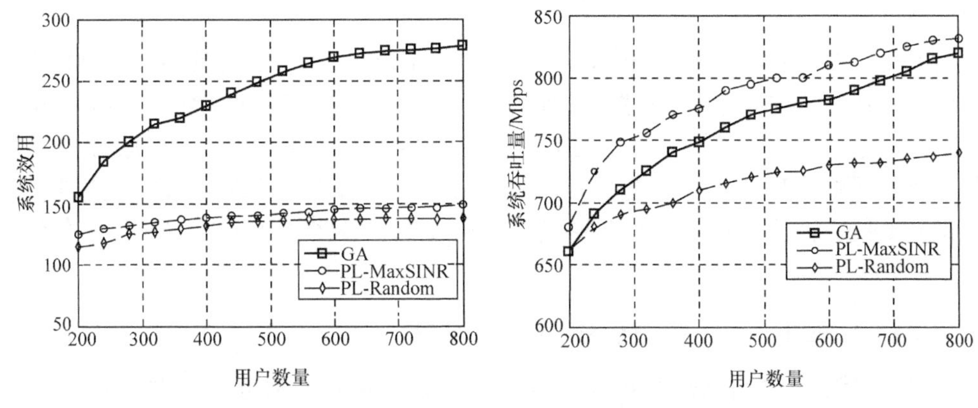

图 1.4　以用户为中心的用户平面构造的系统效用

图 1.5　以用户为中心的用户平面构造的系统吞吐量

3) 基于博弈论的功率调整

令 $\eta = K_1 / K_2$ 表示有 GBR 服务的用户与无 GBR 服务的用户比率，其中 K_1 和 K_2 分别表示有 GBR 服务用户和无 GBR 服务用户的数量。使用基于 GA 的用户平面构建[31]在第二步中导出的等功率分配(equal transmission power allocation，EPA)作为比较算法。等功率分配方案采用非合作博弈模型，但与提出的方案相比具有不同的能效和定价函数设计，因此被选为性能基线。在图 1.6 中评估了纳什均衡解(1.3.3 小节中的 NPGP 方案)中的数据天线单元与比率 η 的平均系统能效性能。

如图 1.6 所示，可以观察到 NPGP 的平均系统能效性能优于等功率分配方案。在每个 η 值的情况下，所提出的 NPGP 系统能效比等功率分配的系统能效好得多，这证明了用户平面自适应方案的性能改进。

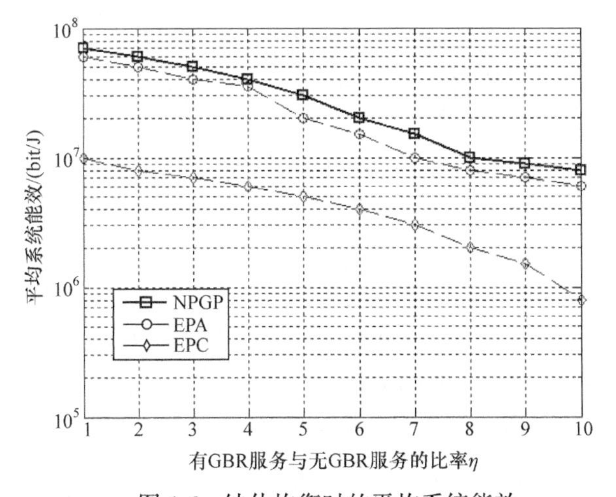

图 1.6　纳什均衡时的平均系统能效

1.4 支持 OpenFlow 的无框架网络架构演进中的路由策略

为了进一步提高资源效率，特别是天线单元的使用效率，在本节中讨论了无框架网络架构密集部署中 RAN 的路由策略。首先，介绍了支持 OpenFlow 的无框架网络架构演进框架，它将控制平面与用户平面分离，并通过 SDN 的方法探索网络功能的虚拟化。其次，提出了具有支持不同类型服务切片能力的流概念，以适应 RAN 环境。从路由的角度来看，通过维护一个访问路由表来支持控制平面中的流量选择策略，这对计算机网络至关重要。最后，提供仿真结果以证明所提出策略的优点。

1.4.1 支持 OpenFlow 的无框架网络架构的演进过程

为了全面了解网络状况并提高无框架网络架构在效率和可行性方面的性能，将 OpenFlow 协议嵌入在无框架网络架构中，以帮助解耦受 SDN 影响的用户平面和控制平面。在用户平面中，使用集中处理实体来执行集中管理策略。通过增强管理无线资源的能力，集中处理实体可以将无线资源(如频谱、时隙和天线单元)虚拟化为共享资源池。此外，可以进行在控制平面中生成的流选择策略，通过集中处理实体支持以用户为中心的按需服务。在控制平面中，OpenFlow 控制器具有资源池的整体视图，并且可以使全局调度满足不同服务的确切 QoS。基于 OpenFlow 的无框架网络架构演进过程如图 1.7 所示。详细的架构可以见文献[12]。

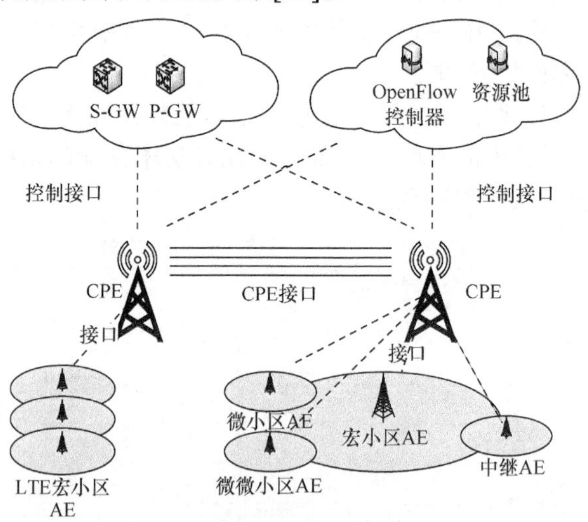

图 1.7　基于 OpenFlow 的无框架网络架构演进过程

OpenFlow 控制器通过 OpenFlow 协议与集中处理实体交换信息。一方面，集中处理实体向 OpenFlow 控制器发送资源条件和用户移动性信息；另一方面，OpenFlow 控制器维护资源池数据库以将实时无线资源映射到虚拟资源，并制定策略指示集中处理实体调度流以支持不同的服务切片。通过切片和流之间更好地匹配，支持 OpenFlow 的无框架网络架构演进在服务能力和资源效率方面有更好的性能。

1.4.2　流程定义和路由策略

为了支持不同的服务切片，本节定义了流的概念。该概念是关于资源的定义，包括天线单元在内的无线资源支持的数据流等。在用户平面中，集中处理实体可以在无线资源状况发生变化时借助 OpenFlow 控制器管理的流量选择策略动态调度流量。通过这种方式，无框架网络架构可以提供更稳定的支持，满足以用户为中心的服务需求。

多个协调流程可以同时为一个用户提供服务。在控制平面中，OpenFlow 控制器维护访问路由表用以指示流选择策略。

为了进行路由选择策略的设计，路由技术是从自组织无线网状网络中引用的。其路由协议可分为表驱动协议，通过定期广播信息更新网络拓扑，以及按需驱动协议，仅在目标节点不可访问时更新路由表。如何提高连接链路的可靠性是无线环境中的关键问题。在文献[32]中，作者提出了一种称为基于关联性的长寿命路由算法，它通过统计方法测量无线链路的可靠性，同时可以利用移动网络中的技术更好地处理问题。

在本节中，定义了一个基于效用的路由选择算法，该算法将链路容量、用户满意度和集中处理实体负载考虑在内。前两部分已在式(1.6)中考虑，最后一部分由负载系数测量。负载系数定义如下：

$$L_k = \frac{\sum\limits_{j \in \mathrm{JK}} \beta_j p_j}{\sum p_j} \tag{1.24}$$

其中，β_j 是支持第 j 流的集中处理实体的功耗百分比，$0 < \beta_j < 1$；p_j 是第 j 流的功耗；$j \in \mathrm{JK}$ 是第 k 个用户的流服务集。

OpenFlow 控制器中的最终效用函数定义为式(1.6)和式(1.24)的线性加权和。最终效用函数如下：

$$U_k = \alpha U(r) - (1-\alpha) L_k \tag{1.25}$$

其中，$0 < \alpha < 1$。式(1.25)右边的第一部分反映了流量的预定资源实现的增益，以满足用户的特定 QoS 率；第二部分反映了集中处理实体所需的成本。基于效用的路由选择算法可以描述如下。

首先，移动终端测量其无线环境并获得可用资源的条件，如无线信道、带宽、天线单元等。然后，它将选择其参考信号接收功率和参考信号接收质量都优于作为备选资源集的阈值的无线链路，并向集中处理实体发送消息。集中处理实体收集资源信息并帮助 OpenFlow 控制器形成访问路由表，以查找具有特定用户 QoS 要求的最大系统实用程序的流集。最后，OpenFlow 控制器指示集中处理实体通过 OpenFlow 协议实现流选策略。基于效用的路由选择算法的细节如图 1.8 中的流程图所示。

1.4.3 仿真结果

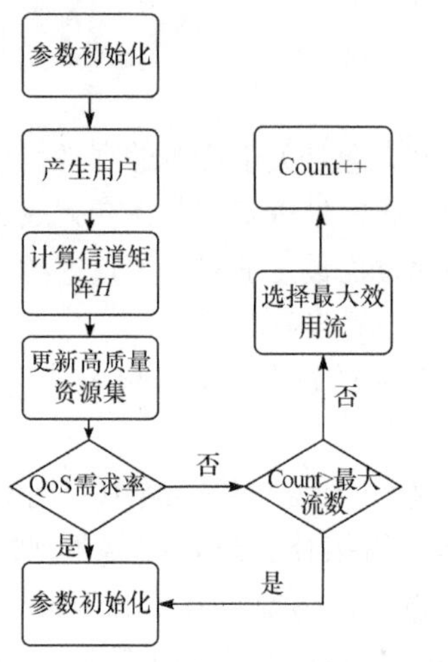

图 1.8　基于效用的路由选择算法的流程图

在本节中，使用表 1.1 中的相同仿真设置来评估基于效用的路由选择算法的性能。用于比较的算法是随机路由选择算法及 MaxSINR 路由选择算法。

图 1.9 给出了路由选择算法的系统吞吐量与不同用户数量的关系。仿真结果表明，随着用户数量的增加，基于效用的路由选择算法和 MaxSINR 路由选择算法的系统吞吐量先得到提升，并且随后趋向于处于同一水平，而随机路由选择算法的吞吐量的变化不大。当用户数量合适时，基于效用的路由选择算法实现了最高吞吐量。这主要是由于基于效用的路由选择算法强调流之间的协作以实现资源池的全局效率优化，而 MaxSINR 路由选择算法仅选择具有最高质量的资源来提供服务。

图 1.10 给出了路由选择算法的系统效用与用户数量的关系。显而易见的是，基于效用的路由选择算法实现了最大的系统效用。当用户数量增加时，与其他两种算法相比，本节所提出的基于效用的路由选择算法显示出大的优势。

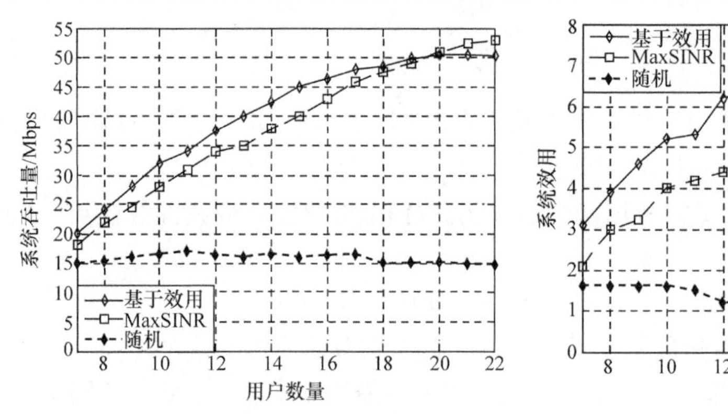

图 1.9　路由选择算法的系统吞吐量

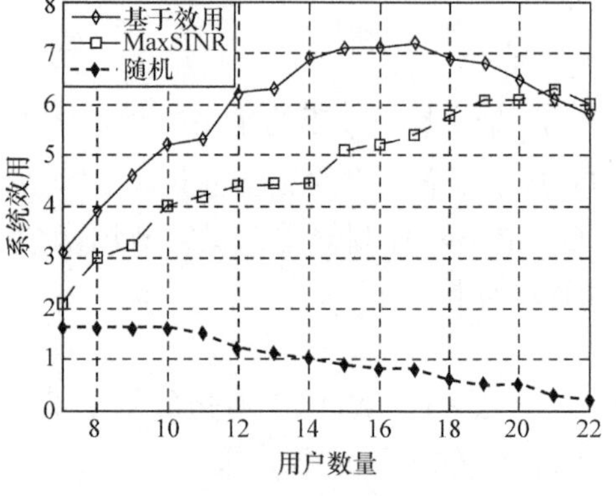

图 1.10　路由选择算法的系统效用

图 1.11 给出了路由选择算法的平均用户速率与用户数量的关系。可以发现，即使 MaxSINR 路由选择算法选择最大信干噪比链路为用户服务，其平均用户速率也低于本节所提出的基于效用的路由选择算法的平均用户速率。这是由于基于效用的路由选择算法考虑了用户需求、资源条件和天线单元的负载条件，这可以为更有效地使用资源池提供决策。

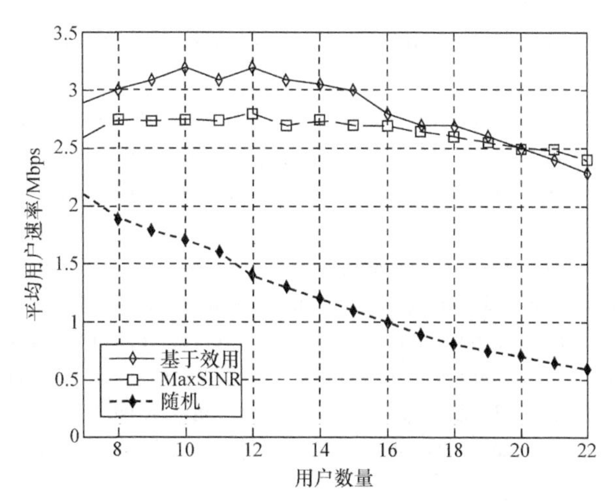

图 1.11　路由选择算法的平均用户速率

1.5　结　论

在本章中，介绍了无框架网络架构。该架构可以作为 5G 系统以用户为中心的无线网络架构的一种潜在解决方案，其中，动态选择天线单元根据其 QoS 为特定用户构建服务集。基于无框架网络架构，提出了一种控制平面与用户平面的构造和自适应策略，可以保证特定用户的 QoS，并优化系统的能效。此外，对于进一步提高资源效率，尤其是天线单元使用效率，本章介绍了支持 OpenFlow 的无框架网络架构演进，通过维护访问路由表建立基于效用的路由选择算法，以决定流选策略。仿真结果说明了上述策略的性能增益，描述了 5G 以用户为中心的 RAN 演进方向。

为了进一步研究无框架网络架构和相应的网络策略，需要在无框架网络架构中设计具有随机几何、移动性管理和干扰控制的网络建模。对于以用户为中心的网络建模，应该在 PPP 模型中包含更多内部和层间的依赖关系，以实现更具有实际意义的密集网络部署；在移动性管理方面，需要在无定形覆盖特征内考虑以用户为中心的切换策略。对于超密集网络的干扰控制仍然是演进架构的关键难题之一，需要联合研究物理层中的干扰消除和网络层中的干扰协调的组合。

参 考 文 献

[1] J. G. Andrews, Seven ways that HetNets are a cellular paradigm shift, *Communications Magazine*, IEEE, Vol. 51, No. 3, pp. 136-144, 2013.

[2] L. Hanzo, H. Haas, S. Imre, D.O'Brien, M. Rupp, L. Gyongyosi, Wireless myths, realities, and futures: From 3G/4G to optical and quantum wireless, *Proceedings IEEE*, Vol. 100, pp. 1853-1888, 2012.

[3] M. Yang, Y. Li, D. Jin, OpenR AN: A software-defined RAN architecture via virtualization. *ACM SIGCOMM*, pp. 549-550, 2013.

[4] X. Jin, L. E. Li, L. Vanbever, J. Rexford, Softcell: Scalable and flexible cellular core network

architecture, ACM Conference on Emerging Networking Experiments and Technologies, Santa Barbara, CA, 2013.

[5] China Mobile Research Institute, C-RAN, The road towards green RAN, White Paper, v3.0, 2013.

[6] M. Peng, Y. Li, J. Jiang, J. Li, C. Wang, Heterogeneous cloud radio access networks: A new perspective for enhancing spectral and energy efficiencies,*IEEE Wireless Communications*, Vol. 21, No. 6, pp. 126-135, December 2014.

[7] H. Xiang, M.Peng,Y.Cheng, H.Chen, Joint mode selection and resource allocation for downlink fog radio access networks supported D2D, *QSHINE*, pp. 177-182, August 2015.

[8] M. Peng, S. Yan, Poor, H.V., Ergodic capacity analysis of remote radio head associations in cloud radio access networks, *Wireless Communications Letters, IEEE*, Vol. 3, No. 4, pp. 365-368, August 2014.

[9] M. Peng, X Xie, Q. Hu, J. Zhang, Poor, H.V., Contract-based interference coordination in heterogeneous cloud radio access networks, *Selected Areas in Communications, IEEE*, Vol. 33, No. 6, pp. 1140-1153, June 2015.

[10] J. Li, M. Peng, A. Cheng, Y. Yu, C. Wang, Resource allocation optimization for delay-sensitive traffic in fronthaul constrained cloud radio access networks, *Systems Journal, IEEE*, 1-12, November 2014.

[11] X. Xu, D. Wang, X. Tao, T. Svensson, Resource pooling for frameless network architecture with adaptive resource allocation, *Science China Information Sciences*, Vol. 56, No. 12, pp. 83-94, 2013.

[12] X. Xu, H. Zhang, X. Dai, Y. Hou, X. Tao, P. Zhang, SDN based next generation mobile network with service slicing and trials, *China Communications*, Vol. 11, No. 2, pp. 65-77, 2014.

[13] X. Xu, X. Dai, Y. Liu, R. Gao, X. Tao, Energy efficiency optimization-oriented control plane and user plane adaptation with a frameless network architecture for 5G, *EURASIP Journal on Wireless Communication and Networking*, Vol. 159, 2015.

[14] S. Fu, B. Wu, H. Wen, Transmission scheduling and game theoretical power allocation for interference coordination in CoMP, *IEEE Transactions on Wireless Communications*, January 2014, Vol. 13, No. 1, pp. 112-123.

[15] X. Zhang, Y. Sun, X. Chen, S. Zhou, J. Wang, Distributed power allocation for coordinated multipoint transmissions in distributed antenna systems, *IEEE Transactions on Wireless Communications*, Vol. 12, No. 5, pp. 2281-2291, February 2013.

[16] H. Ishii, Y. Kishiyama, H. Takahashi, A novel architecture for LTE-B C-plane/U-planesplit and phantom cell concept, IEEE Globecom Workshops, 2012, pp. 624-630.

[17] H. Lokhandwala, V. Sathya, B. R. Tamma, Phantom cell realization in LTE and its performance analysis, *IEEE ANTS*, 2014, pp. 1-6.

[18] M. Haenggi, J. G. Andrews, F. Baccelli, O. Dousse, Stochastic geometry and random graphs for the analysis and design of wireless networks, *IEEE Journal on Selected Areas in Communications*, Vol. 27, No. 7, pp. 1029-1046, 2009.

[19] X. Lin, R. Ganti, P. Fleming, and J. Andrews, Towards understanding the fundamentals of mobility in cellular networks, *IEEE Transactions on Wireless Communication*, Vol. 12, No. 4, pp. 1686-1698, April 2013.

[20] N. Deng, W. Zhou, and M. Haenggi, The Ginibre point process as a model for wireless networks with repulsion, *IEEE Transactions on Wireless Communication*, Vol. 14, No. 1, pp. 107-121, January 2015.

[21] A. Goldsmith, *Wireless Communications*, Cambridge: Cambridge University Press, 2005.

[22] C. Liu, L. Shi, B. Liu, Utility-based bandwidth allocation for triple-play services, ECUMN, 2007.

[23] Z. Niu, L. Wang, X. Duan, Utility-based radio resource optimization for multimedia DS-CDMA systems, *ACTA ELECTRONICA SINICA*, Vol. 32, No. 10, pp. 1594-1599, 2004.

[24] L. Chen, W. Chen, Utility based resource allocation in wireless networks, *China Academic Journal*, Vol. 6, No. 10, pp. 3600-3606, 2009.

[25] Y. Cai et al, A joint game-theoretic interference coordination approach in uplink multi-cell OFDMA networks, *Wireless Personal Communications*, Vol. 80, No. 3, pp. 1203-1215, February 2015.

[26] Y. S. Soh, T. Q. S. Quek, M. Kountouris, Energy efficient heterogeneous cellular networks, *IEEE Journal on Selected Areas in Communications*, Vol. 31, No. 5, pp. 840-850, 2013.

[27] C. U. Saraydar, N. B. Mandayam, D. J. Goodman, Efficient power control via pricing in wireless data networks, *IEEE Transactions on Communications*, Vol. 50, No. 2, pp. 291-303, 2002.

[28] D. M. Topkis, Equilibrium points in nonzero-sum n-person submodular games, *SIAM Journal of Control and Optimization*, Vol. 17, No. 6, pp. 773-787, 1979.

[29] D. M. Topkis, *Supermodularity and Complementarity*, Princeton, NJ: Princeton University Press, 1998.

[30] M. Andersin, Z. Rosberg, J. Zander, Gradual removals in cellular PCS with constrained power control and noise. *Wireless Network*, Vol. 2, No. 1, pp. 27-43, 1996.

[31] Y. Ma, T. Lv, Y. Lu, Efficient power control in heterogeneous femto-macro cell networks, *IEEE Wireless Communication and Network Conference*, pp. 2515-2519, 2013.

[32] C. K. Toh, *Ad Hoc Mobile Wireless Networks: Protocols and Systems*, Upper Saddle River, NJ: Prentice Hall, 2001.

第 2 章　面向高效移动边缘计算管理的分布式 5G 移动网络架构

2.1 引　　言

面向 5G 的移动网络演进包括向用户提供新型服务和持续改进服务质量[1]。然而，新型服务通常会受到用户终端能力的限制。以智能手机、平板电脑等为代表的用户终端，由于设备的中央处理器(central processing unit，CPU)处理受限而导致计算能力受限，同时这些设备的电池寿命也比较短。移动终端中的语音/视频/图像处理、增强/虚拟现实或游戏等高计算要求的服务和应用会使电池的电量在短时间内耗尽。

延长电池寿命最合适的做法是借助移动云计算(mobile cloud computing，MCC)，将对计算要求较高的应用程序从用户终端迁移到云端[2]。然而，传统移动云计算会引入额外的通信延迟，即从用户终端到云端双向链路的数据传输时间延长。因此，这种方法不适合实时或对延迟敏感的应用。为了最大限度地减少由远程计算造成的通信延迟，可以将云计算并入到移动网络边缘。移动网络边缘可以理解为由小小区演进型 Node B(small cell evolved Node B，SCeNB)组成网络的一部分，这些基站将在 5G 中进行大规模部署[3,4]。因此，将移动云计算功能集成到 SCeNB 中将会是 5G 移动网络中的一个有实际意义的互操作，可以改善对计算要求严格且对延迟敏感的应用服务质量[5]。分布式移动网络边缘计算思想由小小区云(small cell cloud，SCC)的概念来描述，该概念是指一组互连的计算增强型 SCeNB [6]。SCC 可以理解为移动边缘计算概念的一部分，该概念利用分布在所有类型基站(eNB)的移动网络边缘处的虚拟化计算资源，不仅能用于计算用户的任务，而且可以用于优化无线接入网性能[7]。SCC 和移动边缘计算方法基于附加计算能力来增强基站性能，用户终端也可以利用这些汇集在一起的附加计算能力。SCC 和移动边缘计算把计算功能从用户终端迁移到用户附近的 SCeNB，以便加速计算来节省用户终端的能量。可以注意到，即使用户终端的 CPU 不断进步，加速计算的问题仍然存在。原因在于在配备更加强大的 CPU 同时，同样可能开发出对计算要求更高的应用程序。因此，可以假设所需的计算能力与设备 CPU 的功率之间的比例不会有大的变化。此外，对于用户终端，迁移本身在电池消耗方面也是有利的，这是由于如果计算在 SCeNB 处完成，则会延长用户终端的电池寿命。

如文献[8]中所述，SCeNB 对 SCC 或移动边缘计算的增强包括一个新的通用处理器和一个附加存储器。此类扩展引入了新一代的可支持云的 SCeNB (SCeNBce)。假定通用处理器代表传统计算机或服务器中使用的通用 CPU。因此，SCeNBce 的计算能力与普通计算机或服务器的计算能力相似。除了这些功能之外，SCeNB 还具有存储功能，可以通过缓存内容进一步利用存储功能来迁移回程，并且可能会被同一区域内的其他用户进一步利用[9]。最后，分布式移动网络边缘计算对于移动网络运营商或服务提供商具有特殊意义，这是由于它允许为其客户设计创新且提供有吸引力的服务[10]。

SCC 超越了微云的概念，它实现了云和无线通信的高效统一[11]。微云是一个三层层次结构的一部分，它在移动设备和云之间的中间层运行[12]。与微云相比，在 5G[13]中，SCC 将计算和通信两方面集成为一个概念。通过将这两方面融合，SCC 实现了通信和计算资源的联合优化。尽管如此，SCC 在未来移动网络中是否顺利实现取决于移动网络架构的修改，这是由于移动网络的传统架构设计不是用来处理计算方面的问题，如管理虚拟机(virtual machine, VM)或分配计算资源。

SCC 的主要挑战是设计和部署一个新的控制实体，该实体应能够根据无线电信道、回程条件、所需的计算能力和 SCeNBce(如虚拟机的计算负载)的状态协调计算[14]。这种基于小小区云管理器(small cell cloud manager, SCM)的控制实体，需要紧密集成到移动网络架构中[15]。从运营商的角度，如果此实体可用(见文献[6])，最简单和最容易的选择是先合并 SCM 与现有节点网络，如核心网络的移动性管理实体、C-RAN 中的 BBU 或者家庭基站网关。为了防止严格的移动网络时间限制或现有硬件过载的负面影响，SCM 一般被当作计算管理的附加硬件，当然也可以将 SCM 用作一个新的独立实体[16]。

管理 SCC 中的 SCeNBce(处理用户数据和转发控制平面)需要额外的信令，部署 SCeNBce 必然会带来额外的开销。额外的信令增加了回程负载，这可能带来比较大的影响。特别是，如果 SCC 中包含可以通过低比特率连接(如数字用户线)的家庭 eNB(HeNB)，回传负载增加得更多。部署 SCM 时必须考虑的另一个重要内容是信令延迟，这是由于信令延迟对用户服务的满意度、无线通信和计算资源的联合优化有着至关重要的作用。

在本章中，将会介绍 SCM 分布式部署的两个新选项，以使得 SCM 和信令延迟相关的信令负载最小化。第一个选项表示分层 SCM，它利用两个级别进行控制：分布式本地管理和远程集中管理。第二个选项表示虚拟 SCM，包括在 SCeNBce 上全部部署 SCM，共享指定用于处理用户任务计算能力的专用部分。此外，还提出了一项协议，可以在所有相关实体之间交换所需的管理信息。随后，将会分析处理新的计算请求所需的信令开销。在此基础上，比较了这两个选项与最先进的 SCM 集中部署的信令延迟和计算管理引入负载的情况。

本章的其余部分安排如下，2.2 节概述 4G 移动网络架构以及 SCM 的潜在集中解决方案。2.3 节概述 SCC 分散管理及其集成到基于 C-RAN 的 5G 移动网络的新方法。2.4 节定义开发体系结构中 SCM 的协议。2.5 节分析所建议的信令消息，以及在开放系统互联模型的其他层引入的额外开销。2.6 节提出用于评估和模拟结果的场景。最后一节是小结，给出主要结论，并讨论未来可能的工作。

2.2 面向未来的移动网络架构

为了将 SCC 的概念并入移动网络中，需要将 SCM 集成到现有的基础设施中，以便能通过 SCeNBce 来管理计算资源并从网络状态认知中获益。本节主要介绍 4G 移动网络架构，描述了与 C-RAN 体系架构相关的基本原则，同时概述了面向 5G 的未来移动网络的最先进的集中式 SCM 部署。

2.2.1 4G 移动网络架构

如图 2.1 所示，LTE-A 移动网络的体系架构[16]由一个接入部分组成，表示为一个演进通用陆地无线接入网(evolved universal terrestrial radio access network，E-UTRAN)和一个演进数据包核心(evolved packet core，EPC)。E-UTRAN 基本上由 eNB、SCeNB 和用户终端组成，负责调度和分配无线资源、移动性控制、无线电数据传输的加密及用于实现与 EPC 的连接。EPC 由移动性管理实体(mobility management entity，MME)、服务网关(serving gateway，S-GW)和分组网关(packet gateway，P-GW)组成。MME 控制和管理了用户终端和 EPC 之间所有的信令。S-GW 在多个用户设备和其他基于 IP 的网络(如因特网)之间路由和转发所有 IP 数据包。P-GW 负责面向其他网络的 QoS 和与流管理相关的操作。

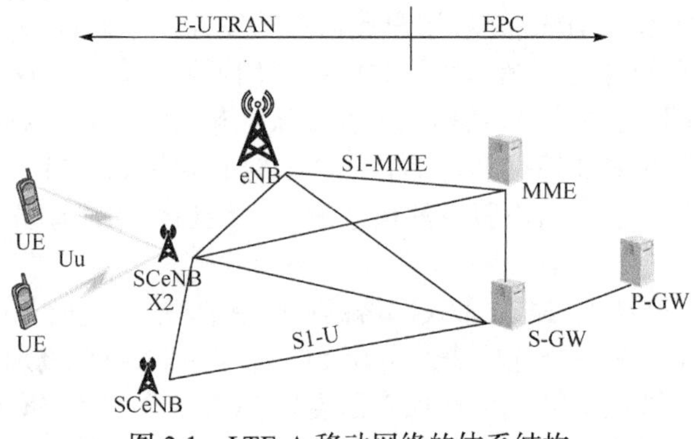

图 2.1 LTE-A 移动网络的体系结构

2.2.2 基于 C-RAN 的移动网络架构

移动网络的发展和用户需求的提升需要在功能、成本、系统容量和能源消耗等方面提高效率。这就产生了对 C-RAN 的需求，即以集中方式控制无线接入网，其中，控制资源在云中实现。由中国移动研究院[17]研究的 C-RAN 中假设将 eNB 的控制和通信部分分解为如图 2.2 所示的集中式 BBU 和分布式 RRH[18]。根据集中度的不同，RRH 可以看作一个简单的发送机/接收机，不需要基带处理就可以得到一个完整的在 BBU 和 RRH(全部集中)中传播的基带 I/O 信号(以正弦波的幅度和相位的变化代表信号，详见文献[19])，RRH 可以进行基带处理，以降低 BBU 和 RRH(部分集中)之间链路的负载。在这两种情况下，上层的功能由 BBU 处理。然而，一个信号的基带 I/O 传输效率不高，在 RRH 和 BBU 之间传输数据则需要较大的比特率(详见文献[20])。

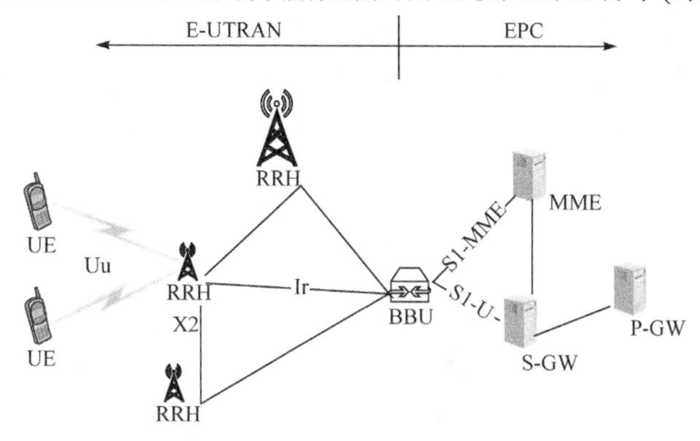

图 2.2　C-RAN 的架构

除了 C-RAN 的成本和能源效率外，有研究表明，C-RAN 还可以显著提高前景技术的性能，增加网络覆盖率和容量，如使用多点协作(coordinated multipoint, CoMP)[21,22]、多输入多输出(multipe input multiple output，MIMO)[23]或非正交多址接入(non-orthogonal multiple access，NOMA)[24]技术。这些文章中反映的性能增益表明，C-RAN 可以显著促进移动网络向 5G 移动网络发展，并有助于满足 5G 移动网络的要求。

C-RAN 进一步的演进可以利用 RAN 作为一个无线接入网络服务(radio access as service, RaaS)[25]，它还支持 BBU 和 RRH 之间的上层功能拆分。这就假定了 RRH 配置了虚拟资源来处理所需的控制和管理过程。由于资源的虚拟化，控制功能可以在相邻的基站之间共享。

2.2.3　包含 SCC 和集中管理的架构

利用在基站(RRH 或 SCeNB)中部署的虚拟化资源，可以平稳地演进网络架构来支持 SCC。具有 SCC 的移动网络体系结构必须包含集成到 SCeNBce 中的虚拟化计算资源和新的实体，以便控制和维护云的互操作性，并且与 E-UTRAN 和 EPC 交互。该实体(SCM)可根据无线电信道和回程条件来协调可用的计算资源[14]。SCM 还为通过 SCeNBce 处理用户应用程序来分配计算资源。这些计算资源通过虚拟机进行虚拟化。SCM 的有效部署是为了最大限度地减小附加协议数据开销、实施复杂性、对当前 LTE-A 的影响、部署成本及操作和维护[6]。

在文献[6]中，介绍了集中式 SCM(centralized SCM，C-SCM)配置和现有的 LTE-A 架构互连的若干选项，如图 2.3 所示。第一个选项在移动运营商的监督下进行(图 2.3 中的选项 1)，将 SCM 直接放置在 EPC 中，这种方法的优点是可以利用所有联网的 SCeNBce 的计算能力。由于迁移管理所需信令主要来自于 SCeNB[6]，该解决方案需要通过 EPC 交换所有的信令，因此会使回程链路过载。第二个选项(图 2.3 中的选项 2)是将 SCM 部署到离用户更近的地方。换言之，SCM 位于靠近 SCeNBce 的无线接入网中(例如，靠近 SCeNB 的 SCM 可以分配网关或路由，也可作为一个独立的单元来实现)。该解决方案的一个缺点是从属 SCeNBce 的计算能力受到限制，这是由于只有在拓扑的基础上 SCM 才能被聚类，它们的计算能力可以被虚拟地合并；另一个缺点是靠近用户的 SCM 显著地减少了网络边缘(E-UTRAN)和 EPC 之间的信令开销。显然，上述两种选项(以及文献[6]中所示的小修改)都会带来一些缺点，这些缺点限制了 SCC 的可利用性和部署。

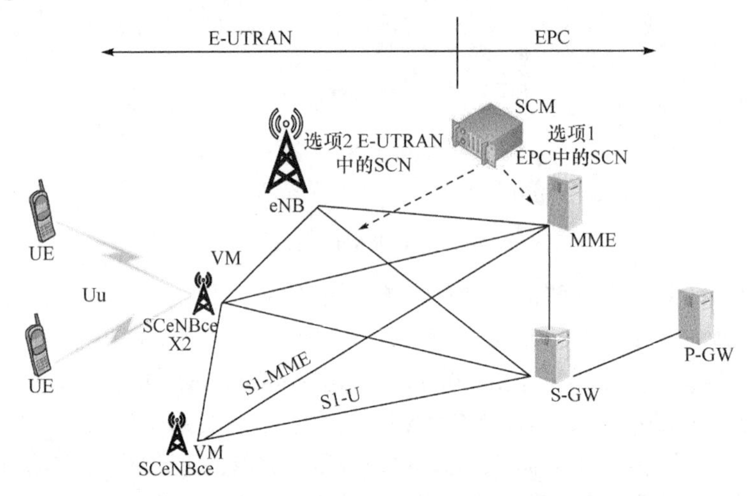

图 2.3 将集中式 SCM 集成到移动网络中

2.3 SCC 的分布式管理计算架构

为了最大限度地减少集中式 SCM 的缺点，以便在未来的 SCC 移动网络中控制计算，本节中将提出两个新的架构选项：分层 SCM(hierarchical SCM，H-SCM)和虚拟分层 SCM(virtual hierarchical SCM，VH-SCM)。这两种方案都利用 SCM 来最小化在 E-UTRAN 和 EPC 之间接口的信令延迟和信令负载，还指出了所提出的分布式和虚拟化计算控制概念与 C-RAN 架构的协同作用。

2.3.1 分层 SCM

H-SCM 概念的基本思想是将 SCM 物理地分为两部分：本地 SCM(L-SCM)和远程 SCM(R-SCM)(参见图 2.4)，L-SCM 位于 SCeNBce 附近。这种情况要求 L-SCM 和 SCeNBce 距离比较接近，且 L-SCM 在其附近协调几个 SCeNBce(SCeNB 的数量主要取决于它们在 L-SCM 附近的密度)。因此，假定 SCeNBce 的计算能力与普通个人计算机相似[8,26]，L-SCM 只能处理复杂度较低的复合请求。SCeNBce 的计算能力远高于当前或未来智能手机的计算能力，计算需求可以通过几个 SCeNBce 来处理。智能手机的 CPU 不断发展的同时，SCeNBce 上的 CPU 同样也会不断发展。因此，SCeNBce 的计算能力远远高于智能手机或类似的移动设备，且不受电池容量的限制。如果可以由附近的 SCeNB 提供所请求的计算能力，则 L-SCM 可以保证低信令延迟，这是由于其可以在用户终端附近处理任务。在来自 SCeNBce 底层的计算资源不可用而导致 L-SCM 无法满足其他用户终端需求的情况下，R-SCM 对用户终端的请求负责。R-SCM 遵循集中式 SCM 的原则(与 2.2 节地描述完全相同)，主要是由于它能够利用所有与 EPC 连接的 SCeNBce 的计算能力。

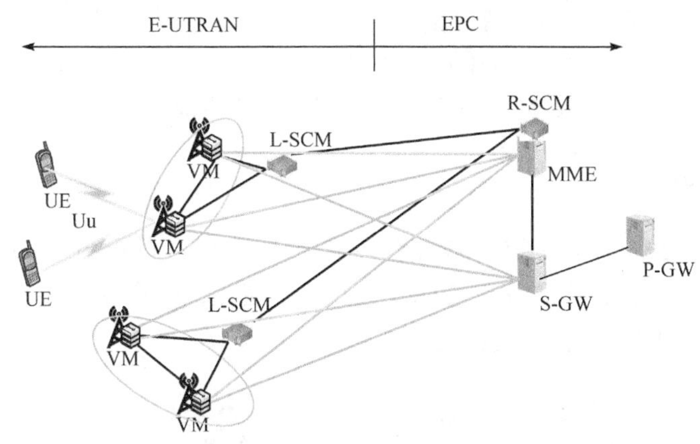

图 2.4　分层 SCM 部署 L-SCM 和 R-SCM

在用户终端上运行的应用程序生成的计算迁移请求步骤为：在第一步中，执行是否将应用程序迁移至云上的决策，这个决策可以用文献[27]～[29]中描述的传统迁移决策算法来完成。如果迁移决策的结果是肯定的，那么 L-SCM 将评估它的从属 SCeNBce 是否能够处理给定任务。L-SCM 从属的 SCeNBce 是由与请求计算迁移的用户终端相连接的 SCeNBce 相同的 L-SCM 管理的 SCeNBce。在第二步中，从属的 SCeNBce 创建一个由 L-SCM 管理的计算资源集群。一方面，如果集群中的从属 SCeNBce 计算能力足够，那么 L-SCM 将选择并分配一个或多个 SCeNBce 来参与迁移工作；另一方面，如果目前没有足够的资源来处理请求，则会将任务转发给 R-SCM，它根据资源的可用性在 L-SCM 及其从属 SCeNBce 之间分配计算。为了评估从属 SCeNBce 的计算能力，必须以被动或主动的方式持续收集有关网络状态的信息(见文献[30])。注意，R-SCM 还可以充当平衡 L-SCM 之间计算负载的实体，以确保整个网络的服务可用性。例如，R-SCM 可以指导 L-SCM 将延迟容错任务转发给另一个 L-SCM，以平衡它们之间的计算负载，并确保 L-SCM 集群中延迟敏感任务的计算资源的可用性。

对于 L-SCM 部署，住宅方案和企业方案的部署是有区别的。

(1) 住宅方案中的 L-SCM：住宅方案假设 SCeNBce 分布在邻近的房屋和公寓中。从拓扑的角度来看，L-SCM 部署应尽可能靠近终端用户，以便最小化信令延迟和负载。物理上，L-SCM 可以位于特定的单独位置，管理需要在 SCeNBce 上有一个专门的接口，以实现与 L-SCM 的通信，专用接口仅用于信号的交换，可以使用固定连接(有线或光纤)或无线通信来实现[31]。

住宅方案中采用 L-SCM 的 H-SCM 方法的缺点主要是成本较高，这与实现连接所有参与实体的新的基础设施有关，但通过利用 OTA 接口可以降低成本。

(2) 企业方案中的 L-SCM：H-SCM 的复杂性在企业方案中得到了显著的降低，这些方案假设 SCeNBce 通过局域网的本地基础设施相互连接，使得低延迟成为可能，这是由于 L-SCM 和所有潜在的计算 SCeNBce 都相对接近(在一个公司的前提下)，并且与高质量的回程互连。同样，对于这个方案，整个网络中的 SCM 的总体成本可能很高，这是由于需要部署大量的 L-SCM，每个 L-SCM 管理相对较小的区域。

2.3.2　虚拟分层 SCM

H-SCM 的主要缺点是部署成本较高。为了降低 H-SCM 的高成本，引入了 VH-SCM，它将 L-SCM 的角色直接虚拟化到 SCeNBce 中。因此，整个 L-SCM 功能分布在参与 SCeNBce 虚拟机之间的逻辑，具体见图 2.5。

图 2.5　SCM 的资源分配

虚拟的 L-SCM(VL-SCM)解决方案的优点是不需要安装新硬件，这是由于 VL-SCM 只是在特定 SCeNBce 的虚拟化资源上运行的一段代码。VL-SCM 的功能资源通常专用于用户计算迁移应用程序中的资源分配，如图 2.6 所示。这种较低的处理能力可以看作是这个解决方案的一个短板，仍然需要用户进行计算。然而，这种影响可以通过在具有足够计算资源的集群中选择适当的 SCeNBce 作为 VL-SCM 来最小化，或根据其当前计算负载在所有参与的 SCeNBce 之间循环、共享 VL-SCM 的角色。

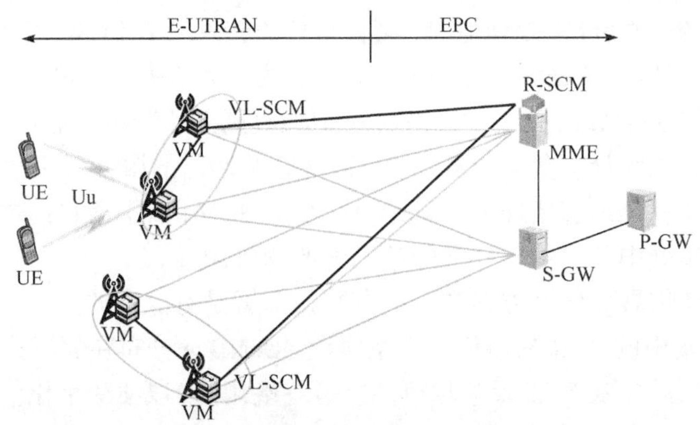

图 2.6　用于虚拟分层的 SCeNBce 中的 L-SCM 资源分配

注意，VL-SCM 也可以在没有 R-SCM 的情况下独立运行，在这种情况下，处理能力仅限于本地 SCeNBce 的容量之和。

如果给一个拥有 SCeNBce 的用户分配 VL-SCM，就会有意外关闭的风险(如在家庭基站的情况下)，或有安装 VL-SCM 的 SCeNBce 故障。为了避免这种风险，选择其中一个 SCeNBce 作为 VL-SCM，选择另一个作为辅助 VL-SCM，即表示备份。从 SCeNBce 到 VL-SCM 的任何通信都使用特定的多播地址作为目标地址。如果 VL-SCM 出现故障(如在保持定时期间不更新 VL-SCM 的状态信息)，则备用 VL-SCM 接管主功能并且选择新的备用 VL-SCM。所有计时过程(定时器)的具体值都取决于之后的分析，这是由于它们取决于网络拓扑、SCeNBces 的总数及其他方面。

本节研究的 SCM 分层部署使得 SCC 可以轻松集成到基于 C-RAN 的 5G 移动网络中。为了将提出的 VH-SCM 集成到基于 C-RAN 概念的移动网络体系结构中，R-SCM 的功能应属于 BBU，VL-SCM 的功能应属于 RRH。由于分布式方案允许在 R-SCM 和 VL-SCMs 之间动态切换控制功能，因此该解决方案也适用于 C-RAN 的 RaaS 扩展。在这种情况下，上层的控制过程可以动态地从 BBU(在例子中，用 R-SCM 表示)转移到 RRH(在例子中，用 VL-SCM 表示)中，反之亦然。即 R-SCM 的控制功能像 BBU 一样，通常以集中的方式定位，这样可以更接近用户，即 RRH 接管了 VL-SCM 的功能。

2.4　小小区云管理协议

2.3 节提出的架构选项需要在 VL-SCM 和 R-SCM 之间进行交互，以便管理任务的分配。在本节中，将介绍一种新的小小区云管理协议(small cell cloud management protocol，ScCMP)。需注意，尽管使用了 VL-SCM 的符号，但是 ScCMP 也可以用于分层控制中 L-SCM 和 R-SCM 之间的通信，而无需虚拟化的 L-SCM。

ScCMP 是 Z 协议的扩展(参见文献[32])，它只用于 SCM 和 SCeNBce 之间的通信[33]，不包括 VL-SCM 和 R-SCM 之间的通信。为了使第三方能够开发与基于云的迁移架构兼容的应用程序，必须定义一个合适的应用程序编程接口(application programming interface，API)[34]。因此，ScCMP 是在迁移过程中涉及的所有设备(即用户终端、SCeNBce 和所有类型的 SCM)之间进行端到端通信的一种综合协议。

在整个管理过程中，用户终端只通过无线接口与它的服务 SCeNBce 进行通信。服务 SCeNBce 只有在用户终端被批准使用云服务时才能将管理消息转发给 SCM。系统设计不允许用户终端与 SCM 直接进行通信，通过提供针对分布式拒绝服务的预防措施来保护 SCM，否则很容易被恶意用户终端攻击。

SCM 的整个过程分为三个阶段(图 2.7)：①身份认证和授权；②迁移；③系统清理。

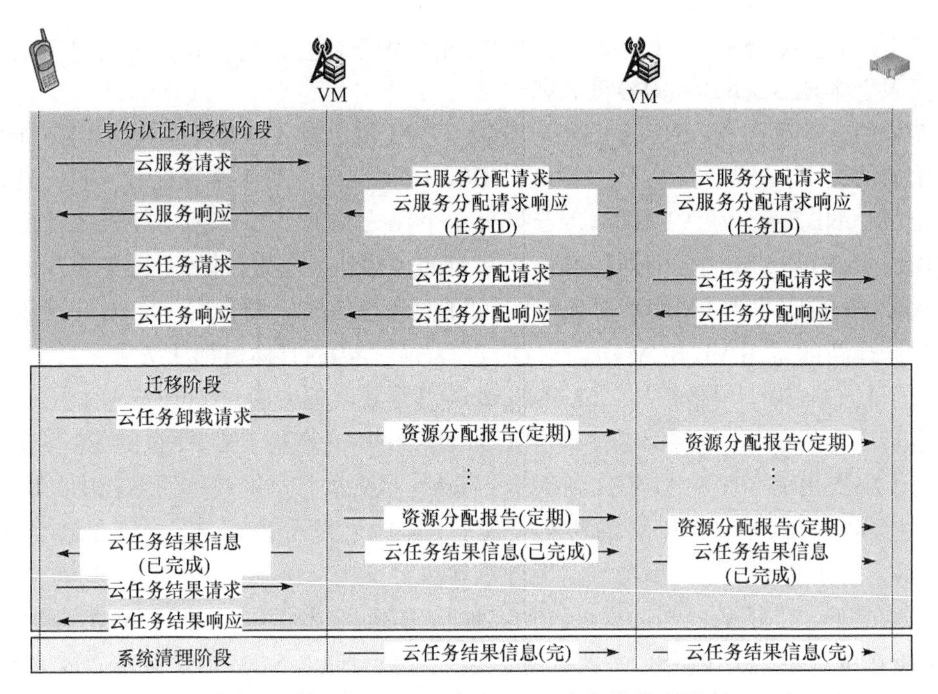

图 2.7 使用 VH-SCM 在 ScCMP 中交换管理消息

(注意：仅当 VL-SCM 无法提供所请求的资源且必须由 R-SCM 处理任务时，才会传输 VL-SCM 和 R-SCM 之间的消息)

注意，在第 2.4.1～2.4.3 小节中讨论的消息格式被认为是“一般概念”，以提供进一步参考。此外，有些消息本质上是周期性的。这意味着这些消息提供了一个保持活跃的机制，以确保在整个迁移和计算过程中，所有感兴趣的通信方都是可用的。

2.4.1 身份认证和授权

用户终端遵循了 IMS AKA[35]的认证和密钥协议方案，以便建立加密密钥和完整性机制。因此，用户终端设置了 PDP 上下文，并为其分配了 IP 地址[36]。一旦用户终端被授权给网络用来进行通信，并被允许访问移动网络，则允许使用云服务请求消息来请求移动边缘计算服务。此消息包含了用户终端的标识和端口号(如 IP 地址)。因此，此消息封装在云服务分配请求中，其中，来自用户终端的先前信息补充了 SCeNBce、SCM 和通讯端口的标识。然后，SCeNBce 将消息转发给 SCM，期望收到{是|否}的响应，以便接受或拒绝用户终端的任何迁移请求。

认证可以分为两个过程：单个 SCeNBce 与 SCM 的连接；用户终端与 SCeNBce 的连接。

SCeNBce 间的连接是通过 Z 协议的 CONNECT 和 RECONNECT 消息进行的。SCeNBce 第一次连接到 SCM 时，发送 CONNECT 消息，并携带 SCeNBce 侧的连接数据及 SCeNBce 的资源数据，如本地 CPU 和内存数据。CONNECT 消息的响应为 SCM 分配给 SCeNBce 的 ID，如果 SCeNBce 已连接到 SCM 并重新建立连接，则发送 RECONNECT 消息，此消息中包含之前分配给 SCeNBce 的 SCeNBce ID。

用户终端的连接包括 Z 协议的 CONNECT_UE、RECONNECT_UE 和 UE_CONNECTED，连接用户终端消息包括有关用户终端连接(端口等)和用户(SCeNBce 所有者、guest)的信息。系统通过给 UE_ID 和 VM_ID 分配地址来响应此消息。当用户终端已连接时，通过先前分配的 UE_ID 发送消息。当用户终端连接过程完成时，SCM 同时会发送消息，包括部署相应的虚拟机，此消息向用户终端传递了与其虚拟机连接的信息，即 IP 地址、端口等。

根据授权的结果，用户终端可以允许或拒绝使用可用云服务。SCM 对云服务分配请求的响应(包含在云服务分配响应消息中)与 Z 协议的响应消息相对应，SCeNBce 将该消息作为云服务响应转发给用户终端。

在允许使用云服务的情况下，首先，SCeNBce 会被分配一个专用标识符(称为任务 ID)，它包含在云服务分配响应中，任务 ID 被用于识别单个用户终端的单独任务。然后，用户终端向服务 SCeNBce 发送一个云任务请求，以便在服务 SCeNBce 上为该任务分配特定的资源。服务 SCeNBce 将此请求转发为一个云任务分配请求，该请求包括连接用户终端、重新连接用户终端及 Z 协议的监视和用户终端连接消息。最后，响应消息(云服务分配响应)与 Z 协议对接，基于 Z 协议，服务 SCeNBce 为任务分配适当的资源。

2.4.2　迁移

资源分配后，迁移阶段就可以开始了。迁移阶段是在用户终端开始使用云任务迁移请求消息时进行的，SCeNBce 将该消息作为资源分配报告转发给 SCM，其中包括 Z 协议的 OFFLOADING_DECISION、REQ_OFFLOADING、REQ_PARA LLELIZATION 和 END_PARALIELIZATION 消息。

在 Z 协议中，OFFLOADING_DECISION 消息由用户终端发送，这样 SCM 就可以决定哪些计算部分可以被抛弃，哪些计算部分应该被移植到用户终端中。此消息携带的信息包括进行迁移决策所需的信息，如计算任务的描述、时间和能量约束等。一旦用户终端知道要迁移哪些计算任务，它就会发送 REQ_OFFLOADING 消息的任务，包括必要的进程描述和数据，以及可能的计算任务并行化所需的虚拟机数量。当并行化可行时，执行的虚拟机将发送一个 REQ_PARALLELIZATION 消息向 SCM 请求额外的虚拟机。然后，SCM 将可用的虚拟机分配给并行任务，这些任务通过从执行虚拟机发送的 END_PARALLELIZATION 消息来释放。

一旦完成了迁移的计算，就可以使用云任务结果信息消息来通知用户终端和 SCM。由于此消息是由 SCeNBce 发送到用户终端，因此 Z 协议不包含此消息。一旦消息适合于用户终端，就会使用云任务结果请求消息将 SCeNBce 用于迁移结果，并且使用云任务结果响应消息交付结果。

2.4.3　系统清理

成功地将结果交付到用户终端之后是系统清理阶段。在这个阶段，SCeNBce 通过发送完成标记的云任务结果信息消息来通知 VL-SCM 和 R-SCM 云中的迁移任务已经完成。这样将确保释放系统资源，并通知所有 SCM。因此，释放的资源可用于其他请求。

2.5　SCM 与 SCeNBce 之间的信令分析

本节介绍的 SCM 部署旨在最小化信令延迟并减少各个通信链路的信令负载。 因此，在本节中，提供了对现有使用 Z 协议集中式 SCM 的信令分析，以及使用建议的 ScCMP 部署来对 SCM 做新的部署。

基本上，Z 协议消息是基于通信流方向(从/到 SCeNBce 到/来自 SCM)来区分。表 2.1 中给出了文献[33]中用于 SCeNBce 和 SCM 之间通信的管理消息以及每个消息的大小。注意，消息流和交换规则也在文献[33]中给出。从表 2.1 中可以看出，典型 Z 协议消息交换(包括所有报头)及用于迁移决策的信息(包括在 OFFLOADING_DECISION 和 REQ_OFFLOADING 的信息)的平均大小大约为 40 字节。

表 2.1　用于 SCeNBce 和 SCM 之间通信的管理消息

消息	大小
SCeNB→SCM	
CONNECT	12B
RECONNECT	6B
CONNECT_UE	3B
DISCONNECT_UE	2B
MONITOR	3B
UE_CONNECTED	4B
OFFLOADING_DECISSION	>100B
REQ_OFFLOADING	>100B
REQ_PARALLELIZATION	2B
END_PARALLELIZATION	2B
SCM→SCeNB	
PING	5B
MONITOR	3B

资料来源：Calvanese-Strinati E 等，Deliverable D4.2 of FP7 项目 TROPIC 由欧洲委员会资助，2014 年。

在提出的 H-SCM 和 VH-SCM 的情况下，R-SCM 的作用是在 VL-SCM 的基础资源不足以满足用户的情况下处理资源管理。因此，必须交换可用内存、CPU 和所有计算状态信息。状态信息存储在 SCM 中，按如下方式构建表中的数据。

(1) SC 表：包括 ID、互联网协议版本 4(IPV4)地址、端口号、状态、自有 ID、CPU、内存、磁盘(10 字节)。该表包含静态的 SCeNBce 数据和状态信息，还包含有关物理资源利用率的动态信息，即 CPU 和内存。

(2) VM 表：包括 Table_ID、IPv4、SC_ID、类型、状态、虚拟 CPU(VCPU)、内存、磁盘、优先级、2ary_Assigned(二次分配)、2ary_Assigned_to_ID(10 字节)。该表包含与 VM 相关的信息，包括连接信息、虚拟资源利用率、托管 SCeNBce 和 VM 类型等。

(3) 用户表：包括用户 ID、名称、VM_ID、状态(36 字节)。该表包含关于用户的信息(如用户终端)，主要包括相关虚拟机和用户状态信息。

(4) 并行表：无人值守虚拟机的所需时间和数量(4 字节)。该表为动态表，目的是在运行时包含并行化过程状态。并行表记录可用于并行化的虚拟机，包括其中哪些正在使用等。

基于上述内容，需要交换的信息量为 60 字节[(10+10+36+4)字节]，以便成功地同步 SCM 上下文信息。由于每个 SCM 都必须针对消息交换进行寻址，因此需要两个额外的字节(占用两个 ID 字段协议头)，使得完整信令消息交换的大小等于 62 字节。

上面的计算基于两个假设，IPv4 的场景包含局域网外围应用的网络地址转换(network address translation，NAT)机制，NAT 机制假定在所有真实场景中。此外，还考虑了包含 IP 安全(IPsec)流量的体系结构，以利用合适的 NAT 遍历(NAT-T)机制来成功通过 NAT。

由于通信是基于众所周知的 TCP/IP 和相关协议，因此报头大小(适用的相关尾比特大小)假定为表 2.2 所示的大小。

表 2.2　协议报头大小

协议	报头大小/B(包括使用的尾比特)
TCP	20
IPv4	20
ESP(IP 协议 50)	24
UDP(NAT-T 的端口 4500)	8
Eth(以太网)	26

图 2.8 所示的特定网络部分的报头大小(H)由以下公式定义：

$$H_{\text{LAN}} = H_{\text{TCP}} + H_{\text{IPv4}} + H_{\text{Eth}}$$

$$H_{\text{LAN\_IPsec}} = H_{\text{TCP}} + H_{\text{IPv4}} + H_{\text{ESP}} + H_{\text{IPv4}} + H_{\text{Eth}}$$

$$H_{\text{INT\_IPsec}} = H_{\text{TCP}} + H_{\text{IPv4}} + H_{\text{ESP}} + H_{\text{IPv4}} + H_{\text{Eth}}$$

$$H_{\text{LAN\_IPsec\_NAT-T}} = H_{\text{TCP}} + H_{\text{IPv4}} + H_{\text{ESP}} + H_{\text{UDP}} + H_{\text{IPv4}} + H_{\text{Eth}}$$

$$H_{\text{EPC}} = H_{\text{TCP}} + H_{\text{IPv4}} + H_{\text{Eth}}$$

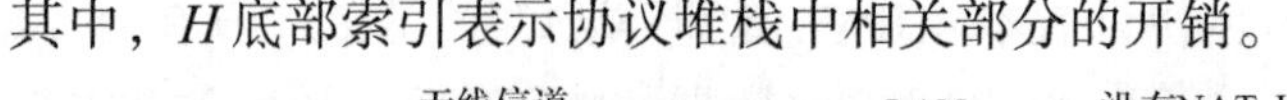

其中，H底部索引表示协议堆栈中相关部分的开销。

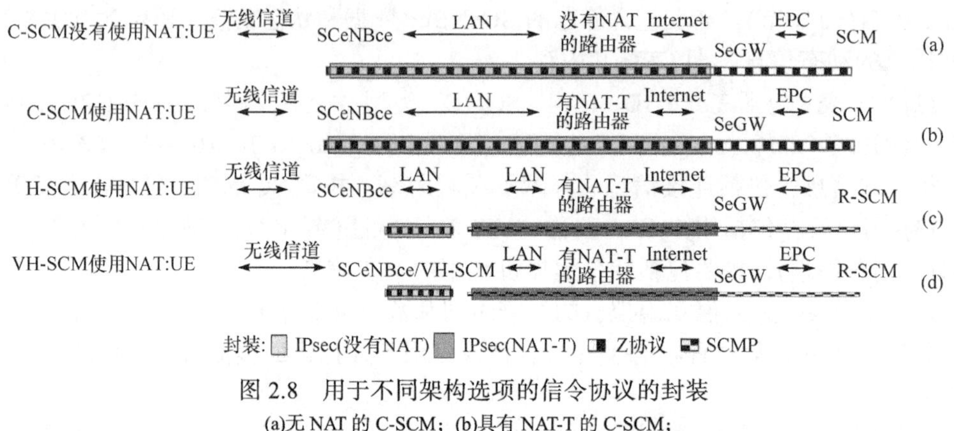

图 2.8　用于不同架构选项的信令协议的封装

(a)无 NAT 的 C-SCM；(b)具有 NAT-T 的 C-SCM；

(c)具有 NAT-T 的 H-SCM；(d)具有 NAT-T 的 VH-SCM

根据 SCM 部署的实际情况考虑了四个方案(见图 2.8)：第一个方案是集中式的方法(表示为 C-SCM)，它假定 SCeNBce 被分配了可公开访问的 IP 地址；第二个方案是具有 NAT-T 的 C-SCM；第三个方案是具有 NAT-T 的 H-SCM；最后一个方案是具有 NAT-T 的 VH-SCM。注意，除了第一个方案之外的所有方案都认为 SCeNBce 隐藏在实现一种 NAT 机制的设备(如路由器)之后。为了使 SCeNBce 能够在(私有)LAN 之外进行通信，有必要利用 NAT-T 功能，该功能通过 NAT 的网关，建立和维护基于 IP 的连接。在本书例子中，使用 IPsec 通道将 SCeNBce 与 SCM 相连接。

注意，最后一个方案中的 Z 协议通信是内部的，这意味着数据不会流经网络，而只能在 SCeNBce 的内存(RAM)中进行交换。

这种对开销的分析被转换成每个迁移任务信令开销的总量以及用 SCC 增强的移动网络中的信令延迟。这两种方法都将在下一节中介绍。

2.6　性 能 分 析

在本节中，将会利用 2.5 节中的分析过程来评估信令延迟和相对信令开销。通过使用和不使用文献[6]中定义的 NAT 的 SCM 比较了 H-SCM 和 VH-SCM 这两种架构。为了对图 2.8 中所示的四个方案进行性能比较，在本节中提供了性能评估的方案和系统参数。

2.6.1　用于绩效评估的方案和参数

为了便于模拟，将考虑两个方案：企业方案和住宅方案。为此，定义了两种类型的回程连接：高速光纤连接和非对称数字用户环路(asymmetric digital subscriber line，ADSL)。一方面，高速光纤连接表示具有 100Mbps 比特率的本地局域网络，可在企业方案中使用；另一方面，ADSL 代表一种住宅方案，假设下行链路和上行链路的最大非对称链路的比特率分别为 8Mbps 和 1Mbps。

假设在模拟区域中部署了 30 个用户终端和 2 个 SCeNBce，用于企业方案和住宅方案。

如前所述，一些控制消息本质上是周期性的，以确保在整个迁移和计算过程中，所有通信方都可用。为此，Z 协议每隔 15s 在 SCeNBce 和 SCM(L-SCMI 或 VL-SCM)之间发送周期性更新。ScCMP 的定期更新不像 Z 协议更新那样至关重要，这是由于它们会在 VL-SCM 无法提供足够信息的情况下，同步相应层级 SCM(L-SCM 和 R-SCM)间的当前状态和计算资源。因此，与 Z 协议的值相比，ScCMP 计时器的值被设置为 Z 协议的四倍。然而，这两个计时器都没有通用值。与动态路由协议[37,38]类似，计时器的值取决于物理网络拓扑，这些值的优化超出了本章的范围，故将其留在实际网络中进行进一步的研究和测试。

模拟参数初始条件如表 2.3 所示。在仿真过程中，假设计算正常运行，没有出现内存或磁盘资源损耗等意外问题。

表 2.3　模拟参数

参数	值
用户终端设备数	30
SCeNBces 设备数	2
模拟每个单个用户终端设备的平均请求数	1
模拟时间	6000s
Z 协议(正在使用)定期更新间隔	15s
ScCMP(正在使用)定期更新间隔	60s
EPC 对称比特率	100Mbps
LAN 对称比特率	100Mbps
ADSL 下行比特率	8Mbps
ADSL 上行比特率	1Mbps
光纤对称比特率	100Mbps

2.6.2　绩效评估

在本节中，将提供仿真及其讨论结果，以说明先前提出的分布式体系结构对于所选方案(住宅和企业)的效率。将 H-SCM 和 VH-SCM 与最先进的集中式方法进行比较。为了进行基准测试，还考虑了一个没有网络地址转换的集中解决方案(图 2.8 中的第一个方案)。如前所述，因为 NAT 符合实际部署，所以假设 NAT 被考虑用于所有比较的体系结构(即对于 C-SCM、H-SCM 和 VH-SCM，如图 2.8 所示)。

1. 信令开销

体系结构需要信令来协调 VL-SCM 和 R-SCM 的工作，本小结讨论管理和迁移计算所需的信令开销。所有的信令消息包含迁移过程的平均信令开销。

如图 2.9 所示，使用常规 C-SCM 在体系结构中迁移单个任务时，管理消息交换产生的累计开销大约为 8.3kb(不使用 NAT)和 8.5kb(使用 NAT)。此开销由协议组成，如表 2.2 所示，可以看出，NAT(大约 0.2kb)开销没有显著增加。与 C-SCM 相比，体系结构向 H-SCM 或 VH-SCM 的扩展可以将信令开销大致降低到 5.7kb 和 5.4kb(即分别下降了 34%和 37%)。这种减少是由于消息的有些部分不需要通过网络从 SCeNBce 传输到 VL-SCM，这是由于 VL-SCM 在 SCeNBce 的虚拟化资源中。换句话说，所提出的方案减少了交换消息的总数和大小，这对正常的迁移和信令机制是有必要的(如身份认证和授权阶段、迁移阶段和系统清理阶段消息，如第 2.4 节所示)。对于 C-SCM，这些消息将通过各自的网络段传递。开销的大小与回程技术(光纤和 ADSL)无关。

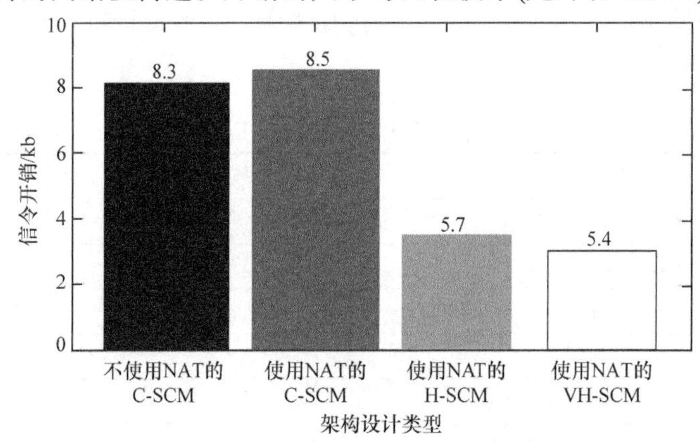

图 2.9　平均分流请求的平均信令开销

2. 信令延迟

除了信令开销之外，成功地将计算任务迁移到云所需信令过程的信令延迟最小化也很重要。由于延迟在很大程度上取决于回程类型，故区分了 SCeNBce 与核心网络之间的高速光纤连接(用于企业方案)和 ADSL 连接(用于住宅方案)。

仿真结果表明，与传统的 C-SCM 相比，分层设计在信号延迟方面更有效(见图 2.10 和图 2.11)。传统的使用 NAT 的 C-SCM 对 ADSL 和高速光纤的延迟分别为 20.21ms 和 1.34ms。可以得到，NAT 将 ADSL 和高速光纤的信令延迟分别提高了 5%和 7%。然而，所提出的两种解决方案(H-SCM 和 VH-SCM)导致 ADSL 和高速光纤的信令延迟分别减少到约 8.6ms 和 0.6ms。这说明两种方案的端到端信令延迟减少了大约 60%。传输延迟的缩短是由于避免了从 SCeNBces 到集中式 SCM 的信令传输。还可以看出，VH-SCM 实现了稍低的延迟，这是由于从 SCeNBce 到 L-SCM 和返回的传输信号没有延迟。然而，因为信令延迟低于 0.03ms，所以两种方法之间的差异可以认为是微不足道的。

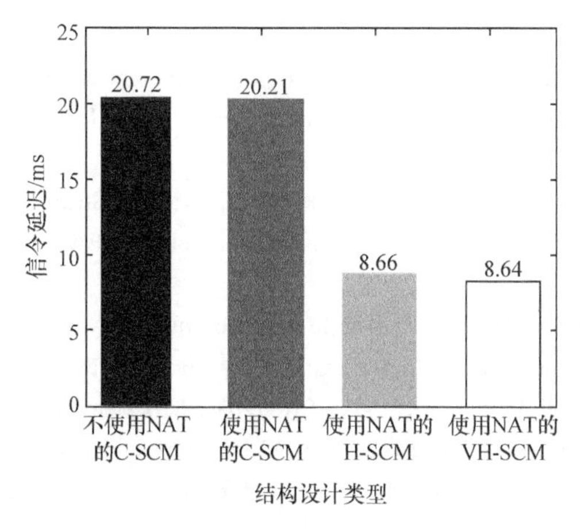

图 2.10　住宅方案中的平均传输信令延迟

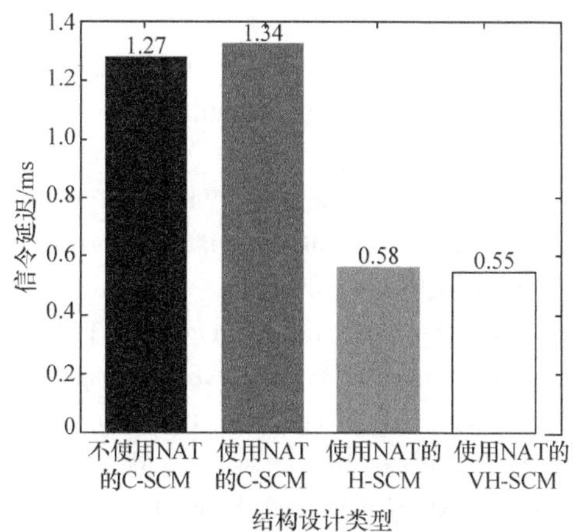

图 2.11　企业方案(光纤)中的平均传输信令延迟

2.7　结　论

本章讨论了 5G 移动网络的架构，该移动网络支持移动网络边缘的云计算，并与 C-RAN 合并。本章提出了部署 SCM 管理和控制移动边缘计算中计算资源分配的两种分布式选项，所提出的解决方案基于用于网络控制资源的分布式虚拟化。第一种方法利用了在本地(分布式)SCM 和远程(集中式)SCM 单元之间的云管理实体的功能层次划分；第二种方法进一步虚拟化了基站中本地 SCM 的控制特性。通过 BBU 包含云控制功能或者通过 BBU 和 RRH 之间的分离，可以有效地与 C-RAN 概念合并。

两种方案都减少了信令开销(超过 34%)，并降低了信令延迟(大约 60%)。提出的分层解决方案的缺点是实现成本较高，然而，通过本地 SCM 的虚拟化可以减小成本。

尽管如此，要在 5G 移动网络中使用所提出的解决方案，还需要解决几个具有挑战性的问题。关键问题是在 BBU 和 RRH 之间的分配和分割控制功能。其次，在小小区或家庭基站分配一部分控制功能的情况下，必须开发用于这种节点故障情况的备份解决方案，并且必须确保对处理数据访问的安全性。另一个挑战问题是有效地共享用于控制功能和迁移应用程序的虚拟化资源，同时考虑对网络可靠性、稳定性和安全性的严格要求，提高用户将应用程序迁移到移动网络边缘的服务质量。

参 考 文 献

[1] J. G. Andrews, S. Buzzi, W. Choi, S. V. Hanly, A. Lozano, A. C. K. Soong, J. C. Zhang, What will 5G be?, *IEEE Journal on Selected Areas in Communications* , Vol. 32, No. 6, pp. 1065-1082, June 2014.

[2] M.V. Barbera, S. Kosta, A. Mei, J. Stefa, To offload or not to offload? The bandwidth and energy costs of mobile cloud computing, IEEE INFOCOM 2013, April 2013.

[3] N. Bhushan et al., Network densification: The dominant theme for wireless evolution into 5G, *IEEE Communications Magazine* , Vol. 52, No. 2, pp. 82-89, February 2014.

[4] Nokia Solutions and Networks, Nokia outdoor 3G/LTE small cells deployment strategy: The race to

the pole, White Paper, 2014.

[5] S. Barbarossa, S. Sardellitti, P. Di Lorenzo, Computation offloading for mobile cloud computing based on wide cross-layer optimization, Future network and mobile summit (FuNeMS2013), IEEE, July 2013.

[6] F. Lobillo, Z. Becvar, M.A. Puente, P. Mach, F. Lo Presti, F. Gambetti, E. Calvanese Strinati, An architecture for mobile computation offloading on cloud-enabled LTE small cells, IEEE WCNC workshops 2014, April 2014.

[7] Huawei,IBM, Intel, Nokia Networks, NTTDOCOMO,Vodafone, Mobile-edge computing, Mobile-edge computing: Introductory technical white paper,available at https://portal.etsi.org/Portals/0/TBpages/MEC/Docs/Mobile-edge_Computing_-_Introductory_Technical_White_Paper_V1%2018-09-14.pdf, September 2014.

[8] M.A. Puente, Z. Becvar, M. Rohlik, F. Lobillo, E. Calvanese-Strinati, A seamless integration of computationally-enhanced base stations into mobile networks towards 5G, IEEE VTC Spring Workshop on 5G Architecture, 2015.

[9] Nokia Siemens Networks, Liquid net: Nokia Siemens networks intelligent base stations, White Paper, 2012.

[10] T. Nakamura, S. Nagata, A. Benjebbour, Y. Kishiyama, T. Hai, S. Xiaodong, Y. Ning, L. Nan, Trends in small cell enhancements in LTE advanced, *IEEE Communications Magazine* , Vol. 51, No. 2, pp. 98-105, February 2013.

[11] M. Satyanarayanan, P. Bahl, R. Cá ceres, N. Davies, The case for VM-based cloudlets in mobile computing, *IEEE Pervasive Computing* , Vol. 8, No. 4, pp. 14-23, October 2009.

[12] S. Simanta, G.A. Lewis, E. Morris, H. Kiryong Ha, M. Satyanarayanan, A reference architecture for mobile code offload in hostile environments, IEEE/IFIP WICSA and ECSA, August 2012.

[13] O. Muñoz, A. Pascual-Iserte, J. Vidal, Joint allocation of radio and computational resources in wireless application offloading, Future network and mobile summit (FuNeMS 2013), Lisbon, Portugal, July 2013.

[14] V. Di Valerio, F. Lo Presti, Optimal virtual machines allocation in mobile femto-cloud computing: An MDP approach, IEEE WCNC workshops, April 2014.

[15] Radio Access and Spectrum, FP7 Future Networks Cluster, 5G radio network architecture, White Paper, 2013.

[16] 3GPP TS 36.300 v 12.5.0, Technical specification group radio access network, evolved universal terrestrial radio access (E-UTRA) and evolved universal terrestrial radio access network (E-UTRAN), overall description, Stage 2 (Release 12), March 2015.

[17] China Mobile Research, C-RAN international workshop, C-RAN international workshop, April 2010.

[18] China Mobile Research, C-RAN: The road towards green RAN, White Paper, version 2.5, October 2011.

[19] National Instruments, What is I/Q data?, tutorial, March 2016, available at http://www.ni.com/tutorial/4805/en/.

[20] A. Checko, H.L. Christiansen, Y. Yan, L. Scolari, G. Kardaras, M.S. Berger, L. Dittmann, Cloud RAN for mobile networks: A technology overview, *IEEE Communications Surveys and Tutorials*, Vol. 17, No. 1, pp. 405-426, November 2015.

[21] Y. Huiyu, Z. Naizheng, Y. Yuyu, P. Skov, Performance evaluation of coordinated multipoint reception

in CRAN under LTE-advanced uplink, EAI, CHINACOM, 2012.

[22] L. Li, J. Liu, K. Xiong, P. Butovitsch, Field test of uplink CoMP joint processing with C-RAN testbed, EAI, CHINACOM, 2012.

[23] A. Liu, V.K.N. Lau, Joint power and antenna selection optimization for energy-efficient large distributed MIMO networks, IEEE ICCS, 2012.

[24] Q.T. Vien, N. Ogbonna, H.X. Nguyen, R. Trestian, P. Shah, Non-orthogonal multiple access for wireless downlink in cloud radio access networks, European wireless, 2015.

[25] D. Sabella, P. Rost, Y. Sheng, E. Pateromichelakis, U. Salim, P. Guitton-Ouhamou, M. Di Girolamo, G. Giuliani, RAN as a service: Challenges of designing a flexible RAN architecture in a cloud-based heterogeneous mobile network, Future Network and Mobile Summit, 2013.

[26] Z. Becvar, et al., Distributed computing, storage and radio resource allocation over cooperative femtocells: Scenarios and requirements, deliverable D2.1 of FP7 project TROPIC funded by European Commission, July 2013.

[27] J. Oueis, E. Calvanese-Strinati, S. Barbarossa, Multi-parameter decision algorithm for mobile computation offloading, IEEE WCNC, 2014.

[28] O. Munoz, A. Pascual Iserte, J. Vidal, M. Molina, Energy-latency trade-off for multiuser wireless computation offloading, IEEE WCNC workshops, 2014.

[29] O. Munoz, A. Pascual-Iserte, J. Vidal, Optimization of radio and computational resources for energy efficiency in latency-constrained application offloading, *IEEE Transactions on Vehicular Technology*, Vol. 64, No. 10, pp. 4738-4755, October 2015.

[30] M.A. Puente, et al., Distributed cloud services, deliverable D5.2 of FP7project TROPIC funded by European Commission, June 2014.

[31] C. Yang, et al., Over-the-air signaling in cellular communication systems, *IEEE Wireless Communications Magazine* , Vol. 21, No. 4, pp. 102-129, 2014.

[32] M. Goldhamer, Offloading mobile applications to base stations, U.S. 20140287754 A1, U.S. patent, 2014.

[33] E. Calvanese Strinati et al., Adaptation of virtual infrastructure manager and implemented interfaces, Deliverable D4.2 of FP7project TROPIC funded by the European Commission, February 2014.

[34] M. Rohlik, T. Vanek, Securing offloading process within small cell cloud-based mobile networks, IEEE Globecom workshops, Austin, TX, 2014.

[35] J.K. Tsay et al., A vulnerability in the UMTS and LTE authentication and key agreement protocols, *Computer Network Security* , Springer, Berlin, 2012.

[36] 3GPP TS 33.203 3G security; Access security for IP-based services, Rel. 13, version 13.0.0, September 2015.

[37] F. Zhao, P. Zhu, M. Wang, B. Wang, Optimizing network configurations based on potential profit loss, *ACIS International Conference on Software Engineering, Artificial Intelligence, Networking, and Parallel/Distributed Computing* (*SNPD 2007*), IEEE, pp. 327-332, July 2007.

[38] D. Kiwior, E.G. Idhaw, S.V. Pizzi, Quality of service (QoS) sensitivity for the OSPF protocol in the airborne networking environment, *IEEE Military Communications Conference (MILCOM 2005)*, pp. 2366-2372, October 2005.

第3章　5G网络的NOMA方案研究

3.1　引　　言

移动通信、无线通信技术及高端移动设备的迅速发展导致用户数量和服务质量的不断提升，对网络运营商的流量需求呈指数级增长。根据思科(Cisco) [1]公司的数据显示，预计到2020年，全球IP网络将每天承载6.4EB的互联网流量。为了应对宽带数据流量的激增，网络运营商将利用各种新的解决方案和技术，将其集成到未来移动网络中以增加网络容量，如5G网络。通过采用一些有前景的解决方案，包括部署具有复杂结构的异构小小区网络(heterogeneous small cell networks)[2]，使不同无线接入技术(radio access technologies，RATs)、Wi-Fi、家庭基站的随机移动流量迁移技术等进行动态协作；使用多输入多输出(MIMO)[3]或大规模MIMO[4]等技术允许多个天线同时为相同时间-频率资源中的多个用户服务；C-RAN[5]为5G无线接入网提供了集中、协作、绿色的云计算架构的5G接入网络；同时，也利用SDN[6]及NFV等技术，通过将基于硬件的网络转移到基于软件和云的解决方案，可以帮助移动运营商降低资本支出。

然而，一些解决方案可能导致成本升高和小区间干扰水平增加。在这种情况下，另一个有希望的解决方案是通过使用具有干扰抵消功能的高级接收机或采用非正交多址接入(non-orthogonal multiple access，NOMA)技术高级编码和调制解决方案来提高下一代5G网络的频谱效率。

因此，本章将介绍下一代5G网络中NOMA技术的最新发展，主要安排如下：3.2节提出正交多址接入(orthogonal multiple access，OMA)方案与NOMA方案的比较；3.3节介绍了NOMA的系统模型；3.4节提出了在上行链路中使用NOMA的各种解决方案；3.5节讨论了使用NOMA进行下行链接；3.6节对文献中提出的几种NOMA类型进行讨论；3.7节是本章小结。

3.2　OMA和NOMA

3.2.1　OMA技术

随着移动宽带通信量的成倍增长，人们开始关注各种接入技术的发展，以实现随时随地地连接，满足用户日益增长的需求。这些多址接入方案的作用是使不同的用户能够同时访问网络，也是移动无线通信系统的一个关键技术。因此，研究人员一直致力于多址方案的设计。1G 通信系统采用频分多址接入(frequency division multiple access，FDMA)方案[7]实现多址接入，调制方式为模拟调制。2G 系统采用 FDMA 方案结合时分多址接入(time division multiple access，TDMA)方案[8]实现多址接入，TDMA 利用时分复用，基于数字调制技术。从 3G 系统开始，采用了码分多址接入(code division multiple access，CDMA)方案[9]，CDMA 利用扩频序列的准正交性允许更多用户访问蜂窝系统。由于现有的频谱资源稀缺问题，新的 4G 系统引入了正交频分多址接入(orthogonal frequency division multiple access，OFDMA)方案[10]，OFDMA 是基于正交频分复用(orthogonal frequency division multiplexing，OFDM)技术，利用许多正交的闭合空间载波来提高频谱效率，增加用户连接的数量。

在 4G 系统中，OFDM 和 OFDMA 的主要优点如下。

(1) 通过保证子载波之间的正交性，消除了小区间的干扰。

(2) 具有快速傅里叶变换与 MIMO 系统的兼容性。

(3) 通过使用循环前缀，可以避免小区内的干扰。

(4) 通过在可用频谱上扩展载波来实现频率分集。

(5) 对于码间干扰(inter-symbol interference，ISI)和多径失真有很强的鲁棒性。

OFDM 和 OFDMA 的主要缺点如下。

(1) 由于调制符号的并行传输，峰均值功率比(peak-to-average power ratio，PAPR)相对较高。

(2) 由于循环前缀导致频谱利用率受限。

(3) 对频偏和相位噪声高度敏感。

(4) 发射机和接收机之间的同步是提高性能的必要条件。

这些缺点阻碍了 OMA 方案用于 5G 系统，因此需要开发一种新的多址接入方案，以提供更高的频谱效率及系统的能力和容量。

3.2.2　NOMA 技术

几种 5G 的接入技术的候选方案都采用了非正交接入方案，如 NOMA[11]。

NOMA 被定义为一个小区内多用户复用方案，它提出使用一个附加域，即功率域，该域在之前的 2G、3G 甚至 4G 系统[12]中没有被使用过。在发射机端，用户的数据在功率域上是多路复用的，这说明位于基站附近的用户终端分配的功率更少，而远端(小区边缘)用户分配的功率更多。NOMA 支持模拟连接，它适合解决与大量用户连接的问题。在 NOMA 上的用户复用是在不依赖于每个用户的瞬时信道状态信息(channel state information，CSI)的情况下实现的。附近用户可使用串行干扰抵消(successive interference cancellation，SIC)[13]技术，首先解码远端用户的数据并抵消干扰，保证信息的正常传输。研究表明，NOMA 增强了接收端、容量和小区边缘用户(cell edge user，CEU)的吞吐量[11,14-18]。此外，NOMA 使用叠加编码(superposition coding，SC)[19]进行下行传输，将所有用户的数据叠加在一起，然后进行传输。

Liu 等[20]对 NOMA 做了一个简短的研究，该研究展示了在考虑两个用户时，使用串行干扰抵消的基本 NOMA 的功能,以便更好地理解 NOMA 及两个用户的容量表达，最后讨论了 NOMA 在多接入中继信道方案中的应用。

NOMA 的一些主要特征如下[12]。

(1) NOMA 引入了可控干扰，以略微增强接收机复杂度为代价实现过载，从而提高了频谱效率，满足了海量连接。

(2) 功率域用于 NOMA 中的调制处理和用户复用。

(3) NOMA 增加了系统容量和覆盖范围，并支持大规模用户连接。

(4) 尽管存在移动性或 CSI 反馈延迟，NOMA 在实际的广域部署中具有较好的性能。

(5) NOMA 保留了 OFDMA 和滤波器组多载波(filter bank multicarrier, FBMC)技术的优点,这是由于 NOMA 中的基本载波波形仍然可以从 OFDMA 或 FBMC 向外扩展。

(6) NOMA 需要专门的设计来安排合适的合作伙伴共享相同的资源块以进行性能优化。

Saito 等[11]将 3G、3.9G/4G 的多接入方案与未来无线接入方案进行对比，如图 3.1 所示。

	3G	3.9/4G	未来无线接口
多用户	非正交(CDMA)	正交(OFDMA)	非正交SIC(NOMA)
信号波形	载波	OFDM	OFDM
链接适应	快速TPC	AMC	AMC+功率分配
图示	非正交辅助功率控制 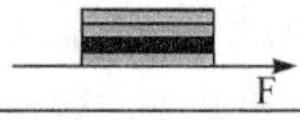 F	用户间正交 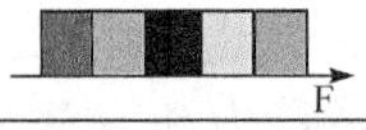 F	叠加和功率分配 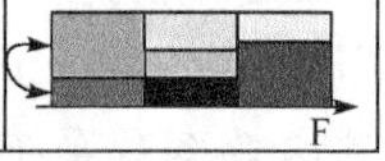 F

图 3.1　3G、3.9G/4G 和未来无线接入网的蜂窝多址接入方案的比较

3.3　NOMA 系统模型

在本节中，建立了 NOMA 在下行链路和上行蜂窝网络的系统模型。

图 3.2 表示在接收方使用串行干扰抵消时，NOMA 基本功能的一个示例。示例场景由一个基站和两个用户终端设备组成，其中 UE2 位于 BS 和 UE1 附近，远离下行传输中的 BS。远端用户也称为小区边缘用户。

在图 3.2 的场景中，位于 BS 附近的 UE1 先解码了小区边缘用户的数据，然后解码其相应的用户数据，而小区边缘用户仅通过将附近用户的数据视为噪声来解码其相应的数据。传输端使用叠加编码将所有用户符号组合在一起。

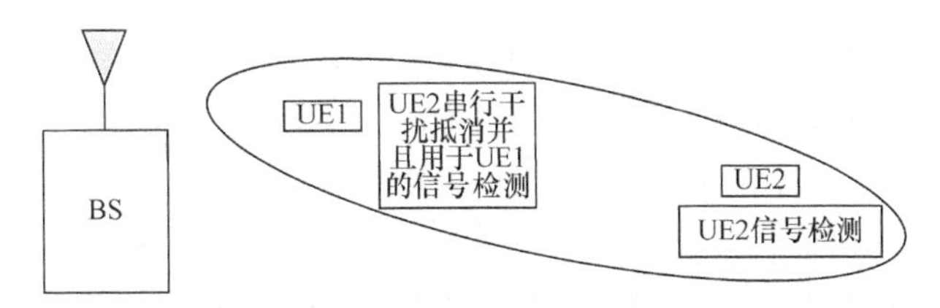

图 3.2　NOMA 在接收机处受到串行干扰抵消的影响

因此，在下行传输的第 i 个用户终端处接收到的信号 y_i 为

$$y_i = h_i X + n_i \tag{3.1}$$

其中，h_i 为 BS 和第 i 个用户间的信道，$i \in \{1,2,\cdots,M\}$；n_i 为第 i 个用户的加性高斯白噪声(additive white Gaussian noise，AWGN)信道；$X = \sum_{i=1}^{M} x_i$ 是从 BS 发送到用户终端设备的 SC 数据，其中 x_i 是第 i 个用户的发送数据信号，M 是系统中的用户总数。

在上行链路传输的情况下，BS 的接收信号 Y 如下：

$$Y = \sum_{i=1}^{M} H_i z_i + N \tag{3.2}$$

其中，z_i 是从第 i 个($i \in \{1,2,\cdots,M\}$)用户终端发送到相应服务 BS 的信号；N 是 BS 中的加性高斯白噪声信道；H_i 是第 i 个($i \in \{1,2,\cdots,M\}$)用户终端到 BS 间的信道衰落；M 是系统中用户终端设备的总数。

3.4　上行链路传输的 NOMA

文献[21]提出了一种 OFDM 系统上行链路传输的 NOMA 方案，该方案只移除资源分配，并允许多个用户共享相同的子载波而无需任何编码/扩展冗余。为了控制上行链路中的接收机复杂度，每个子载波的用户数都被限制在一个特定的数字内，这被认为是如图 3.3 所示的上限。与传统的无约束 NOMA 方案相比，NOMA 技术的频谱效率高于

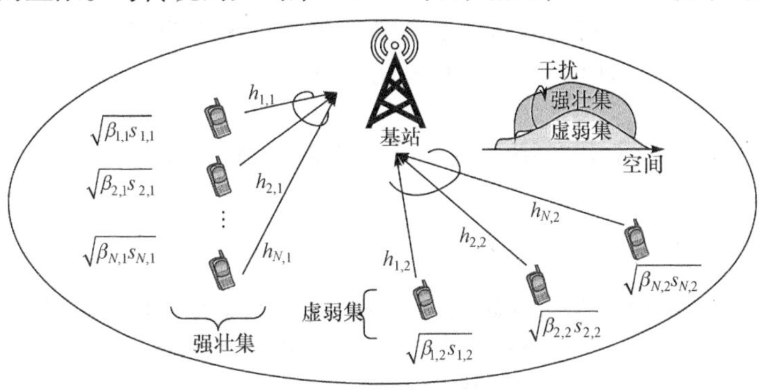

图 3.3　上行链路的 NOMA 系统

当前的 OMA，并且接收机复杂度较低。针对新的 NOMA 方案，提出了新的子载波和功率分配算法。在接收机端实现了最优多用户检测，实现了用户数据的分离，结果表明，与 OMA 方案相比，该方案提高了频谱效率和公平性。

在文献[22]中，作者研究了蜂窝上行链路传输中的基于最小均方误差线性滤波的串行干扰抵消(minimum mean squared error-based liner filtering followed by the successive interference canceller，MMSE-SIC)的 NOMA 系统级吞吐量。MMSE-SIC 的 NOMA 技术利用多址接入信道(multiple access channel，MAC)可以达到多用户容量，其与 OMA 相比，有利于同时提高总用户吞吐量和小区边缘用户吞吐量。在相同频率块内，多个用户的复用可以增加蜂窝上行链路传输的小区间干扰，增加了对非正交用户多路复用的干扰。因此，作者采用基于比例公平的调度方案来实现用户总吞吐量与小区边缘用户吞吐量之间的折中。在基站端使用串行干扰抵消，减少了 NOMA 引入的信令开销。结果表明，所提出的传输功率控制方法显著提高了系统级吞吐量性能。

在单载波非正交多址接入(single carrier non-orthogonal multiple access, SC-NOMA)的情况下，会用到一个 eNB 与一个迭代干扰抵消接收机。这样能够将重叠频谱分配给超过接收器天线数量的多个小区内的用户终端。在文献[23]中提出了一种基于计算小区吞吐量期望值的频率域调度方法。首先，eNB 通过使用度量来为一条用户终端选择候选子载波，该度量是 turbo 均衡之后的信噪比。然后，期望的小区吞吐量由候选子载波和所有以前分配的子载波一起计算。当预期的小区吞吐量与分配候选子载波之前接收的吞吐量相比增加时，eNB 将候选子载波分配到用户终端。与基于子载波准则的调度相比，该方法提高了基于频率域的调度在 SC-NOMA 系统中的吞吐量性能。

对于上行链路多天线环境，Endo 等[22]在多个小区中考虑非正交接入方案，该方案假设用户存在于同一小区内，并且根据资源块正交分配。在文献[24]中，作者提出了一种集合选择算法和最优功率控制方案，目的在于最大化多天线 NOMA 技术中上行信道容量。对于多天线 NOMA 的上行链路，提出上行链路 NOMA (UL-NOMA)系统共享空间资源以提高总容量。集合选择算法利用用户信道之间的正交性来减少由集合选择算法引起的自身干扰和各个集合间的干扰，该方案使用最优功率控制技术的目的在于最大化系统的总容量。数值仿真结果表明，相比于传统的 OMA 系统的 UL-NOMA 系统，本节提出的集合选择算法和功率控制可以提高总容量。

3.5　下行链路传输的 NOMA

3.5.1　NOMA 的系统级性能

在文献[15]中，作者首先通过比较不同 NOMA 之间相应的和速率，并利用 NOMA 和 OMA 用户之间的信道增益差异来讨论 NOMA 相对于 OMA 的工作原理和优势。其次，讨论了有关 NOMA 的实际考虑因素，如信令开销、多用户功率分配、串行干扰抵消误差传播、高移动性场景中的性能及 MIMO 系统的组合等。应用随机波束形成

(beamforming，BF)将 MIMO 信道转换为单输入多输出(single-input multiple-output，SIMO)信道，在接收端采用了一种串行干扰抵消和干扰抑制结合(interference rejection combining，IRC)方案，降低了波束和波束内的干扰。结果表明，与 OMA 相比，NOMA 在接收机侧采用了 IRC 方案，系统级性能提高了 30%。

在文献[11]中进行了 NOMA 的系统级评估，并将所提出的系统性能与 OFDMA 方案进行了比较。基于串行干扰抵消的 NOMA，在宽带信道质量信息(channel quality information, CQI)上改善了系统容量和小区边缘用户吞吐量性能。发射机侧(transmitter side，BS)不需要依赖频率选择性 CQI 来提高系统性能。作者讨论了在用户终端侧使用串行干扰抵消，以及 IRC 将 NOMA 应用于 MIMO 以进一步提升容量。

在文献[25]中研究了 NOMA 的中断性能和遍历容量，并将实现的性能与 OMA 技术进行了比较。此外，在文献[14]中，为了阐明 NOMA 相对于 OFDMA 的潜在增益，作者考虑了长期演进(long-term evolution，LTE)无线电接口的一些关键链路的自适应功能，如自适应调制和编码、混合自动重复请求(除了如多用户功率分配之类的 NOMA 功能之外，还有 HARQ)、时域/频域调度和外环链路自适应等。信道增益的顺序用来确定用户设备数据推断的顺序。位于发射机附近的用户终端设备具有高信道增益，且数据传输需要较少的功率。小区边缘用户具有低信道增益，且需要更多传输功率以用于在用户终端侧接收数据。仿真结果表明，NOMA 的整体吞吐量、小区边缘用户吞吐量和比例公平度均优于 OMA。

3.5.2　C-RAN

最近提出的 C-RAN 可以通过云连接所有基站，如图 3.4 所示。在 C-RAN 环境中，网络服务由云提供，用于各个基站连接并向移动用户提供服务。文献[26]中，在 C-RAN 的网络架构下提出系统模型，考虑了基站和云中心站间的距离及信道质量，并在下行链路中使用了 NOMA。

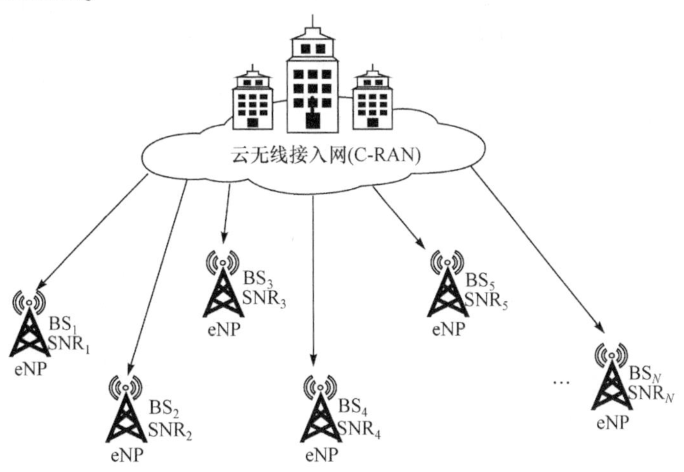

图 3.4　C-RAN 下行链路的系统模型

作者研究表明，所提出的基于 NOMA 的 C-RAN 系统模型的和速率比采用传统 OFDMA 的和速率高出 8 倍。

3.5.3　多用户波束成形系统

文献[27]中提出了一种新的聚类算法，是一个最小化集群间和用户间干扰的有效功率分配方案，在保证弱用户容量的同时使总容量最大化。该聚类算法在每个聚类中选择具有高相关性和大信道增益差异的两个用户。作者基于聚类算法为两个用户分配功率，因此，这些用户可以得到单个波束形成矢量的支持。将所提出的聚类算法与其他现有模型(如穷举搜索和随机选择)比较研究，结果表明，NOMA-BF 总容量大于传统的波束形成的系统模型。

文献[28]中提出了波束形成方法使用 NOMA 对超过基站天线自由度的多个用户进行迫零(zero forcing，ZF)预编码。与仅使用 ZF 预编码的情况相比，可实现 1.5～3.0 倍的速率。通过在用户终端设备侧引入最大比合并(maximum ratio combining，MRC)，作者可在低信噪比下提高可实现的速率，所提出的系统模型已经通过研究两个用户和四个用户的情况来证明其具有更好的效率。

3.5.4　中继信道

图 3.5 给出了多址接入多中继信道的例子，包括经由中继节点(如 R_1, R_2,⋯,R_L)[29]的 M 个源(如 S_1, S_2, ⋯, S_M)将数据发送到目的地节点(如 D)。在文献[30]中提出了一种用于 NOMA 中继信道(NOMA relay channel，NOMARC)的新的功率自适应网络编码(power adaptive network coding，PANC)策略。作者使用 PANC 算法实现满分集增益，根据接收的信号功率，中继信道为每个信号分配相应的网络编码符号。为了实现高编码增益，可以通过考虑所接收信号星座的欧几里得距离与符号对差错率之间的关系，以最小化目标处的符号对差错率来优化中继信道处的功率适应因子。仿真结果表明，与文献中的其他网络编码方案相比，具有自适应因子优化和功率缩放因子设计的 PANC 方案实现了满分集和更高的编码增益。

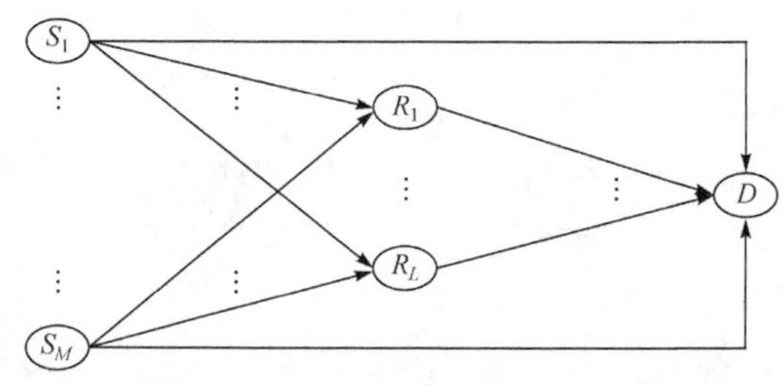

图 3.5　多址接入多中继信道的例子

Mohamad 等[31]从信息理论的角度讨论中继信道问题，他们希望有一个通过多个中继信道传输到一个目的地的多个独立源的场景。每个中继信道都是半双工，实现了选择性解码和转发(selective decode and forward，SDF)策略，并与其他中继协作。作者在NOMARC(non-orthogonal MARC)中继辅助协作通信场景下比较了个体和常见的中断事件。仿真结果表明，即使在具有噪声的慢衰落源-中继链路下，NOMARC 总是比无合作情况获得更好的性能，这是一个非常理想的特性。

Kim 等[32]提出了一种使用 NOMA 的协作中继系统。在不依赖瑞利衰落信道的情况下，分析了该方法的可实现平均速率，并利用高信噪比近似给出了其渐近表达式。同时，还提出了由源发送的两个数据信号的次优功率分配方案。结果表明，当信噪比较高时，使用 NOMA 的协作中继系统可以获得比传统协作中继系统更高的频谱效率，源到中继链路的平均信道功率优于源到目的链路和中继到目的链路的平均信道功率。

3.5.5　协作 NOMA

Choi[33]在考虑小区内的三个用户终端的情况下，使用协作 NOMA 来分析系统的性能，如一个小区边缘用户和两个用户终端设备。该方案由不同小区中的两个基站组成，它们相互协作，为每个小区中的用户提供小区边缘用户服务。本小节将这三个用户的速度在三种不同条件下作比较:①两个基站在协作下向小区边缘用户发送数据时；②只有一个基站保存小区边缘用户时；③小区边缘用户根据动态小区选择算法选择想要从其接收数据的基站时。将这些方案内的三个用户的速率和总速率与用户终端和基站之间的距离及信噪比值的增加进行比较。协同 NOMA 下的仿真结果为小区边缘用户提供了合理的传输速率，而不会降低对附近用户的速率，并且会提高频谱效率。

文献[34]中研究了小区边缘用户的和速率，在传统的 NOMA 系统中，系统模型考虑远处用户和中心用户。由于中心用户需要较少的功率用于数据传输，因此其对小区边缘用户的干扰明显较小，并且被视为噪声。作者考虑了一个特殊情况来分析干扰对小区边缘用户的影响，如图 3.6 所示，在合作情形下考虑了对小区边缘用户的小区内和小区间干扰的影响，所提出的系统模型在接收机和发射机侧采用了干扰消除技术，如串行干扰抵消和随机波束形成。文献将系统的和速率与传统的协作系统进行比较，并且假设传统的协作系统在发射机侧不采用任何干扰消除技术。随着用户数量增加，接收机也会更加复杂性。仿真结果表明，所提出的系统的总吞吐量优于传统的系统模型。

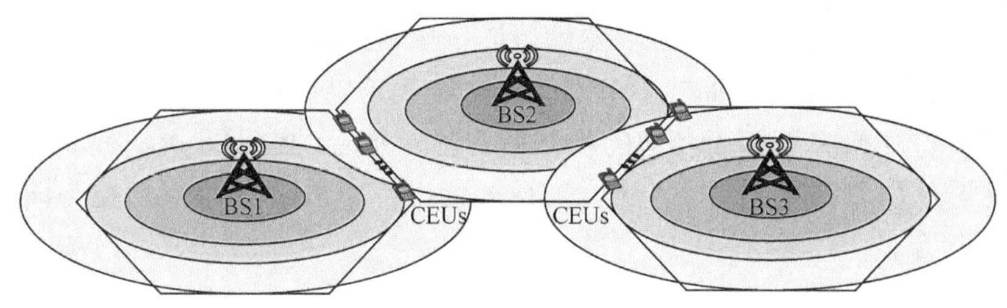

图 3.6　在小区边缘用户的小区内和小区间干扰的协作 NOMA

Ding 等[35]提出了一种协作传输方案，该方案可以充分利用 NOMA 系统中可用的先验信息。在传统的 NOMA 系统中，具有更好信道条件的用户解码其他用户的信息以消除干扰。在所提出的系统模型中，具有较好信道条件的用户被用作中继，以提高与基站连接不良用户的可靠性。通过分析结果实现的中断概率和分集顺序表明，所提出的协作 NOMA 可以实现所有用户的最大分集增益。为了降低系统的复杂性，作者利用了用户配对方法，从而使得信道增益(信道系数的平方跟绝对值)更加明显，而不是根据高信道增益将用户进行分组。

在传统的 NOMA 方案中，靠近基站的用户去除远端用户的信号，然后检测所需的信号。但远端用户将近端用户的信号视为噪声并对其所需信号进行译码。文献[36]提出了一种针对 NOMA 下行链路远端用户的联合检测和译码方案，并分析评估其星座约束容量。该方案允许用户配对的传播损耗差异小于 8dB。 通过这种方式，NOMA 系统中的用户对数量增加，从而实现更大的总容量。

3.5.6 下行链路传输中的 NOMA 频率复用技术

Lan 等[37]为了减少来自小区内部用户的干扰，通过为小区边缘用户分配更多的传输功率以及为小区内部用户分配更宽的带宽来提高小区边缘吞吐量。由于重用因子较大，提出一种新的部分频率复用(fractional frequency reuse，FFR)方案来减少小区边缘区域的明显干扰。与传统的 FFR 不同，文献[37]所提出的 FFR 为用户分配不同级别的传输功率。数值仿真结果表明，该 FFR 方案通过更多小区边缘用户传输来防止小区间干扰，并扩展小区内部用户的带宽，从而实现了小区边缘用户吞吐量和小区平均吞吐量的提升。

3.5.7 NOMA 采用单用户 MIMO

在文献[38]中研究了 NOMA 与开环和闭环单用户 MIMO 的结合，其目的是研究 NOMA 与单用户 MIMO 相结合的性能增益。结果表明，与 OMA 系统相比，开环和闭环单用户 MIMO 的 NOMA 性能增益为 23%，小区边缘用户吞吐量增益为 33%。作者讨论 MIMO 组合中涉及的关键技术问题包括调度算法、串行干扰抵消顺序确定、传输功率分配和反馈设计。

在文献[39]中，讨论了在下行链路中使用单用户 MIMO 对 NOMA 性能进行秩优化的影响。在 LTE Release 8 框架中考虑了秩选择和反馈的增强。作者提出了发送端的秩优化方法。首先研究了基于几何的秩调整方法，然后讨论了发送端秩调整方法的增强反馈方法。从仿真结果来看，与 OMA 系统相比，NOMA 的性能增益与该秩调整方法相比有所改善。

3.5.8 接收机复杂性

在文献[40]中研究了不同的接收机设计，并通过链路级仿真对其性能进行评估和比较。针对下行链路，NOMA 提出了一种新的传输和接收方案。在发送端，应用联合调制来实现不同用户叠加信号的格雷映射。在接收端，使用简单对数似然比(log-likelihood ratio，LLR)计算方法直接对所需信号进行译码而无需串行干扰抵消处理，并且降低了接收器侧的复杂性。通过分析可知，码字级串行干扰抵消实现了与理想串行干扰抵消几乎相同的性能，而小区边缘用户的干扰在符号级串行干扰抵消的所有情况下都无法完全抵消。

在所提出的接收机方案中，可以直接检测小区中心用户的期望信号，而无需检测小区边缘用户和串行干扰抵消处理的信号。评估该接收机性能并与其他串行干扰抵消接收机进行比较。该接收机实现了比符号级串行干扰抵消更好的性能，其优点是不需要串行干扰抵消处理。码字级串行干扰抵消和该接收机可以用于大范围的功率分配比，而符号级串行干扰抵消对分配给小区边缘用户的功率分配更加敏感。当对小区中心用户应用高阶调制时，应该将更大的功率分配比分配给小区边缘用户。

3.6　非正交访问方案的类型

在文献[41]中对提出的三种不同类型的NOMA方案的上行链路误码率性能进行比较研究。作者讨论了三种多址接入方案，这些方案被视为可能的 5G 标准候选者，分别为稀疏码多址接入(sparse code multiple access，SCMA)、多用户共享多址接入(multiuser shared multiple access，MUSA)和图样分割多址接入(pattern division multiple access，PDMA)。

SCMA 通过考虑空域和码域来进一步提高频谱效率，SCMA 是华为提出的一种频域 NOMA 技术，利用稀疏码本来提高码分多址的频谱效率。

MUSA 由中兴通讯股份有限公司提出，是一种 5G 多址接入方案，利用非正交的扩频序列和先进的串行干扰抵消接收机。使用扩频序列扩展用户数据后，组合并发送所有用户的数据。在接收端，先进的基于串行干扰抵消的接收机将解调和检索每个用户的数据。

PDMA 由大唐电信科技股份有限公司提出，是一种新颖的 NOMA 方案，此方案基于发射端串行干扰抵消适用模式的联合设计和接收端低复杂度准 ML 串行干扰抵消检测。不同域中均有非正交特征模式，如功率域、空间域或码域用于区分发射端的用户。在接收端可使用串行干扰抵消修改检测，多个用户可以获得相同的分集度。

与 MUSA 和 PDMA 相比，SCMA 在误码率方面的性能较好，这是由于其稀疏码字的近似优化设计，以及近似最优的消息传递算法接收器。作者确定了未来需要优化的区域，以便更好地实现 NOMA 的系统性能，如 SCMA 的稀疏码本、MUSA 的低相关扩频序列和 PDMA 的非正交模式。

另一种类型的 NOMA，即交分多址(interleave division multiple access，IDMA)，

也是一种 NOMA 技术。IDMA 可以通过访问大量站点来提高系统效率。IDMA 使用不同的交织器模式来区分用户。在文献[42]中，IDMA 在高阶正交幅度调制(quadrature amplitude modulation，QAM)系统下进行研究，在接收端具有低复杂度检测。作者提供了简化的对数似然比计算，以降低 QAM 调制的复杂性。与基于叠加编码调制(superposition coded modulation，SCM)的 IDMA(其中发送多层 BPSK 或 QPSK 调制符号)相比，基于 QAM 的 IDMA 系统复杂度降低了 25%。

3.7 结　论

目前，多址接入技术领域学术界和行业的研究越来越多，本章介绍了 5G 网络多址接入技术的发展研究，重点是上行链路方案和下行链路方案中不同区域的 NOMA 方案，包括调度、系统级性能、中继、合作方案、接收机复杂性等。研究目标是找到最佳的多址接入技术，以解决 4G 系统的局限性。在这方面，讨论了一些有前景的多址接入技术。

新提出的多址接入技术引入了新的研究领域，如基于功率域复用的 NOMA，并且已经证明它消除了远近效应且改善了上行链路中的频谱效率和下行链路中的吞吐量。然而，接收机的复杂性使得硬件的实现变得很困难。其他多址接入技术引入了区分多个用户的新方法，如 SCMA 或 PDMA。SCMA 已经显示出较好的频谱效率，能够提升上行链路的系统容量以及下行链路的小区吞吐量和覆盖增益，但是会增加用户之间的干扰和代码设计复杂性。PDMA 提升了上行链路的系统容量和下行链路的频谱效率，但代价是增加了用户之间的干扰以及设计和优化模式的复杂性。MUSA 利用 SC 和符号扩展技术实现低误包率，并以更高的频谱效率适应更多用户。然而，用户之间的干扰仍在增加，并且扩展符号设计的实现复杂性也是一个挑战。

综上所述，通过采用 NOMA 方案，改进了频谱效率和系统容量。然而，在解决干扰问题和未来多址接入 5G 标准实现复杂性方面仍然存在若干缺点。

参 考 文 献

[1] Cisco visual networking index: Forecast and methodology, 2015－2020 White Paper, Cisco. (Online). Available:http://cisco.com/c/en/us/solutionscollateral/service-provider/ip-ngn-ip-next-generation-network/white_paper_c11-481360. html.(Accessed: 10-Jun-2016.)

[2] I. Hwang, B. Song, and S. Soliman, A holistic view on hyper-dense heterogeneous and small cell networks, *IEEE Communications Magazine* , Vol. 51, No. 6, pp. 2027, 2013.

[3] D. Gesbert, M. Kountouris, R. W. H. Jr, C. B. Chae, and T. Salzer, Shifting the MIMO paradigm, *IEEE Signal Processing Magazine*, Vol. 24, No. 5, pp. 36-46, 2007.

[4] J. Hoydis, S. ten Brink, and M. Debbah, Massive MIMO: How many antennas do we need?, *49th Annual Allerton Conference on Communication, Control, and Computing, Proceedings*, pp. 545-550, 2011.

[5] Y. Lin, L. Shao, Z. Zhu, Q. Wang, and R. K. Sabhikhi, Wireless network cloud: Architecture and system requirements, *IBM Journal of Research and Development* , Vol. 54, No. 1, pp. 4:14:12, 2010.

[6] H. H. Cho, C. F. Lai, T. K. Shih, and H. C. Chao, Integration of SDR and SDN for 5G, *IEEE Access*, Vol. 2, pp. 1196-1204, 2014.

[7] G. L. Lui, FDMA system performance with synchronization errors, *MILCOM 96, IEEE Military Communications Conference, Proceedings*, Vol. 3, pp. 811-818, 1996.

[8] K. Raith and J. Uddenfeldt, Capacity of digital cellular TDMA systems, *IEEE Transactions on Vehicular Technology* , Vol. 40, No. 2, pp. 323-332, 1991.

[9] D. G. Jeong, I. G. Kim, and D. Kim, Capacity analysis of spectrally overlaid multiband CDMA mobile networks, *IEEE Transactions on Vehicular Technology* , Vol. 47, No. 3, pp. 798-807, 1998.

[10] X. Zhang and B. Li, Network-coding-aware dynamic subcarrier assignment in OFDMA-based wireless networks, *IEEE Transactions on Vehicular Technology* , Vol. 60, No. 9, pp. 4609-4619, 2011.

[11] Y. Saito, Y. Kishiyama, A. Benjebbour, T. Nakamura, A. Li, and K. Higuchi, Non-orthogonal multiple access (NOMA) for cellular future radio access, *IEEE Vehicular Technology Conference,Proceedings*, 2013.

[12] F. L. Luo, ZTE communication, 5G wireless: Technology, standard and practice, *ZTE Communication*, pp. 20-27, 2015.

[13] N. I. Miridakis, D. D. Vergados, A survey on the successive interference cancellation performance for single-antenna and multiple-antenna OFDM systems, *Communication Surveys & Tutorials, IEEE*, Vol. 15, No. 1, pp. 312, 335, 2013.

[14] Y. Saito, A. Benjebbour, Y. Kishiyama, and T. Nakamura, System-level performance evaluation of downlink non-orthogonal multiple access (NOMA), *IEEE International Symposium on Personal Indoor Mobile and Radio Communication PIMRC, Proceedings*, Vol. 2, pp. 611-615, 2013.

[15] A. Benjebbour, Y. Saito, Y. Kishiyama, A. Li, A. Harada, and T. Nakamura, Concept and practical considerations of non-orthogonal multiple access (NOMA) for future radio access, *ISPACS, Symposium on Intelligent Signal Processing Communication Systems, Proceedings*, pp. 770-774, 2013.

[16] H. Osada, M. Inamori, and Y. Sanada, Non-orthogonal access scheme over multiple channels with iterative interference cancellation and fractional sampling in MIMO-OFDM receiver, *IEEE VTC 2013-Fall, Proceedings*, Las Vegas, NV, pp. 15, September 2013.

[17] H. Osada, M. Inamori, and Y. Sanada, Non-orthogonal access scheme over multiple channels with iterative interference cancellation and fractional sampling in OFDM receiver, *Vehicular Technology Conference (VTC Spring), 2012 IEEE 75th, Proceedings*, pp. 15, 2012.

[18] N. Otao, Y. Kishiyama, and K. Higuchi, Performance of non-orthogonal access with SIC in cellular downlink using proportional fair-based resource allocation, *ISWCS 2012, Proceedings*, Paris, France, pp. 476-480, 2012.

[19] S. Vanka, S. Srinivasa, Z. Gong, P. Vizi, K. Stamatiou, and M. Haenggi, Superposition coding strategies: Design and experimental evaluation, *IEEE Transmission and Wireless Communication.* , Vol. 11, No. 7, pp. 2628-2639, 2012.

[20] Q. Liu, B. Hui, and K. Chang, A survey on non-orthogonal multiple access schemes, *Korea Institute of Communication and Science Conference, Proceedings*, pp. 98-101, 2014.

[21] M. Al-Imari, P. Xiao, M. A. Imran, and R. Tafazolli, Uplink non-orthogonal multiple access for 5G wireless networks, *11th International Symposium on Wireless Communications Systems (ISWCS), Proceedings*, pp. 781, 785, 26-29 August 2014.

[22] Y. Endo, Y. Kishiyama, and K. Higuchi, Uplink non-orthogonal access with MMSE-SIC in the presence of inter-cell interference, *International Symposium on Wireless Communication Systems, Proceedings*, pp. 261-265, 2012.

[23] J. Goto, O. Nakamura, K. Yokomakura, Y. Hamaguchi, S. Ibi, S. Sampei, A frequency domain scheduling for uplink single carrier non-orthogonal multiple access with iterative interference cancellation,*Vehicular Technology Conference (VTC Fall), IEEE 80th, Proceedings*, pp. 1-5, September 2014.

[24] B. Kim, W. Chung, S. Lim, S. Suh, J. Kwun, S. Choi, D. Hong, Uplink NOMA with multi- antenna, *IEEE 81st Vehicular Technology Conference (VTC Spring), Proceedings*, pp. 1-5, 11-14 May, 2015.

[25] A. Benjebbovu, A. Li, Y. Saito, Y. Kishiyama, A. Harada, and T. Nakamura, System-level performance of downlink NOMA for future LTE enhancements, *2013 IEEE Globecom Work, GC Workshops 2013, Proceedings*, No. 1, pp. 66-70, 2013.

[26] Q. Vien, N. Ogbonna, H. X. Nguyen, R. Trestian, and P. Shah, Non-orthogonal multiple access for wireless downlink in cloud radio access networks, *IEEE 21th European Wireless Conference, Proceedings,* pp. 1-6, 20-22 May 2015.

[27] B. Kimy, S. Lim, H. Kim, S. Suh, J. Kwun, S. Choi, C. Lee, S. Lee, and D. Hong, Non-orthogonal multiple access in a downlink multiuser beamforming system, *IEEE Military Communication Conference, MILCOM, No. 2012, Proceedings*, pp. 1278-1283, 2013.

[28] N. Keita, K. Nishimori, S. Sasaki, and H. Makino, Spatial multiplexing for multiple users exceeding degree of freedom by successive interference cancellation and zero forcing, In 2014 *IEEE International Workshop on Electromagnetics (iWEM), Proceedings*, pp. 94-95, 2014.

[29] G. Kramer and A. J. van Wijngaarden, On the white Gaussian multiple access relay channel, *IEEE ISIT Sorrento, Proceedings*, June 2000.

[30] S. Wei, J. Li, and W. Chen, Network coded power adaptation scheme in non-orthogonal multiple-access relay channels, *International Conference on Communication, Proceedings*, pp. 4831-4836, 2014.

[31] A. Mohamad, and R. Visoz, Outage achievable rate analysis for the non-orthogonal multiple access multiple relay channel, *IEEE WCNCW, Proceedings*, pp. 160-165, April 2013.

[32] J. Kim, I. LEE, Capacity analysis of cooperative relaying systems using non-orthogonal multiple access, *IEEE Communication Letters* , No. 99, pp. 1-1, 2015.

[33] J. Choi, Non-orthogonal multiple access in downlink coordinated two-point systems, in *IEEE Communication Letters* , Vol. 18, No. 2, pp. 313-316, 2014.

[34] N. Bhuvanasundaram, H. X. Nguyen, R. Trestian and Q. T. Vien, Sum-rate analysis of cell edge users under cooperative NOMA, *8th IFIP Wireless and Mobile Networking Conference (WMNC),Proceedings*, pp. 239-244, 2015.

[35] Z. Ding, M. Peng, H.V. Poor, Cooperative non-orthogonal multiple access in 5G systems, in *IEEE Communication Letters* , Vol. 19, No. 8, pp. 1462-1465, 2015.

[36] T. Yazaki, Y. Sanada, Effect of joint detection and decoding in non-orthogonal multiple access,*IEEE*

International Symposium on Intelligent Signal Processing and Communication Systems (ISPACS),Proceedings, pp. 245-250, 1-4 December, 2014.

[37] Y. Lan, A. Benjebbour, L. Anxin, A. Harada, Efficient and dynamic fractional frequency reuse for downlink non-orthogonal multiple access, *IEEE 79th Vehicular Technology Conference (VTC Spring),Proceedings*, pp. 1-5, 18-21 May, 2014.

[38] X. Chen, A. Benjebboui, Y. Lan, L. Anxin, J. Huiling, Evaluations of downlink non-orthogonal multiple access (NOMA) combined with SU-MIMO, *IEEE 25th Annual International Symposium on Personal, Indoor, and Mobile Radio Communication (PIMRC), Proceedings*, pp. 1887-1891, 2-5 September, 2014.

[39] X. Chen, A. Benjebboui, Y. Lan, L. Anxin, J. Huiling, Impact of rank optimization on down-link non-orthogonal multiple access (NOMA) with SU-MIMO, *IEEE International Conference on Communication Systems (ICCS), Proceedings*, pp. 233-237, 19-21 November, 2014.

[40] C. Yan, A. Harada, A. Benjebbour, Y. Lan, L. Anxin, H. Jiang, Receiver design for downlink non-orthogonal multiple access (NOMA), *IEEE 81st Vehicular Technology Conference (VTC Spring),Proceedings*, pp. 1-6, 11-14 May, 2015.

[41] B. Wang, K. Wang, Z. Lu, T. Xie, J. Quan, Comparison study of non-orthogonal multiple access schemes for 5G, *Broadband Multimedia Systems and Broadcasting (BMSB), IEEE International Symposium, Proceedings*, pp. 1-5, 17-19 June, 2015.

[42] T. T. T. Nguyen, L. Lanante, Y. Nagao, H. Ochi, Low complexity higher order QAM modula-tion for IDMA system, *IEEE Wireless Communication and Networking Conference Works (WCNCW),Proceedings*, pp. 113-118, 9-12 March, 2015.

第4章　C-RAN环境中下行链路传输中的NOMA性能评估

4.1　引　　言

目前的移动通信环境正面临着一场数据风暴。思科预测，到2020年，基于互联网协议(internet protocol，IP)连接的设备数量将达到全球人口数量的三倍，人均产生高达25GB的IP流量[1]。在这种背景下，网络运营商将在如何满足所需要的网络覆盖和容量，如何解决干扰，如何管理复杂度日益增加的网络以及如何应对更高的资本支出(capital expenditure，CAPEX)和运营成本(operating expenditure，OPEX)方面面临不同的挑战。为了应对解决问题，5G无线通信系统采用多种新的解决方案和技术。例如，SDN和NFV,即通过把基于硬件的网络转变为基于软件和云解决方案的网络来帮助网络运营商降低开销紧张的资本支出；移动业务使用机会分流技术，如Wi-Fi和家庭基站；无线接入网采用C-RAN，C-RAN是基于集中化处理、协作式无线电和实时云计算构架的绿色无线接入网架构；通过采用带有干扰抵消的先进接收机或者选用先进的编码和调制方案提高频谱效率，如采用NOMA技术来实现。

本章研究了多址接入技术在C-RAN中的使用，即通过云来连接所有的基站[2]。因此，通过使用中心基站(central station，CS)中的云计算，C-RAN能够管理位于边缘小区的移动用户的干扰和切换及降低基站在低能耗时的负载[2-4]。

NOMA是未来无线接入技术中很有价值的多址接入方案之一，是一种多用户在功率域复用的接入方案，为用户分配的功率取决于用户与基站的距离。NOMA接收端采用串行干扰抵消技术，提升了容量、接收性能和小区边缘用户吞吐量[5-10]。

本章研究了C-RAN无线下行链路(wireless downlink C-RAN，WD-CRAN)中NOMA的应用情况。NOMA方案中，基站的功率分配取决于基站与基于云的中心基站的相对距离[11]。在基于云的中心基站中设计了一种串行干扰抵消机制，在功率域中相互放置多个基站。通过与同在WD-CRAN中使用传统OFDMA方案进行比较，详细分析了使用NOMA所实现的吞吐量。得出的结果表明了NOMA较之OFDMA的有效性，并评估了基站位置和传播环境对吞吐量的影响。

最后，数值计算结果表明，NOMA方案的可实现总数据速率相比于OFDMA方案有显著地提高。

4.2 技 术 背 景

移动运营商正面临着非常激烈的竞争环境，每个运营商都在努力提供更好的服务来留住用户以增加收入。然而无线接入网的建立、维护、升级的成本变得越来越高昂，但是从用户那里产生的收入并没有与成本以相同的速度增长。为了保持平衡，移动运营商一直在寻找一种解决方案来降低运营成本,同时又不降低为用户提供的服务质量。无线接入网是实现为用户持续提供高服务质量网络的关键部分，因此，移动运营商在提供高服务质量的同时还要节省成本，对于现有的无线接入网不得不做出改进。

4.2.1　传统无线接入网

无线接入网由蜂窝网络中的基站技术、空中接口和移动用户终端组成。传统无线接入网(traditional radio access network，TRAN)是自从蜂窝技术出现以来一直在使用的无线接入网。TRAN 包括用于连接扇区天线的基站，这些天线根据其容量覆盖一个小区域，基站只能在这个小范围内接收和传输信息。在 TRAN 中，可获得的容量容易受到干扰，这在很大程度上降低了频谱容量；网络中的基站也建立在一个特定的专有平台上，这使得任何新技术的使用都变得比较困难。在 TRAN 中存在如下的一些挑战。

(1) 网络运营商通过增加基站的数量以扩大网络的覆盖范围，因此基站所需要的功率也会增加，这反过来又会导致更高的运营成本，并对环境产生巨大的不良影响。为了解决这个问题，基站的数量不得不减少。然而，若在 TRAN 中这样做，将会降低网络覆盖和服务质量，因此，为了最大化资源和减少 TRAN 中功率的挑战，就必须通过将所有的基站集中起来以进行无线接入网基础架构的优化。

(2) 无线接入网的运营成本迅速增加。用户产生的移动数据流量呈指数级增长，网络运营商需要提高网络吞吐量，使其能够为用户服务。然而，网络运营商在升级传统的基站时，面临着高成本的挑战，这是由于来自用户的收入还不足以支付这一成本。数据显示，大约 80%的移动运营商的资本支出是用于无线接入网，这就提出了对无线接入网基础架构的要求，即减少基础设施数量的同时仍然能够实现高服务质量。

(3) 由于必须使用专有的硬件和软件，移动运营商不得不使用不兼容的平台，尤其是从不同的供应商处购买系统时，如果需要进行网络升级，就会阻碍网络的灵活性。

(4) TRAN 无法支持异构网络环境(如 5G 网络)所需要的干扰管理。

(5) 在 TRAN 中，每个基站的处理能力只能被其服务的小区内的用户使用。这就导致了在不同时间段内，某些区域的基站是空闲的，而某些区域的基站是超载的。由于基站每时每刻都要保持着网络覆盖，空载的基站会消耗与过载基站相同的功率，这就导致了资源浪费。因为基站的设计目的是在高峰时期处理更多的流量，所以在不那么繁忙的时期，基站的处理能力是被浪费的。因此，需要一个系统，允许在不同的覆盖区域之间的基站间共享处理能力。

4.2.2 C-RAN

为了解决 TRAN 带来的问题，使用 C-RAN 是一个可行的方案，它包括集中化处理、基于云的无线接入网和协作式无线电。C-RAN 是由基站收发站的分布式形式演化而来，基站收发信机由 RRH 和 BBU 组成。由于高度集中化处理，基站收发信机的功能和基带均集中在 BBU 中，C-RAN 的核心架构如图 4.1[2]。

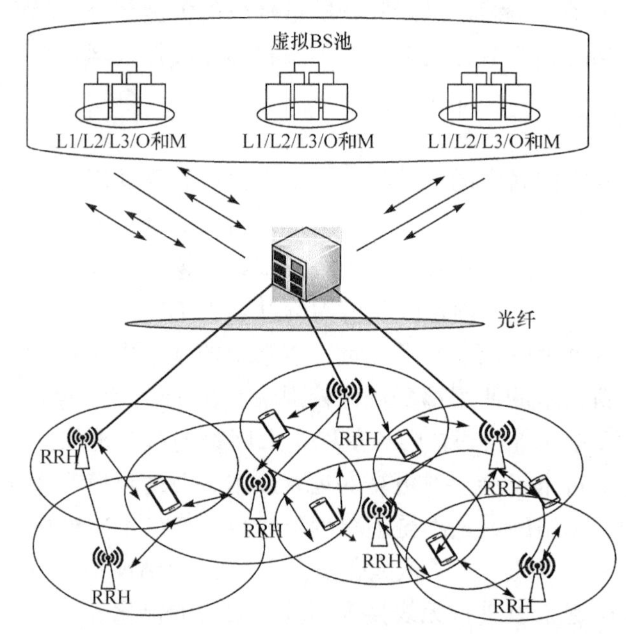

图 4.1 C-RAN 的核心架构

可以发现，通过使用所提到的 C-RAN 架构，对网络进行系统升级和维护变得更容易，并且可以支持不同的标准，更好地提升资源共享能力[2]。与 TRAN 相比，使用 C-RAN 的优势如下[2]。

(1) 因为 C-RAN 具有集中化处理能力，所以减少了必要的基站站点数量，提高了能源效率。这反过来又减少了站点的管理和所需资源的数量，从而节约了成本。

(2) 协作无线电技术有助于降低 RRH 与移动用户终端之间的干扰。C-RAN 采用较低传输功率的小小区，这些小小区只需要较少的能源来运行而不会降低所需的服务质量。

(3) C-RAN 的集中化处理减少了资源的浪费，而且在低功耗的情况下，基站可以更有效地利用资源。如果远程的一个基站是空闲的，而且不需要它的服务，那么这个基站可调成低功耗状态或者被关闭，以保留能源。

(4) C-RAN 使用集中化的操作和管理系统，所有的 BBU 和支持设备都在一个集中的位置，这就节省了在单独基站站点上进行维护的成本。

(5) 在 C-RAN 基础结构中，远程基站可以与其他基站一起共享网络中的数据流量、信令和信道信息，如果一个繁忙区域的基站过载，它可以通过云将其用户分流到一个位于不太繁忙区域的基站上进行处理，还可以从运营商的核心网络中使用智能分流机制。

除了 C-RAN 体系结构带来的直接优势和好处之外，也存在诸如以下的挑战。

(1) 需要在云边缘有效地将服务分配给基站。

(2) 需要在 RRH 和 BBU 之间的光纤实时传输大量数据。例如，LTE 这样的高级网络需要宽频带，但由于光纤的带宽限制为 10GB，并且延迟和抖动要求严格，因此很难达到实时传输大量数据。

(3) C-RAN 使用了节点处理，因此需要具有多点处理能力的算法来减少系统中的干扰。该算法还应适用于专门的信道信息和不同位置的多天线协作。

(4) 需要一种虚拟化技术将基带处理单元(baseband processing unit, BPU)分组到云中的不同虚拟实体中，以及能够在动态负载均衡系统中使用实时算法有效地分配处理容量。

4.2.3　多址接入方案

本章探讨了 C-RAN 中的多址接入方案，因此有必要研究它们在 C-RAN 中的真正含义和相关性。多址接入方案允许不同用户同时接入网络，随着蜂窝技术的升级，各种接入方案也有了相应的发展。接入方案在很大程度上决定了无线电技术的工作方式。使用的主要方案包括一直以来不断发展的频分多址[12]、时分多址[13]、码分多址[14]和正交频分多址[15]。频分多址将可用带宽划分为不同的子频带，用户在整个访问过程中被分配给一个特定的频段，该方案主要用于模拟系统[12]。时分多址是自数字系统出现以来发展的结果，在时分多址中，数据被分割成时隙并按需发送。每个用户被分配给不同的时隙以接收或发送数据，缺点是只有特定数量的用户可以在特定时间接入系统[13]。码分多址给每一个用户分配一个码字，以便能够访问蜂窝系统，在数据被传输之前，通过码片进行多路复用[14]。正交频分多址是数字调制的一种形式，其把工作频率不同的窄带信号划分成不同信道[15]，把高速数据的调制流划分为许多低速窄带信号的调制信道[15]，从而使得这些信道不易受频率选择性衰落的影响。利用密集空间子载波并基于频分多址的正交频分多址方案被认为是迄今为止对演进的第三代蜂窝网络和第四代蜂窝网络的最佳接入方案。当网络中的下行链路被占用时，正交频分多址允许上行链路采用不同的数据速率[15]。

通过简单的接收机设计，正交频分多址方案能有效实现分组域的高吞吐量服务。即便如此，仍然可以通过对接收机的优化设计，更好地处理干扰，从而进一步地提高频谱效率。

在未来的无线接入技术中，特别是在下行链路，所使用的一种很有价值的多址接入方案是 NOMA。NOMA 采用串行干扰抵消接收机作为其基本接收机，会使网络更加健壮。串行干扰抵消使得 NOMA 具有良好的资源管理能力和分频能力，增强了系统的频谱效率和用户公平性之间的公平性[9]。

4.3 文 献 综 述

C-RAN 在一些文献中得到了广泛的研究，在这些文献中，作者提出了不同的解决方案，试图将引入 C-RAN 的优点最大化。

Sundaresan 等[3]提出了一种可扩展的框架，称为 Fluidnet 框架，它虽然是轻量级的，但却可以获得 C-RAN 的最大潜力。Fluidnet 框架使用基带单元池中的一个智能控制器，根据从网络中接收到的反馈来重新配置前传。异构网络环境具有不同的用户配置文件(包括静态和移动用户)和不同的流量负载模式，为了适应异构网络环境，该框架在逻辑上重新配置了前传来适用于不同网络部分的不同传输策略。Sundaresan 等使用了一种算法，能够在最大化无线接入网中不同流量需求的同时提高基带单元池中计算资源的使用效率。在 Fluidnet 框架中，首先找到最佳的配置组合，以支持基于用户需求和分布模式的系统流量。在此之后，采用一种有效的算法来收集众多扇区的不同配置，以便在不影响流量的情况下减少计算所需的资源。此外，Fluidnet 框架支持不同的标准和技术，特别是来自不同网络运营商的技术。这一框架在由 6 个全球范围内互通的微波接入(WiMAX)试验台(BBU 和 RRH)组成的原型机上进行了测试，该框架基于 C-RAN 架构下的测试使用光纤作为前传链路。结果显示，流量需求提升了 50%，且降低了计算资源的使用。

Ding 等[4]提出了在 C-RAN 中使用随机基站。作者使用分散的天线阵列研究了不同的策略及不同策略对信号接收质量的影响。可得出两个结论：①通过对分布式波束成型的性能进行分析，发现在这种情况下，对基站的选择顺序是有特点的；②可通过寻找 n 个最高阶统计量的密度函数来对最小数量的基站进行分析，以充分达到特定的数据速率。

Benjebbour 等[6]提出用于下行链路网络中对接收机进行增强的 NOMA 方案。该方案允许发射端的多个用户在功率域进行多路复用，在接收端使用一个串行干扰抵消接收机来对不同用户的信号进行分离。作者认为该方案是最优的，这是由于它实现了广播信道中下行链路部分的最大容量，并且优于正交接入方案。作者还认为，NOMA 也可以应用于上行链路部分，在这种情况下，串行干扰抵消将被应用到基站中。

提出 NOMA 的性能评估是为了研究在蜂窝网络下行链路中使用 NOMA 的好处，以及在频域调度、自适应调制和编码方面的实用性。结果表明，在不同配置下，使用 NOMA 方案所获得的吞吐量比使用 OMA 方案所获得的吞吐量要高出 30%以上。

Osada 等[8]在一个考虑了部分抽样和干扰消除的正交频分多址接收机的多信道系

统中研究了 NOMA 方案的使用情况。根据所提出的方案，在相邻的信道中传输非正交的图像组件。这个成像组件受控并且适应于期望信号，作者通过使用分数抽样和迭代干扰消除器，创建了一个多样性因子，以实现多路复用的 NOMA。然而，该解决方案的缺点是只适应于增益多样性有限的非正交信号。

Otao 等[9]研究了假设所有资源都是在成比例分布的条件下，NOMA 和串行干扰抵消一起用于蜂窝网络的下行链路中的吞吐量。作者认为这一概念在蜂窝系统中的应用要优于 4G 网络。有了所提出的技术，对所有用户的多路调度都使用相同的频率。该方案根据用户所在小区的位置不同，即他们是在小区边缘还是在小区中心来确定不同的功率域分配方案分配给用户。仿真结果表明，在 NOMA 中，采用串行干扰抵消能够明显增强系统的吞吐量。

Saito 等[10]把重点放在了 NOMA 在未来蜂窝无线网络中的使用上。作者认为，通过使用 NOMA，许多用户能够使用一种频率分配，这是由于它们在功率域中叠加，并赋予不同的功率分配方案。然而，NOMA 的基本信号波形仍然基于正交频分多址。在接收端，作者建议使用一个串行干扰抵消接收机，这是由于串行干扰抵消接收机会使接收变得更加健壮，并且还建议通过使用 NOMA/MIMO 方案来扩展 NOMA。仿真结果表明，作者所提出的解决方案使效率提升了三倍。

Benjebbour 等[6]研究了通过使用 NOMA 来增强 LTE 网络，即在发射端采用功率域的多路复用，并在接收端使用一个串行干扰抵消接收机。作者建议对用户进行分组，并根据他们与基站的距离，给每个用户组分配不同的功率。该研究充分考虑了 LTE 网络的不同设计方面，如误差传播和频域调度等。仿真结果表明，NOMA 为动态和静态用户以及子带和宽带场景提供了更高的增益。

NOMA 和 C-RAN 领域目前被广泛研究，这是由于它们被认为是 5G 网络中关键的新技术。人们努力寻找不同的方法来尝试怎样使 NOMA 应用于不同的网络中能够大大提升效率。然而，没有多少人愿意冒险尝试在 C-RAN 环境中使用 NOMA 技术。

在此范围内，本章的研究旨在提高用户终端中串行干扰抵消接收机效率的 NOMA 解决方案[11]的性能。然后将这个概念应用到 C-RAN 网络中，在 C-RAN 网络中，基站将取代用户，而基于云的中心基站将取代前面提到的实例。

4.4　系统模型设计和分析

本节讨论了 C-RAN 中完整的系统模型和采用 NOMA 或正交频分多址时所达到的不同吞吐量。考虑到可用的总功率，为提高在任意数量下与云连接的基站功率分配的公平性，通过建模给出了一个恰当的功率分配公式和一个完整的分析结果，同时，建立了一些广义方程。

4.4.1 无线下行链路传输的 C-RAN 系统模型

图 4.2 给出了在研究中考虑的 WD-CRAN 系统模型。假定使用带有多个发射机的云，总共有 N 个基站与云连接，如 $\left\{BS_1, BS_2, BS_3, \cdots, BS_N\right\}$。类似于真实场景，这些基站与到基于云计算的中心基站的距离不同，如 $BS_i, i=1,2,\cdots,N$ 和中心基站之间的距离是 d_i。根据这些基站与基于云计算的中心基站的接近程度不同，基站获得不同的信噪比，可得到相应的增益。距离中心基站最近的基站的信噪比最高，最远的基站的信噪比最低。为了能够从所有基站中获得最大的吞吐量，参数信噪比用于有效的功率分配。

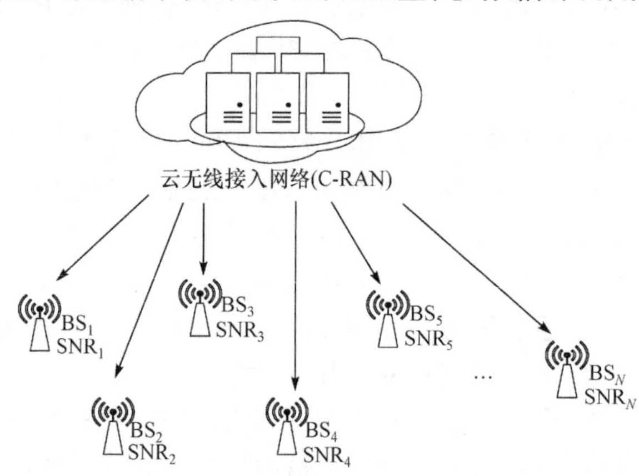

图 4.2 WD-CRAN 系统模型

4.4.2 WD-CRAN 吞吐量分析

因为研究重点在于不同的功率分配，所以系统总带宽被假定为常量。基于云计算的中心基站将信号 x_i 发送到基站 $BS_i, i=1,2,3,\cdots,N$。

WD-CRAN 中的总传输功率是

$$P_{\text{tot}} = \sum_{i=1}^{N} P_i \tag{4.1}$$

基于云计算的中心基站发送给基站 $\left\{BS_i\right\}, i=1,2,\cdots,N$ 的信号被叠加，如下所示：

$$x = \sum_{i=1}^{N} \sqrt{P_i x_i} \tag{4.2}$$

根据基站到云的距离不同，给发送信号分配相应的功率资源。另一方面，BS_i 接收到的信号是

$$y_i = h_i x + n_i \tag{4.3}$$

其中，h_i 表示基于云计算的中心基站和 BS_i 之间存在的复信道系数；n_i 表示 BS_i 的高斯噪声功率密度。

通过使用 NOMA，串行干扰抵消按一定顺序在基站中执行。这个顺序是由信道增

益决定的，该增益是基站和基于云计算的中心基站之间距离的函数。按照这个顺序，具有最佳信道增益的基站先被解码，在此之后，信道增益低于第一个信道增益的基站被解码，直到最后一个基站被解码。信道增益通常由小区间干扰功率和噪声干扰功率 $|h_i|^2/n_i$ 进行归一化实现的。使用这个解码顺序，一个基站可以解码其之前基站的信号，也可以用来进行干扰消除。

使用基于 NOMA 解决方案的 BS_i 连接到基于云计算的中心基站可实现的吞吐量计算如下：

$$R_i^{(\mathrm{NOMA})} = \log_2\left(1+\frac{P_i|h_i|^2}{\sum_{k=1}^{i-1}P_k|h_i|^2+n_i}\right) \tag{4.4}$$

然而，基于正交频分多址原理的 BS_i 连接到基于云计算的中心基站可实现的吞吐量计算如下：

$$R_i^{(\mathrm{NOMA})} = \alpha_i\log_2\left(1+\frac{P_i|h_i|^2}{\alpha_i n_i}\right) \tag{4.5}$$

其中，α_i 表示分配给 BS_i 的标准化带宽，$\sum_{i=1}^{N}\alpha_i=1, 0<\alpha_i<1$；$|h_i|^2/n_i$ 表示系统的信噪比；P_i 表示分配给 BS_i 的功率。

正交频分多址和 NOMA 之间的吞吐量比较如下。

图 4.3 给出了正交频分多址和 NOMA 用于 WD-CRAN 中，在功率分配方面的比较，可以看到通过使用基于串行干扰抵消的 NOMA 方法，分配给基站的功率取决于前文中基站应具有更高的信道增益。

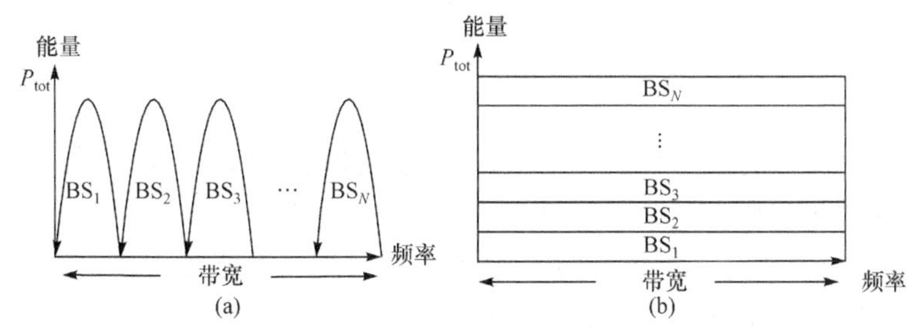

图 4.3　WD-CRAN 中正交频分多址(a)和 NOMA(b)功率分配的对比

为了比较使用 NOMA 达到的吞吐量和在 WD-CRAN 中使用 NOMA 达到的吞吐量，作者提出下面示例场景：假设一个 C-RAN 有 10 个基站 $\{\mathrm{BS}_1,\mathrm{BS}_2,\cdots,\mathrm{BS}_{10}\}$，总网络带宽为 1Hz，每个基站都分配一个 0.1Hz 的带宽。假设总功率为 100W，每个基站分配到的功率都是 10W。10 个基站的 SNR 分别为 {20dB,19.5dB,19dB,18.5dB,18dB,17.5dB,17dB,16.5dB,16dB,15.5dB}，其中 SNR 的分配取决于基站到基于云计算的中心基站之间的距离。

假设采用比例公平算法，使用正交频分多址方案在 10 个基站中达到的数据速率分别是$\{1.33,1.31,1.29,1.27,1.26,1.24,1.22,1.21,1.19,1.17\}$ b/s/Hz；正交频分多址中给出的总数据速率为 12.49b/s/Hz。

然而，通过使用 NOMA，功率是根据基站到基于云计算的中心基站的距离来分配的，而最远处的基站分配到最高的功率，最接近的基站则是分配到最低的功率。基站和基于云计算的中心基站之间的 10 个链路的信噪比被认为与正交频分多址场景中所考虑的相同。拥有 100W 的总网络功率，分配给 10 个基站的功率分别为$\{0.28,0.32,0.54,1.03,1.95,3.69,6.98,13.21,24.99,47.01\}$W。

在使用 NOMA 时，利用式(4.4)计算 10 个基站的数据速率，可达到的数据速率分别为$\{4.86,2.07,0.92,0.92,0.92,0.92,0.92,0.92,0.92,0.92\}$ b/s/Hz，可以提供 14.29b/s/Hz 的总数据速率。

从这个示例场景中可以注意到，正交频分多址的总数据速率为 12.49b/s/Hz，而 NOMA 的总数据速率为 14.29b/s/Hz。这表明，在考虑 10 个基站场景时，与正交频分多址相比，NOMA 的效率提高了 14%。此外，可以预期到，随着考虑到的基站数量的增加，NOMA 相对于正交频分多址的效率也在提高。

4.4.3 WD-CRAN 中 NOMA 的功率分配

为了使 NOMA 能够有效地连接到 C-RAN 的基站，必须有一个公平的功率分配方法。该方法应该考虑到可用于分配给基站的总功率和每个基站的系统增益，它是从基站到基于云计算的中心基站之间距离的函数。这是为了确保不管基站是非常接近云，还是在云边缘或远离云均可实现最大吞吐量。在图 4.3 中可以注意到，分配给基站的功率取决于具有较高信道增益的前一个基站的功率。给出了公式：

$$E[|h_i|^2]=\frac{1}{d_i^{\theta_i}} \tag{4.6}$$

其中，d_i 表示从 BS_i 到云的距离；θ_i 表示路径衰耗指数(平均值为 3)；h_i 表示复信道系数，$|h_i|$ 是路径损失指数与 BS_i 和基于云计算的中心基站之间距离的函数。

假定每个基站和基于云计算的中心基站之间的距离及路径衰耗指数是已知的，因此，总传输功率由式(4.1)给出。然而，分配给每个基站的功率取决于恒定 ξ 分配给其前一基站的功率。因此，用 τ 表示 BS_2 与 BS_1 功率的比率，得到以下结果：

$$\tau_1=\frac{P_2}{P_1} \tag{4.7}$$

同理，

$$\tau_2=\frac{P_3}{P_1+P_2} \tag{4.8}$$

因此，BS_3 的功率分配可由下式给出：

$$P_3 = \tau_2(P_1 + P_2) = \tau_2(\tau_1 + 1)P_1 \tag{4.9}$$

一般可以表示为

$$\tau_i = \frac{P_{i+1}}{\sum_{k=1}^{i} P_k} \tag{4.10}$$

其中，$i = 1,2,\cdots,N-1$，通过应用递归的方法，可以得到 BS_i 的功率如下：

$$P_i = \tau_{i-1}\prod_{k=1}^{i-2}(\tau_k + 1)P_1 \tag{4.11}$$

在 C-RAN 中，可用的总功率(如 P_{tot})对于分配是有限的，需要根据可共享的总功率来确定功率分配。假设式(4.1)、式(4.7)和式(4.11)中 $\tau_1=\tau_2=\cdots=\tau_{N-1}=\tau$，可得

$$P_{tot} = P_1 + P_1\tau\sum_{i=1}^{N-1}(\tau+1)^{i-1} = P_1(\tau+1)^{N-1} \tag{4.12}$$

因此，BS_1 到 $BS_i, i = 2,3,\cdots,N$ 的功率分配如下所示：

$$P_1 = \frac{P_{tot}}{(\tau+1)^{N-1}} \tag{4.13}$$

$$P_i = \frac{\tau P_{tot}}{(\tau+1)^{N-i+1}} \tag{4.14}$$

4.5　模拟环境和结果

本节提出的模拟结果表明，NOMA 比 OFDMA 更有效。为了进一步研究 NOMA 与 OFDMA 的有效性，通过改变基站的数量信道质量和传播路径损耗，在不同的实际场景下使用 MATLAB 进行了模拟。获得的结果进一步证实了前面的理论。

4.5.1　基站数量对和速率的影响

在本节的模拟场景中，研究了当基站数量越来越多时对和速率的影响。可达到的 NOMA 与正交频分多址的和速率被建模为基站数量的函数。假设 WD-CRAN 的总功率为 100W，基站的数量范围为 2～40，且信道间隔为 2，信道增益为 0～20dB，并且衰减因子为 $-1/2\,\text{dB}$，无线传播介质的路径损耗指数为 3。假设基站与基于云计算的中心基站之间的距离为 1～80m，间隔为 2m。在该模拟中使用 1Hz 的单位带宽以确保 OFDMA 和 NOMA 实例的均匀性。

结果如图 4.4 所示，可以看出，与 OFDMA 相比，本章所提出的用于 WD-CRAN 的 NOMA 具有更好的性能。在这种情况下，NOMA 的和速率增益约是 OFDMA 的 8

倍。值得注意的是，当使用 NOMA 技术时，随着基站数量的增加，和速率会逐渐增加到可实现的最大和速率。通过进一步增加基站的数量，将保持相同的最大速率。在这种特定情况下，NOMA 实现了 8.7b/s/Hz 的最大总和速率。这意味着一定程度的总功率足以为一定数量的基站提供合适功率，让基站保持良好的效率。该结果可以进一步用于确定要部署的基站的最大数量，以便实现最佳效率，并充分利用可用功率。

4.5.2　无线传播环境对和速率的影响

在 4.5.1 小节的仿真场景中，研究了在基站持续增长的条件下，无线传播环境对和速率的影响。该仿真将 NOMA 与 OFDMA 可实现的和速率视为相对于不同传播模型的基站数量的函数。为此，模拟设置保持不变，但是，在此场景中考虑了具有路径损耗因子为 3 和 2.4 的路径损耗指数的两个路径损耗模型。得到的结果绘制在图 4.5 中，可以看出 NOMA 的性能增益比 OFDMA 最多高出约 8 倍。然而，对于具有较低传播模型的 NOMA 曲线，降低了约 5%。这是由于与路径损耗因子为 3 的介质相比，路径损耗因子为 2.4 的介质具有较少的干扰和信号恶化。换句话说，路径损耗因子越高，性能和速率越少。

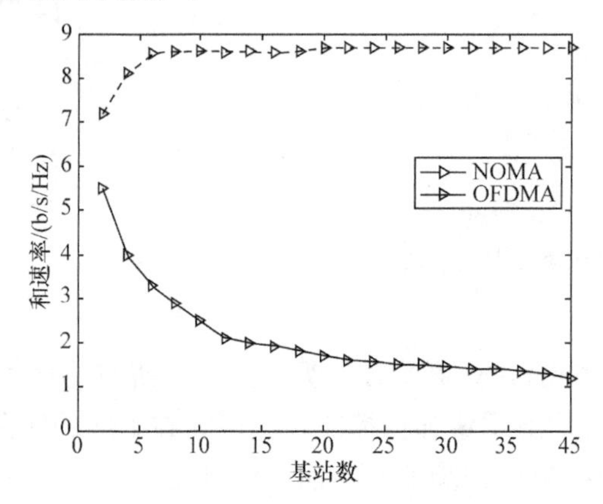

图 4.4　NOMA 与 OFDMA 的和速率对比

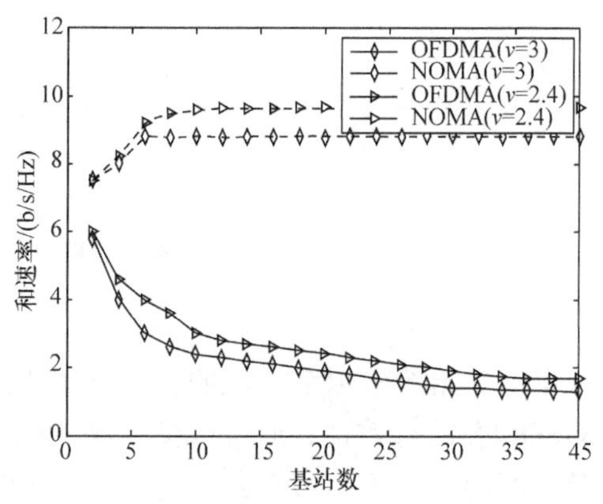

图 4.5　不同无线传播环境下的和速率对比

4.5.3　云边缘基站对和速率的影响

本节的仿真场景研究了云边缘基站的性能。该仿真将位于远离云中心基站的 BS_N 处的数据速率作为基站数量的函数，基站被放置在功率不足的位置。除了云边缘基站的数量增加，其他仿真的相关设置和参数与第一种情况相同。获得的结果如图 4.6 所示，这表明在云边缘持续增加基站的数量是不明智的，特别是当可用功率不足以最大限度地维持边缘基站时。在 NOMA 与 OFDMA 案例中，随着基站数量的增加，性能下降。还可以观察到，OFDMA 方案在云边缘基站处有更高的数据速率。

4.5.4　信道质量的影响

本节的仿真场景中，将研究基站的信噪比对 NOMA 与 OFDMA 下 WD-CRAN 的和速率性能的影响。方案设置和参数与 4.5.2 小节方案相同。但是，信噪比值是变化的，假设 WD-CRAN 中有 10 个基站，路径损耗指数设置为 3，总的可用功率为 100W。

图 4.7 给出了研究结果，可以注意到，NOMA 比 OFDMA 效率高 44%。值得注意的是，在两种情况下，随着信噪比的增加，吞吐量也会增加。这是由于基站越接近云，从基于云计算的中心基站接收的信号质量越好。此外，可以看出 NOMA 方案的性能斜率更陡峭，并且延伸到比 OFDMA 的斜率更长的长度。这再次证实了在所有 SNR 范围内，NOMA 较 OFDMA 的优越性。

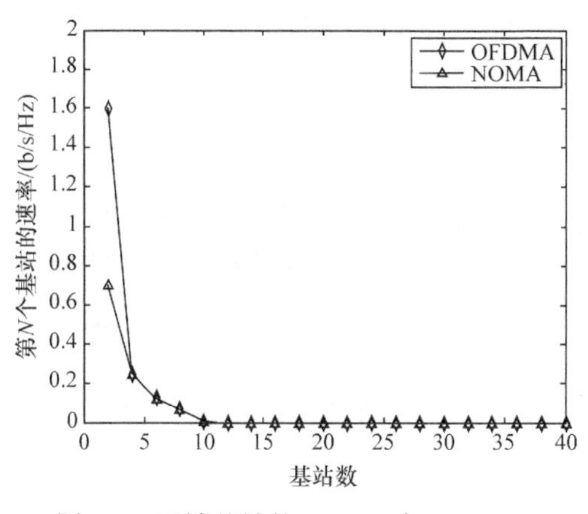

图 4.6　云端基站的 NOMA 与 OFDMA 速率对比

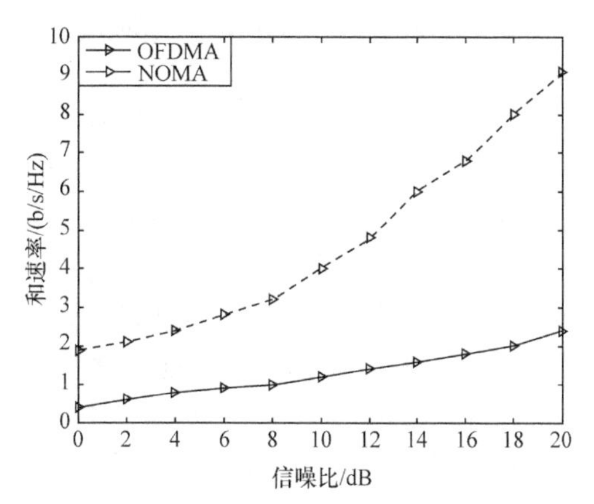

图 4.7　不同基站 SNR 下的和速率对比

4.5.5　不同传播模型下信道质量与和速率的影响

本节的仿真场景研究了在不同传播模型下采用 NOMA 与 OFDMA 这两种方案时，信噪比可实现的总和速率的关系。假设 WD-CRAN 的总功率为 100W，并且信道增益被认为在 0～20dB，增量因子为 2dB。考虑不同路径的损耗因子间隔为 0.5，范围为 2～3.5，基站和云中心基站之间的距离为 1～80m，间隔为 2m。

获得的结果如图 4.8 所示，可以看出，传播模型路径损耗越低，达到的吞吐量越高，NOMA 相对于 OFDMA 的性能越好。对于路径损耗因子为 3 的路径损耗，与 OFDMA 相比，NOMA 的效率更高，为 44%。然而，随着路径损耗的减少，NOMA 相对于 OFDMA 的性能提高了 5%，从而提高了和速率，这使得 NOMA 比正交频分多址更具优势。

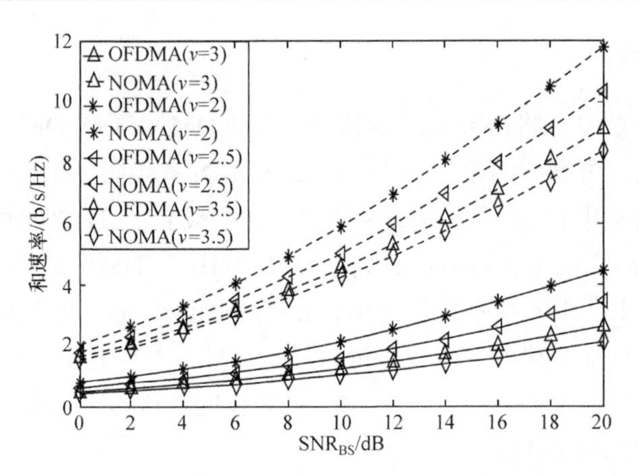

图 4.8 不同信噪比下 WD-CRAN 中 NOMA 与 OFDMA 和速率对比

4.6 结 论

在本章中，作者对 WD-CRAN 环境中基于 NOMA 的串行干扰抵消方案的性能进行了研究。为了便于实施基于 NOMA 的方案，提出了一种功率分配方案，即通过考虑 WD-CRAN 环境中可用的总功率、基站与基于云计算的中心基站的距离及信道质量等条件，为任意数量的基站分配功率。

分析比较 NOMA 与 OFDMA 的性能。注意到，NOMA 的和速率比 OFDMA 高约 14%，而且效率随着基站的数量增加而提高，直到基站的和功率达到可用功率可容纳的最大容量。

此外，在各种仿真场景下评估了基于 NOMA 的方案的性能。仿真结果表明，与 OFDMA 相比，NOMA 更有效。例如，在越来越多的基站下，NOMA 在和速率方面比 OFDMA 高 8 倍。还得出，如果基站数量的增加超过 NOMA 和 OFDMA 情况下可用的总功率，则不能总是获得良好的性能。

本章不仅确定了传播环境对 WD-CRAN 的性能具有显著的影响，低路径损耗指数传播模型下的 NOMA 比高路径损耗指数传播模型下的 NOMA 具有更好的性能。此外，在相同传播模型下，NOMA 比 OFDMA 具有更高的效率。还确定了当 C-RAN 中的总可用功率不足以维持边缘处的基站时，通过保持增加基站的数量以支持云边缘是不明智的。

当针对 NOMA 和 OFDMA 情况比较和速率与基站的信噪比关系时，NOMA 的效率提升了大约 44%，并且可以确定基站的信噪比越高，NOMA 比 OFDMA 更有效。

参 考 文 献

[1] Cisco, Cisco visual networking index: forecast and methodology, 2015-2020 WhitePaper, http:// cisco.com/c/en/us/solutions/collateral/service-provider/ip-ngn-ip-next-generation-network/white_paper_c11-481360.html. (Accessed: 8 June, 2016.)

[2] China Mobile Labs, C-RAN: The road towards green RAN, White Paper, Ver. 3.0, Dec. 2013, http: // labs.chinamobile.com/cran/wp-content/uploads/2014/06/20140613-C-RAN-WP-3.0.pdf.(Accessed: 8 June, 2016.)

[3] K. Sundaresan, M. Y. Arslan, S. Singh, S. Rangarajan, and S. V. Krishnamurthy, Fluidnet: A flex-ible cloud-based radio access network for small cells, *ACM MobiCom 2013, Proceedings,* Miami, FL, pp. 99-110, September 2013.

[4] Z. Ding and H. Poor, The use of spatially random base stations in cloud radio access networks, *IEEE Signal Processing Letters* , vol. 20, no. 11, pp. 1138-1141, November 2013.

[5] Y. Saito, Y. Kishiyama, A. Benjebbour, T. Nakamura, A. Li, and K. Higuchi, Non-orthogonal mul-tiple access (NOMA) for cellular future radio access, *IEEE VTC 2013-Spring, Proceedings,* Dresden, Germany, pp. 1-5, June 2013.

[6] A. Benjebbour, Y. Saito, Y. Kishiyama, A. Li, A. Harada, and T. Nakamura, Concept and practical considerations of non-orthogonal multiple access (NOMA) for future radio access, *ISPACS 2013, Proceedings,* Okinawa, Japan, pp. 770-774, November 2013.

[7] H. Osada, M. Inamori, and Y. Sanada, Non-orthogonal access scheme over multiple channels with iterative interference cancellation and fractional sampling in MIMO-OFDM receiver, *IEEE VTC 2013 Fall, Proceedings,* Las Vegas, NV, pp. 1-5, September 2013.

[8] H. Osada, M. Inamori, and Y. Sanada, Non-orthogonal access scheme over multiple channels with iterative interference cancellation and fractional sampling in OFDM receiver, Vehicular Technology Conference (VTC Spring) 2012 IEEE 75th, Las Vegas, pp. 1-5, 2012.

[9] N. Otao, Y. Kishiyama, and K. Higuchi, Performance of non-orthogonal access with SIC in cellular downlink using proportional fair-based resource allocation, *ISWCS 2012, Proceedings*, Paris, France,pp.476-480, August 2012.

[10] Y. Saito, A. Benjebbour, Y. Kishiyama, and T. Nakamura, System-level performance evaluation of downlink non-orthogonal multiple access (NOMA), *IEEE PIMRC 2013, Proceedings,* London, UK,pp.611=615, September 2013.

[11] Q. T. Vien, N. Ogbonna, H. X. Nguyen, R. Trestian, and P. Shah, Non-orthogonal multiple access for wireless downlink in cloud radio access networks, *European Wireless 2015; 21st European Wireless Conference, Proceedings*, Budapest, Hungary, pp. 1-6, 2015.

[12] G. L. Lui, FDMA system performance with synchronization errors, *MILCOM’ 96 IEEE Military Communications Conference, Proceedings,* vol. 3, pp. 811-818, 1996.

[13] K. Raith and J. Uddenfeldt, Capacity of digital cellular TDMA systems, *IEEE Transactions on Vehicular Technology* , Vol. 40, No. 2, pp. 323-332, 1991.

[14] D. G. Jeong, I. G. Kim, and D. Kim, Capacity analysis of spectrally overlaid multiband CDMA mobile networks, *IEEE Transactions on Vehicular Technology* , Vol. 47, No. 3, pp. 798-807, 1998.

[15] X. Zhang and B. Li, Network-coding-aware dynamic subcarrier assignment in OFDMA-based wireless networks, *IEEE Transactions on Vehicular Technology* , Vol. 60, No. 9, pp. 4609-4619, 2011.

第 5 章　拥有广阔前景的云计算

5.1　引　　言

在传统的系统中，计算是在裸机上进行的。由于传统的计算是基于物理基础设施，因此计算的容量和能力有限，这些系统不够灵活，难以扩展，且用户需要训练有素且技术娴熟的人进行系统维护。此外，由于硬件的静态特性，产品供应必须始终高于多变的硬件需求，如果供应不符合灵活性和通用性需求，会导致硬件使用效率低下，并且浪费成本资源。例如，在任意时刻 t，额外 1%的容量需求，意味着新的整个硬盘驱动器的完全变化。随着软件的演进，事实证明，虚拟化是解决现代数字世界供应和需求之间矛盾的关键技术。它提供了一种更具成本效益的优化方法，并为满足日益增长的信息需求开辟了新的途径，即在按需付费模式上灵活分配资源。

云计算概念的最初设计是基于互联网的计算，并根据需求向用户提供共享资源。这实际上意味着用户的解放：没有物理基础设施边界、容量不断增长、实现更高效的移动性。继而，将用户从软件和硬件的维护中解脱出来。随着云计算的爆炸式增长和时间的推移，需求不断增长，催生了数十家新的云产品供应商。因此，开辟了一个新的窗口——云联合，也称为云云(cloud of cloud)。云联合描述了多个云环境的连接和管理，即汇集所有容量信息并将其作为大量云资源池提供给任何需要它的人。云联合允许客户在灵活性、成本效率和服务可用性方面为公司基础架构的每个部分选择最合适的供应商，以满足其组织内的特定业务或技术需求。

接下来将介绍本章研究的背景和基本术语。然后，重点将放在介绍未来网络中的云，包括有效的云管理和控制框架。本章完成了 OpenStack 的实践，在结束之前提供了相关的实验工具。

5.2　背景和基本术语

当回答诸如云计算如何在 IT 市场获得当前地位等问题时，务必要了解与云计算相关的背景和基本术语。云计算为什么会大幅改变 IT 服务的销售和购买方式？在介绍云联合之前，本章从云计算定义开始进行背景介绍，提供有关云管理框架的基本知识。

5.2.1　云计算概述

云计算已经成为一种可以通过网络访问 IT 服务、基础架构资源或网络部署环境的技术。云计算改变了整个计算机行业：用户只需要加载一个应用程序，而不是安装一套软件。该应用程序允许用户登录到一个基于网络的服务，该服务托管他们所需的所有程序。提供云服务的公司拥有的远程机器运行处理从电子邮件、文字处理到复杂的数据分析程序[1]等应用。

云计算基于“即用即付”的理念，提供适应弹性消费和自助服务的可能性，即用户在特定时间租用所需数量的云服务，并在使用结束时退出。图 5.1 给出了传统的容量渐进性能曲线，同时给出了云容量渐进性能曲线作为对比[2]。图 5.1 清楚地表明，采用云计算方法可以更好地跟踪用户需求，能够提供几乎即时的回应，以避免产能过剩的成本和产能不足的损害。

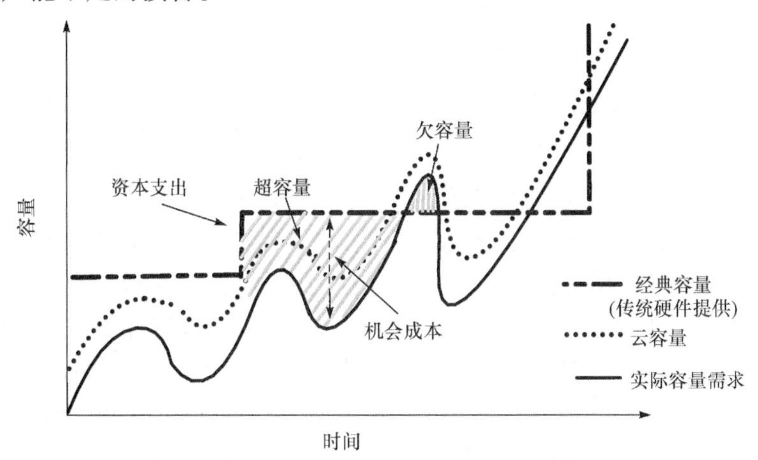

图 5.1　从经典容量到云容量：以时间为主线的容量与利用率曲线

1. 定义

云计算有许多不同的定义。广为引用的定义来自美国国家标准与技术研究院(National Institute of Standards and Technology，NIST)：云计算是一种按使用量付费的模式，这种模式提供可用、便捷、按需的网络访问，进入可配置的计算资源共享池(资源包括网络、服务器、存储、应用程序和服务)，这些资源能够快速提供给用户，只需投入很少的管理工作，与服务供应商进行很少的交互。

由 Foster 提出的云计算定义涵盖了经济方面，就其虚拟化和可扩展性而言：由规模经济驱动的大规模分布式计算模式，是一系列抽象、虚拟化、可动态扩展性、可管理计算能力、存储、平台和服务通过互联网按需交付给外部客户[3]。

此外，Vaguero 在对 22 种不同的云计算定义进行考察后提出了以下解释：云是一个容易使用和可访问的虚拟资源(如硬件、开发平台或服务)的大型池。这些资源可以动态地重新配置以适应可变负载(规模)，同时还可以实现最佳的资源利用率。这种资源池通常使用由基础设施提供商通过定制的 SLA 提供的付费模式[4]。

2. 云服务模型

在抽象层面上，云计算可以基于两个标准进行分类：①基于服务类型；②基于服务位置。图 5.2 描绘了这些类别。本节重点介绍第一类，第二类将在下节中讨论。

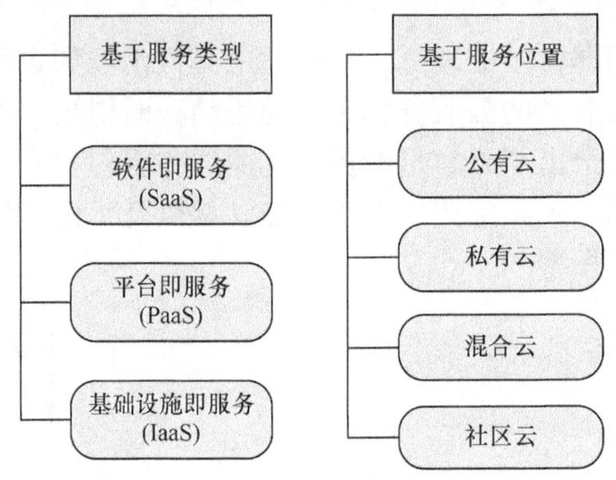

图 5.2 描述云计算的两个主要类别的图形

当根据提供的服务类型对云计算进行分类时，需要区分三种主要的基于云的服务模式：基础设施即服务(infrastructure as a service，IaaS)、平台即服务(platform as a service，PaaS)和软件即服务(software as a service，SaaS)。具体的含义如下。

(1) IaaS：提供硬件基础架构作为服务并通过互联网提供虚拟化计算资源，如亚马孙。IaaS 是一种标准化的高度自动化产品，硬件资源(存储、计算、电源、接口)由服务提供商拥有和托管，并按需提供给用户。用户使用虚拟机管理程序(具有基于 Web 的图形用户界面，如基于 Web 的电子邮件)作为整个环境的 IT 操作管理控制台。用户不用管理和控制网络、服务器、操作系统、存储甚至单个应用程序功能在内的底层云基础架构，但有限的用户特定应用程序配置设置(参考 NIST)例外。管理程序使消费者能够自行提供基础架构。目前，市场存在许多 IaaS 框架，如 OpenStack、Eucalyptus 和 Ubuntu 云基础架构。

(2) PaaS：通过使用 Web 服务(称为应用程序编程接口或 API)使云用户能够与某种服务器端托管系统进行交互。然后，PaaS 的用户将利用提供给他们的附加工具和库来创建自己的软件产品或增加现有产品。用户不用管理或控制底层云基础架构，包括网络、服务器、操作系统或存储，但可以控制已部署的应用程序及可能的应用程序托管环境配置(参考 NIST)。一般来说，这种类型的接口最常见的机制是 Web 服务的形式，通常是 SOAP(简单对象访问协议)或 REST(代表状态传输)类型。PaaS 产品的一个实例是 Google Analytics。

(3) SaaS：向云用户提供移动或 Web 启用的应用程序接口，如 Salesforce 系统，用户可以从任何启用了 Internet 的设备访问该应用程序。云空间中的产品可以让用户灵活地利用功能强大的应用程序，而无需自行安装、维护或更新。用户不用管理或控制底层云基础架构，但是可以控制操作系统、存储、部署的应用程序，并可能对有选择的网络组件进行有限的控制(参考 NIST)。在计算需要的情况下，用户不仅可以使用本地资源，而且可以使用云上的资源(可能比智能手机更强大)。SaaS 还提供了新的可能商业模式：软件不是“永远”购买，而是在需要的时间内租用。

图 5.3 给出了 IaaS、PaaS 和 SaaS 之间的差异，图中并列地显示了与传统 IT 模式相比，IaaS、PaaS、SaaS 的特点。在传统 IT 模式中，用户管理的范围即图 5.3 最左边的内容，该图确切解释了云计算如何帮助客户减少工作量。可以看出，SaaS 是通过 Web 提供的，并且是为最终用户设计的；PaaS 是一套通过设计使编码和部署的应用程序更快、更高效的服务和工具；IaaS 是为所有存储、服务器、操作系统和网络提供动力的硬件和软件。在全面了解 SaaS、IaaS 和 PaaS 如何相互交互之后，在下一节中，将更详细地研究堆栈的第一层——SaaS。

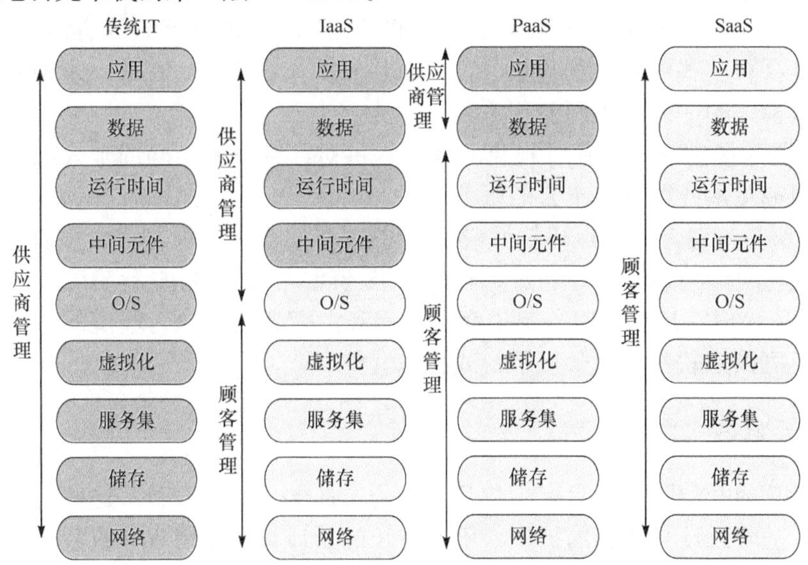

图 5.3　确定利益相关者在云计算不同组件上的管理范围[5]

3. 部署类型

云计算的第二种分类可以基于云计算的服务位置来实现，这意味着在不同部署结构中部署云服务。部署模型举例说明了云环境的确切类别，并向人们提供了有关云的目的和性质的信息。它们主要在访问权限、规模和所有权方面有所区别。NIST 的专家将云基础架构分为四类[6]。

(1) 私有云：私有云的云基础架构仅为组织运营。它可能由组织或第三方管理，并可能在本地或外部存在。私有云使组织对其数据有更大、更直接地控制，这是由于它只允许授权用户访问数据。

(2) 公有云：公有云是一种云托管，云基础架构可供普通公众或大型工业集团使用，并且由销售云服务的组织拥有。客户对基础设施的位置没有任何控制或可区分的能力。公有云设施可免费使用或以许可证政策的形式使用，如按用户付费政策。云的成本通常由所有用户共同承担，因此，公有云通过规模经济实现盈利。

(3) 混合云：混合云基础架构是由两个或更多云(私有、社区或公共)组成的云，它们仍然是独特的实体，但通过标准或专有技术绑定在一起，从而实现数据和应用程序的可移植性(如云爆发以实现云之间的负载均衡)。

(4) 社区云：社区云的云基础架构由多个组织共享，并支持具有共同关注点的特定社区(如任务、安全要求、策略和合规性考虑因素)。它可能由组织或第三方管理，并可能在本地或外部存在。

4. 云计算的通用架构

由于类似云服务的动态商业模式，未来将会出现许多对于云计算有需求的小企业。这说明可能会有一些额外的利益相关者，而并非如今看到的。在接下来的内容中，将简要讨论云模式的一些设想利益相关者。

(1) 云服务提供商：是在可视化环境中提供对计算资源访问的个人或组织。简而言之，云服务提供商拥有基于云的服务。

(2) 云服务消费者：是运行软件或 API 的工作站，笔记本电脑、移动设备或云服务在临时运行时的角色，旨在通过远程访问 IT 资源与云服务进行交互。

(3) 服务代理：是在云服务提供商和云服务消费者之间执行增值的中间经纪人。服务经纪人可以是软件、设备、平台或技术套件。

5.2.2 云联合概述

在云计算的开始阶段，只有少数几个大公司提供公共云服务，这些公司主导了云计算业务。随着云计算业务的扩展，不断增长的云计算业务需求导致数十个新的云产品供应商的产生。这开启了一个潜在解决方案的窗口，其中一个突出的新解决方案是云联合。云联合描述了多个公共云的加入和管理，即将资源汇集在一起，并将其作为大量云资源提供给任何需要它的人。云资源的联合允许客户根据灵活性、成本效率和服务可用性为公司基础设施的每个部分选择最合适的供应商，以满足其组织内的特定业务或技术需求[7]。

1. 云联合的相关术语

鉴于云服务联盟刚刚受到关注并且仍处于发展阶段，但是已经使用了许多不同的术语来定义它，如云联合、云间(Intercloud)等。对这些术语的精确理解简化了当前的研究并支持未来的方向。

Goiri 等[8]解释了云联合的范例：不同的运营商可以通过相互协作共享各自的资

源，以满足每个人的需求。例如，当提供者的工作负载不能由其本地资源处理时，提供商可以将资源外包给其他提供商。通过这种方式，提供商可以获得更多的用户，从而获得更高的利润。

Enomaly Inc.的创始人兼首席执行官 Reuven Cohen 解释了云联合的范例[9]：当两个或多个独立的、地理位置不同的云在共享认证、文件、计算资源、命令和控制或访问存储资源时，云联合就可以负责管理一致性和访问控制。

从这些定义中，可以发现云联合这个术语是指一组云提供商联合合作分配资源以改善彼此的服务。云联合的目标是允许提供商避免仅通过拥有有限数量的资源来满足其客户需求的限制。由于云联合提供了云间传输和协作的信息，因此它们是单个云中超负荷任务的理想解决方案。用户需要移植他们的云应用程序，而且主要是为云提供商提供更好的商业模式。图 5.4 给出了一个云联合的例子。

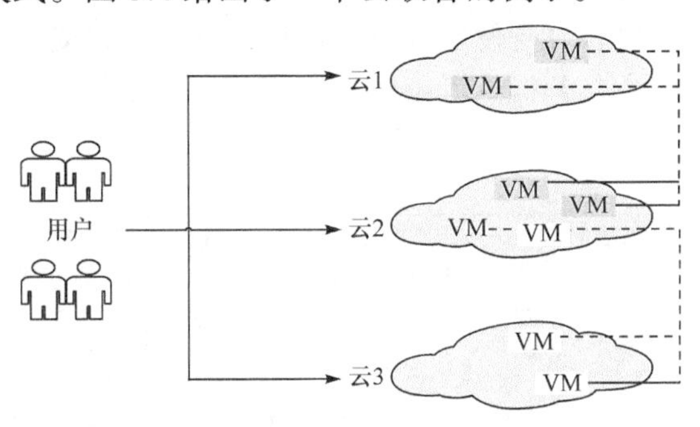

图 5.4 云联合的一个示例场景

在文献[9]中，就云联合而言，会联想到术语云间，它是云服务集成和聚合的开创性思想。Intercloud 的概念由凯文 · 凯利于 2007 年提出，并以“云中云”而闻名，它是互联网“网络中的网络”的延伸。云联合的一个定义可被认为是由“互联网之父”之一的 Vint Cerf 推导出来的[10]，他对 Intercloud 的定义如下：“现在是时候开始研究跨云标准和协议，以便用户的数据不会陷入困境云这一问题中，这些标准和协议允许人们管理多个云和云中的资产以便互相交流。”

术语 Intercloud 表示统一的云网格，具有开放标准协议以提供云之间的互操作性。Intercloud 的目标是无所不在地将所有内容连接在一个多供应商基础设施中，类似于电话系统或互联网模型[10]。

云联合和 Intercloud 之间有一些重大差异。其中，最主要的是 Intercloud 基于未来的标准和开放的接口，而云联合则使用接口的提供者版本。因此，云联合可以被认为是 Intercloud 的先决条件。对于 Intercloud 的愿景，研究者有必要将云联合起来并进行互操作，这样每个人都可以统一了解如何部署应用程序。因此，即使没有用户的明确参考，Intercloud 也可以实现不同云平台的互操作性[10]。

Vint Cerf 指出，在目前的情况下，我们在云的方面没有任何标准：“我们没有任何跨云标准。目前的云情况与 1973 年计算机网络缺乏沟通和熟悉的程度相似。”

2. 云联合的主要属性

Pustchi 等[11]将云联合分为四类：服务、平台、信任和耦合。这些都是由联合方案提供的，如图 5.5 所示。第一种类型与云服务有关，第 5.2.1 节简要讨论了这些服务。第二种类型是平台，它表明云联合部署模型可以形成异构或同质云。第三种类型集中于信任，即云联合成员之间的信任关系，分为信任圈或对等类。在信任圈中，信任关系通常由一系列协议来形成，这些协议概述了各方的权利和义务。如果新成员进入云，则所有云联合成员必须同意信任。与信任圈相矛盾的一种点对点信任协议，是在每两个成员之间建立信任关系。Pustchi 等完成的最后一种类型是耦合，它是关于受信任的云用户的接入服务，分为认证和授权。联合身份验证工具用于验证除初始身份验证云之外的云中的用户。授权联合身份验证机制则用于确定来自受信任云的哪些经过身份验证的用户可以访问联合服务提供者中的哪些资源。

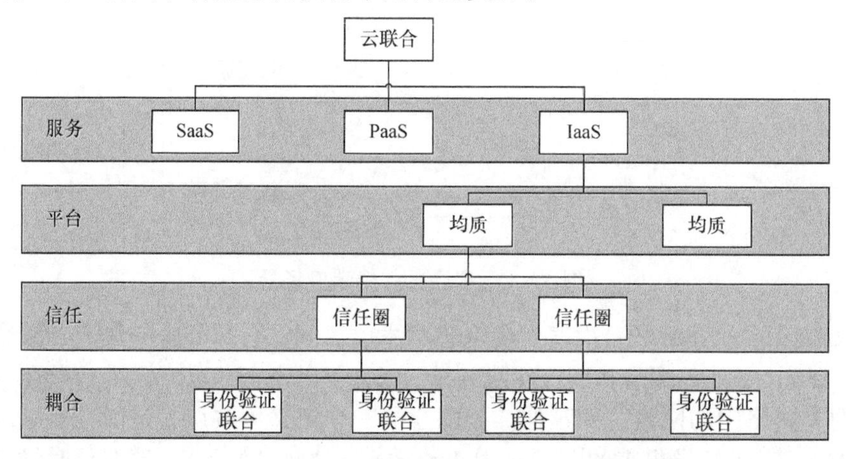

图 5.5 云联合的各种特征[11]

根据 Kurze 等[12]的说法，还可以根据一个组织如何扩展他们的资源来对云的联合进行分类，即横向云、纵向云和混合云，术语是由服务类型驱动的。在横向云中，Intercloud 在相同类型的服务中进行扩展；在纵向云中，多个云提供商沿着各种服务扩展，即 IaaS 和 PaaS；在混合云中，可以进行横向和纵向扩展。

云联合的云应具有以下特征[13,14]。

(1) 众多参与者：为了确保系统不会形成垄断，云联合系统必须至少有一个开源云平台。

(2) 云平台的异构性：避免所谓的级联故障。

(3) 没有锁定的供应商：应用云解决方案的客户不需要调整他们的应用程序来适应云提供商的模型和接口，这使得未来的搬迁成本更低，也更简单。

(4) 互操作性和可移植性：这对于保护用户投资和实现计算作为一个实用工具非常重要，它允许在不同的提供者之间移动工作负载和数据。

(5) 地理分布：是满足长尾区域和监管制度计算要求的需要。

了解在云联合标准化过程中避免垄断的必要性非常重要。如果互联网是利用锁定的供应商创建的，就不会出现具有上面这些特点的云。

5.3 被未来移动网络重新定义的移动云计算

云计算已经证明了其具有较低成本效益和灵活运营模式的优势[15]。通过快速提供巨大计算资源的按使用次数付费模式，为终端用户提供了一系列新应用程序。以前需要投资昂贵的硬件和软件的应用程序，现在可在云平台上提供并通过 Internet 在多个用户之间共享，如视频处理、数据分析和合并、媒介制造、存储和共享等。与此同时，由于生产技术的进步，移动计算在人们的移动工作和生活方式中变得越来越流行。智能手机、平板电脑、上网本等功能日益强大的移动设备的使用，迫使企业需认真应对自带设备趋势，并对其进行修改，以便在业务流程中安全地集成在线服务。云计算和移动计算的融合被称为移动云计算(MCC)。

MCC 论坛将 MCC 定义为数据存储和数据处理都发生在移动设备之外的基础设施。移动云应用将计算能力和数据存储从移动终端转移到云端，将应用和移动计算不仅带给智能手机用户，还带给更广泛的移动用户[16]。虽然定义的重点是将计算资源从移动设备转移到云，但是 MCC 的通信方面是隐含其中的。在 Khan 等[17]提供的定义中，无线接入被视为实现 MCC 的重要因素，MCC 是一种服务，允许资源受限的移动用户通过透明分区和分流计算来处理密集型和存储要求苛刻的工作，来自适应地调整存储功能。在传统云资源上提供网络条件和通信开销应该在 MCC 的实现中考虑，以使移动用户受益。

在本节中，首先对 MCC 的发展进行回顾，并介绍了其改进移动应用程序响应、本地资源消耗和利用率的解决方案。进一步分析未来 MCC 面临的挑战，以及灵活的移动网络基础设施在为移动用户提供具有良好的体验质量的 MCC 服务方面的作用。

5.3.1 MCC 的架构

近年来，为实现 MCC 而开展了许多相应的工作。当移动应用程序从终端用户设备移动到云平台时，关注点集中在多个方面[18]。最终目标是解决移动设备和无线网络限制之间的权衡问题，以保证云应用或移动用户的服务质量。移动设备的局限性源于其设计的便携性，即外形小巧、重量轻，它们通常配备小型存储器和低功耗处理器，以有效利用有限的电池寿命。但这阻碍了计算密集型应用程序在移动设备上存储大量数据。有限的可视化和人机界面也会影响基于云的移动服务的设计。另一方面，移动网络限制是 MCC 解决方案设计的主要因素。在用户移动性的情况下，接入网络的异构性(如蜂窝、Wi-Fi、家庭基站)可能影响服务可靠性。网络带宽和延时影响了云的响应和负载均衡的级别。与有线网络访问云服务不同，由于覆盖问题和拥塞 MCC 会导致服务中断,使网络可用性成为 MCC 面临的一个问题,这需要特殊设计才能实现 MCC 服务的一致性和可靠性。MCC 的服务设计需要考虑设备和网络限制，以实现端到端的服务访问，如图 5.6 所示。

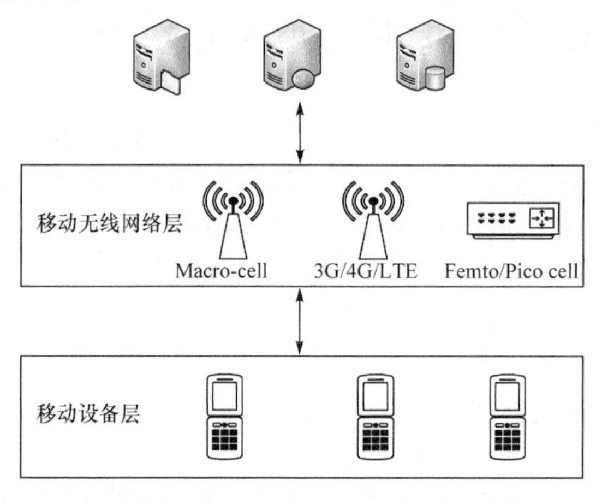

图 5.6　MCC 架构

1. MCC 的体系结构

图 5.6 中的 MCC 架构显示了一个服务基础架构，其中，移动设备和云服务是通过移动互联网连接的服务端点。移动设备通过互联网连接云服务，为用户提供服务访问。终端用户必须通过互联网网关接入运营商的无线网络。在该架构中，云服务由异构和多供应商移动的网络分开。当前的移动网络技术主要旨在为固定网络提供无线替代方案，它们的容量受到相应无线电技术的限制，如带宽、覆盖范围等。此外，由于部署成本高，源于基础设施的无线覆盖、用户管理和业务与操作支持系统由多个提供商提供。这导致运营商网络之间缺乏互操作性和移动性。在提供有限的移动性同时，无线网络被认为是云服务和终端用户之间的静态约束[19]。因此，MCC 解决方案主要关注移动设备上移动计算的效率与数据中心云计算资源的灵活性。

MCC 技术通过利用云计算的优势(如动态配置、可扩展性、多租户等)为移动计算提供额外的增益。电池的寿命也通过将计算密集型流程转移到云而得到延长。智能任务调度和网络选择可以进一步节能。通过启用执行远程服务，MCC 可以利用云的可扩展存储和处理能力的优势，满足资源要求苛刻的移动应用程序。集中式数据和计算平台保证了计算的可靠性和安全性。这种数据和处理逻辑的集中化也支持服务组合访问的一致性和易用性。MCC 需要解决有限计算和网络容量所固有的挑战，以及无线网络环境的动态特性。MCC 解决方案将在下节详细介绍。

2. 挑战和解决方案

尽管移动网络对 MCC 构成了重大的限制，但复杂的运营商基础设施、业务模型和当前的网络技术等，使得网络成为 MCC 解决方案设计中不变的因素。这里讨论的大多数方法都集中在克服通信网络的局限性和移动设备的移动计算能力。

1) 移动网络的局限性和解决方法

(1) 低带宽。低带宽是无线网络的固有限制。尽管无线电技术在每一代网络中都取得了进步，但数据通信[20]需求的增长速度更快，超过了无线电技术发展所带来的容量提升[20]。文献[21]中的作者基于博弈论方法提出了一种用户之间的协作方案。其中，相邻的移动设备下载一部分可视数据，并与其他用户共享。类似的方法允许基于捆绑协议的数据存储、携带和转发功能的设备间通信[22]。虽然这些技术消除了从云中携带的冗余数据，但它们属于非常特殊的应用程序，需要在移动设备上进行额外计算，并且会占用更多的存储资源。

(2) 用户移动性。由于间歇性的网络连接或访问技术的改变导致服务中断。可行的解决方案可以基于移动自组网络技术和容断网络技术，MCC 服务设计源于服务器角度的方法，该方法可以处理客户端中断。文献[23]的作者为基于云的社会市场提出了一个通用的服务框架，该框架允许移动用户访问在线拍卖平台和移动自组网交易资源。作者为 Android 平台设计并实现了一个将网络会话和服务会话分开的异步通信模型。由于通信的间歇性，移动通信可以通过服务和网络的分离，灵活地实现 MCC 设计。

(3) 较长的点对点的时延。较长的点对点的时延是由无线客户端与托管服务的云计算平台之间的远程广域网距离决定的。当前的无线网络架构具有可识别的瓶颈，即无线基站、服务网关。额外的延迟是由越来越多的用于有限带宽的移动设备与移动网络容量之间的争用引起的。针对广域网延迟提出的解决方案之一是 cloudlet[24]。cloudlet 是一个资源丰富的计算机或计算机集群，它连接到互联网并可在移动设备附近使用。在 cloudlet 集群上创建虚拟机，用于快速实现移动设备通过本地无线网络访问的定制服务软件。此架构缩短了与移动客户端和云服务的距离。cloudlet 的使用简化了多个用户高峰值带宽需求带来的挑战，如高清视频和高分辨率图像的媒体的交互式以及接收业务。MOMCC[25]提出了类似的分流到邻近云的架构。

2) 移动计算的局限性和方法

(1) 计算分流。计算分流是解决移动云计算基本思想最具挑战性的问题。它提出了用于通过除用户的移动设备之外的其他计算资源来部分执行移动应用的不同方法。文献[18]的作者总结了任务分流的应用模型，其中考虑了性能标准，即宽带利用率、可扩展性和外部平台。这些方法的实现涉及平台、软件抽象化和决策模型的选择，即性能、约束、能量或多主体性。

CloneCloud[26]是一种克服移动设备性能问题的分流方法。它使用并增强了执行技术，可将执行的部分应用程序分流到云端。CloneCloud不需要转换云平台的应用程序。Android智能手机的克隆放置在远程云上，其状态与真实设备同步。分流应用程序进程时，其状态将传输到云上进行克隆。虚拟机能够创建新的进程状态并覆盖接收的信息，然后执行克隆。完成执行后，克隆应用程序的进程状态将发送到智能手机，并重新集成到智能手机的应用程序中。

虽然移动设备和云的硬件架构不同，但使用基础设施的移动辅助(mobile assistance using infrastructure，MAUI)[27]是另一种不需要为云平台进行代码转换的分流方法。在MAUI系统中，分流任务是在方法级而不是整个应用程序模块上决定的。每种方法都标记为本地，即I/O操作或可远程操作。方法和状态被发送到云以进行远程执行。分流决策的依据是通信成本、能耗成本和网络容量的分析。

(2) 能量受限。能量受限是移动云计算应用设计的主要挑战。计算分流方法旨在保护移动设备的电源。但是，分流决策在很大程度上取决于对设备能耗的估算。此外，分流涉及数据传输和网络访问，这也增加了功率损耗。一些解决方案可以智能选择能耗较低的无线技术，如无线网络上的Wi-Fi[28]，可以记录移动云计算应用程序的能量足迹，以便决定是应该分流应用程序还是在本地执行应用程序。

(3) 平台异构性。移动设备和移动平台阻碍了移动云计算应用程序的互操作性、可移植性和数据完整性。移动OS平台和硬件的多样性要求为每个平台开发相同的应用程序，他们与云平台的互动需要代码转换或数据转换，这对多云平台访问服务的移动用户提供一致的服务具有很大的影响。硬件虚拟化和容器技术为平台异构性问题的解决提供了基础。Madhavapeddy等[29]提出了一个基于虚拟化技术的云操作系统——Mirage。Mirage运行在虚拟机管理程序之上，可以生成可移植到异构移动设备和云服务器的跨平台应用程序。应用程序是在如Linux这样的通用操作系统上开发的，然后编译成能够直接在移动设备和虚拟云上运行的内核。Mirage提供了一个适配层，将微内核链接到管理程序之上的应用程序。Mirage微内核利用Xen虚拟机管理程序来减轻移动设备及PC的架构异构性对移动应用程序的影响。然而，在智能手机上创建、维护和销毁虚拟机会消耗本地资源并缩短电池寿命。

由于移动设备缺乏灵活性及移动网络的低容量而导致的局限性限制了云计算在移动计算方面的许多优势。这导致了要使用前文中讨论的复杂的解决方案，需要对操作平台和应用程序框架进行深入修改。虽然可以在许多特定情况下提高效率，但是这些方法不能应用于广泛部署的应用程序和多样的移动平台。

3. 未来的需求

移动计算业务随着设备数量和移动数据流量的增长呈指数增长，这对数据中心网络，尤其是移动网络的效率提出了更高的要求。移动计算具有以下三个特征[20]。首先，使用移动设备创建和共享高质量视频的应用程序的普及已导致移动数据流量的急剧增加。视频服务(如互联网电视、视频点播和P2P)及用户在社交网络中的参与已成为移动生活方式的一部分。因此，内容传送网络中增加的数据流量需要更智能的容量应答和路由，以减少延迟和改善用户体验。其次，连接到互联网的 IP 设备数量将会是世界人口的数倍。新应用程序依靠连接设备提供更高的生活质量，利用云容量分析大量传感器和上下文数据。这些设备还有助于未来互联网中数据流量的爆炸式增长。最后，移动网络将占据互联网的很大一部分。随着无线网络容量和覆盖范围的扩大，使用无线技术连接新设备(即传感器、执行器和家用电器)可为系统集成提供更快、更灵活的解决方案。无线网络正在变得无处不在，价格和速度不再是移动网络运营商之间的主要区别。运营商正在寻求创新来弥补增加连接设备导致的收入降低，同时，网络扩展和运营的成本也在增加。

5.3.2　移动云计算的移动网络方法

云计算已成为无处不在的 IT 服务基础架构，公有云、私有云和云联合提供商之间的界限模糊，是由标准化的 API 引起的[30]。服务是由使用可动态扩展和并行云资源的设计构建的，基于云的应用程序可以为用户提供前所未有的体验质量。然而，因为移动网络技术的发展缓慢，落后于云计算的发展，所以这些优势无法传递给移动用户。这使得有线网络服务访问和无线网络服务访问之间产生了可感知到的体验差距。移动用户期望，无论是在网络设备数量增加的情况下，还是在带宽受限时竞争数据流量的情况下，移动网络上的服务质量始终如一，当用户高速移动并通过异构无线技术的覆盖区域时，还必须提供一致的体验。电子健康、智能电网、自动驾驶等机器类通信的出现，对实时通信和访问无线云资源提出了新要求。

移动网络研究人员正在探索新的范例和方法，以满足未来移动云计算应用的需求。下一节将讨论一些重要的支持技术及其在解决移动云计算挑战中的应用。

1. 移动云网络的推动者

(1) SDN：分离控制和转发平面的概念在根本上改变了未来网络基础设施的设计[31]，它是 5G 系统提出的灵活性和可编程性架构的主要推动因素[32]。面向未来，不断发展的系统不仅要应对时延、可扩展性、可靠性、安全性等方面不断增长的固有要求，还要应对未来应用服务和用户需求的动态变化。对于监管机构、基础设施供应商和运营商，在平衡相互冲突的目标和保持竞争力的同时，还需要通过合作来维持稳定、自适应的基础设施。SDN 用可编程虚拟网络切片取代了传统的单片网络组件，这对创建弹性网络至关重要。反过来，它们需要对异构多供应商网络进行调整，以满足未来移动应用的动态需求。SDN、云计算和 NFV 技术的结合有助于在基础网络上创建逻辑结构。应用程序服务是按需提供的，可以通过虚拟连接实现所需的功能，而不依赖于底层网络基础结构。SDN 架构和运营商级虚拟化方法提供多租户网络，利用总体基础设施容量的同时保证单个服务和网络运营商的性能、隔离和安全性。在计算资源和网络功能的供应中，云计算基础设施可以用于按需、按使用付费操作模型。

(2) NFV[33]：NFV 得益于 SDN，它可以使用弹性和可扩展的虚拟资源创建虚拟网络功能。这些功能，如移动性管理、负载均衡、深度分组检查等，传统上由特定的硬件组件完成，这些硬件组件具有固定的容量并且难以扩展。可编程虚拟网络组件的集中化允许灵活的管理和网络动态的重新配置，以适应不断变化的需求，这极大地降低了运营商的扩展和运营成本，并减少了网络供应时间。

(3) 设备到设备(device-to-device，D2D)网络：已经在上述移动云计算的一些方法中考虑了这一点。在低功耗、高比特率无线技术(如 IEEE 802.11p、专用短程通信和蓝牙)方面的进步能够实现更有效的 D2D 通信。这使得 D2D 网络蜂窝负载分流成为移动网络支持移动数据和机器类型通信的可行选择。新兴应用，如自动驾驶和机器人，依赖于智能移动物体之间的低时延通信。在这种情况下，设备之间的本地直接通信比通过基础设施网络路由更有效。可以在 D2D 域中应用自组织网络技术以用于完全自适应网络环境。为了展示 D2D 网络的全部优势，需要研究根据移动无线基础设施对 D2D 网络的控制和管理。

(4) 无线前传和回传：未来的无线网络具有超小型小区环境的特点。由于其紧凑且无计划的拓扑结构，传统的网络管理方案难以在这种新颖的架构中实现。一方面，密集网络的动态性进一步增加了其复杂性，如增加的干扰、移动性和能量效率。自主解决方案是网络重新配置以应对这些动态所必需的，保持小型蜂窝网络架构的可管理性并确保灵活性至关重要。另一方面，数据流量的扩展、异构网络接入点(如家庭基站)难以到达的位置以及提供经济高效的解决方案的需求需要新颖的无线回程/前传网络。与光纤回程解决方案相比，无线回程具有成本较低且灵活部署的优点，甚至由于某些物理限制，无线回程可能是唯一的部署选项。

(1) 频谱干扰管理：弹性网络基础设施需要灵活的空中接口和协调干扰管理算法来提高频谱效率。在 5G 环境中，密集部署的小区会导致频谱的频繁复用，并使干扰成为更严重的问题。除此之外，运营商网络和无线网状网络之间的融合构成也需要自适应干扰管理算法，使其能够重新调整网络元件的传输以适用于新的拓扑结构。因此，所提出的无线网状网络的干扰管理必须能够增强现有的 5G 干扰管理解决方案。用于无线网络的高级灵活空中接口技术，如信息架构、稀疏码分多址、低密度签名扩展和正交频率码分复用等，可以提高频谱效率。利用协调技术可以解决由多个网络层的动态核对空口技术产生的干扰(如自适应多点协作聚类、提供动态信道信息)。另外，利用用于无线基站的自主功率设置和群集中的联合功率控制算法，可以实现无线电基础设施的节能管理。

(2) 网络即服务：启用 NFV 技术可将单片网络基础架构转变为 SDN。网络运营商可以实现新的网络效率，降低成本，同时使服务提供模式多样化。网络基础设施可以作为细粒度的服务提供，如 RAN 作为服务或网络作为服务。通信网络可以被视为松散耦合服务的组合，而不是具有固定且高成本的普遍存在资源，这为移动云计算用户提供了新的应用程序和网络服务组合。为移动用户提供经济高效的移动云服务，其中包括按需访问其云应用程序，该移动网络运营商保证其交付体验的质量。

2. 使用 5G 无线接入网架构实现移动云计算

新兴的移动应用正在为未来的移动网络带来新的挑战，需要新的体系结构以满足新的要求，尤其是在 RAN 域中。其中的一个挑战是网络容量。物联网的兴起导致大量设备通过移动网络连接，生成的数据必须通过网络中的设备和云中的数据服务在移动用户之间进行通信，这也导致了数据网络中大量的连接和信号流量。其他挑战来自更高层次的服务需求，如更高的移动性、QoE、数据速率和低的端到端(end-to-end, E2E)延迟。随着越来越多功能强大的智能设备的使用，会在未来产生更大的数据流量[20]，未来网络的特征是在保持高带宽和不可感知时延的条件下，同时支持用户的移动性。由于单片设计和部署技术的高扩展成本，当前的网络基础设施无法满足这些要求。缺乏对长期设想的应用程序的支持就证明了这一点，如高速车辆上的网络访问、车辆到车辆(vehicle-to-vehicle,V2V)通信、虚拟现实等。也就是说，当前以网络为中心的架构旨在将数据流量通过核心网络路由传输到互联网，这使得它们不再适合未来大多数数据产生在网络边缘的用户和以上下文为中心的服务。

为了实现更扁平、更灵活的架构，未来 5G 网络的各种设计都有一些共同特征使需求专注的 RAN 成为可能，使控制功能与转发功能分离和软件化，以及元素的虚拟化等。这种设计的基础由上述启用技术提供，如网络密集化、SDN、NFV、智能管理等。在文献[32]中，作者设想了未来的 5G 移动网络架构，如图 5.7 所示。

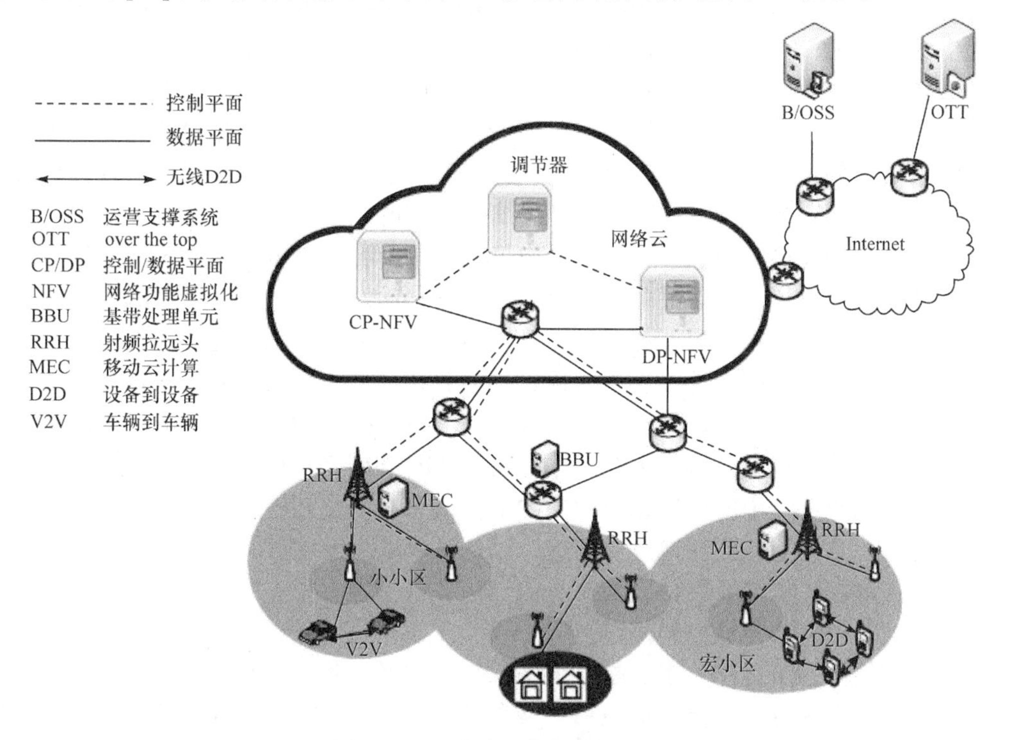

图 5.7　5G 移动网络架构愿景[32]

图 5.7 的体系结构具有两个逻辑层：提供最小低级转发(R/L2)的 RAN，以及提供更高层功能的网络云。在网络云中，传统上由特殊硬件元件提供的核心网络功能被定义为软件，并托管在具有运营商级虚拟化基础架构的数据中心。这样可以根据当前的需求快速灵活地组合，并自主上/下扩展核心网络资源。例如，可为某些 RAN 边缘动态配置移动性管理、包检查和网关功能。通过 SDN 控制功能到云基础设施的解耦合在网络单元上成为简单的转发功能，从而允许通过标准化的广域转发交换机来替换它们。在 RAN 层中，可以将类似的设计应用到与移动设备无线电接口上的元件。目前，与无线 AP 和基站控制器耦合的控制和信令功能，如基带处理单元和无线网络控制器可以软件化并托管在远程基础设施中，提供用于面向/形成移动设备的数据传输的空中接口的 RRHs 或天线通过宽带有线/无线回程与控制功能连接。无线电接口也可以使用软件无线电(software-defined radio，SDR)技术进行切片，如波束成形、频谱管理和干扰管理等。因此，可以动态地分配两层中的计算和无线电资源以满足当前网络条件。网络云中的控制功能可以更靠近网络边缘，并分配给某些区域中的附加无线电单元，以应对高数据速率和低时延的需求峰值。

文献[32]中提出的体系结构的另一个特征是控制平面与数据平面的分离，用于在 RAN 层中独立提供覆盖和容量。在当前的宏小区和微型化基站覆盖范围内，密集部署的小小区增加了 RAN 网络的容量。小小区部署提供更多带宽和连接设备的数量，并能够利用无需授权的频谱。使用较小的小区允许重用频谱资源，在这种设置中，宏小区提供无线回程，为小小区提供控制流量。与宏小区相比，小小区的部署更容易受到波动的流量需求、用户分布和移动性的影响。然而 RAN 中的控制平面与数据平面分离及网络可编程性允许需求关注的资源分配，可以对小小区进行分组和控制以实施某些网络策略，如用户轨迹的体验质量。在网络负载较低的情况下，可以有选择地关闭小小区电源以保证节能运行并降低移动网络运营商的成本。

本节提出的架构中设想了更简单的协议栈。在当前的 LTE 系统架构中，核心网存在多个控制平面协议，以促进各种系统操作，如移动性管理、会话管理和安全性。在少数实体之间使用的每个协议都产生终止点并在控制平面中创建边界，如用户和基站之间用于无线电资源控制的接入层协议，在网关和政策执行的各种信息点之间的基站和网络节点之间用于移动性管理的非接入层协议。在控制功能软件化的未来网络中，网络实体执行简单转发，这些协议可以由软件 API 和网络功能链接代替。网元之间的通信使用相同控制层中的标准化东西方约束协议和不同控制层及数据平面的南北约束协议来实现。这样能够更快地建立连接，因此可以减少控制开销和时延。此外，标准化和精益协议栈支持结合以信息为中心的范例和以内容为中心的协议，如 HTTP 上的动态自适应流或多径传输控制协议。

未来网络的网络智能更多的是上下文感知和数据驱动。控制平面功能在云平台中的集中化可以实现更大的计算资源和复杂的算法。网络策略和控制决策基于以服务为中心、以网络为中心和用户上下文信息。例如，主动移动性管理方法提高了效率和切换时延，通过复杂的学习算法对用户行为、网络使用历史和服务可用性等进行移动性预测。同样，可以实现资源管理、数据分流、路由和服务配置的更好性能。此外，网络智能的集中化实现了与 over-the-top(OTT)服务和 B/OSS 的集成，允许灵活、快速的策略，及以服务为中心的网络操作。集中式网络智能的应用进一步受益于新兴的大数据分析和联合信息系统。

D2D 通信将是未来 RAN 网络的重要特征。如前所述，边缘网络中的数据流量将占互联网流量的一半。因此，必须支持 RAN 中的 D2D 和 MTC 通信，从而消除通过核心网络的低效数据路由。这也意味着 RAN 架构必须考虑矛盾的网络要求，如短寿命、高数据速率、V2V 通信动态和低数据速率、能量保存、固定物联网通信。支持 D2D 的另一个挑战是信令和控制协议对 E2E 延迟的影响。网络云的灵活性可以扩展到 RAN，即移动边缘计算。控制功能和计算资源可以在宏小区接入点处动态分配或在移动设备之间共享。但是，只有在 RAN 中应用上下文感知和应用程序以及网络服务集成才能实现这一点。

总之，新兴移动应用正在为未来的移动网络带来新的挑战。提出的未来网络架构利用云计算、NFV 和可编程性方面的进步，如 SDN、NFV、移动边缘计算。这些技术可实现更扁平、更简单的网络层，更高的灵活性和容量，智能网络功能，以及通过 M2M 和 V2V 通信扩展互联网。

5.4　主要的云管理框架概述

云管理框架的出现是为了解决 IaaS 解决方案在虚拟化环境中提供隐私和控制虚拟化环境的必要性，并使云计算管理更加轻松和高效。最终，云管理框架可用于设置不同类型的云：公共云、私有云或混合云，以及云联合。随着不同开源云管理框架的发展，选择最合适的云管理框架成为一项具有挑战性的任务。因此，在本节中，将简要描述、分析和比较一些不同的云管理平台。由于现在最流行和最强大的云管理平台是 OpenNebula、CloudStack、Eucalyptus 和 OpenStack，本节将集中研究它们。所有这些都是 IaaS 的开源软件管理平台，可提供云编排架构。

1. OpenNebula

OpenNebula 是一个起源于欧洲学术界的项目。它是一个用于管理异构分布式数据中心基础架构的开源云计算工具包。OpenNebula 平台管理数据中心以虚拟基础架构的方式来构建基础架构，即服务的私有、公共和实现[34]。OpenNebula 的重要特征是没有任何特定的基础设施要求，因此，更容易适应现有环境。基于 OpenNebula 为纯私有云，用户可以通过登录头节点来访问云功能。此接口是 XML 远程过程调用接口的包装，也可以直接使用。Sempolinski 等[35]注意到前端接口，如 Elastic Compute Cloud(EC2)

可以附加到此默认配置。

2. CloudStack

CloudStack 是一个由 Citrix 公司于 2012 年 2 月推出的新兴项目。它是一种开源软件，旨在部署和管理大型虚拟机网络，基础设施即服务(IaaS)和云计算平台。基本上，CloudStack 是为集中管理和大规模可扩展性而发明的，即促进从单个门户成功管理众多地理分布的服务器。CloudStack 在基于内核的虚拟机、vSphere、XenServer 和现在的 Hyper-V 等虚拟机管理程序上运行。CloudStack 的优势在于其部署非常流畅，只包含一个运行 CloudStack 管理服务器的虚拟机和另一个充当实际云基础架构的虚拟机，它可以部署在一个物理主机上[36]。不幸的是，由于 CloudStack 相对较新，缺乏庞大的社区支持基础，因此没有得到业界的大力支持[34]。

3. Eucalyptus

Eucalyptus 是 elastic utility computing architecture for linking your programs to useful systems 的首字母缩写，用于将用户程序链接到有用的系统(图 5.8)。Eucalyptus 是历史最悠久的开源项目之一，是由加州大学圣巴巴拉分校开发的一种开源软件，用于云计算，实现基础架构即服务，于 2008 年 5 月发布。该软件框架允许构建亚马孙网络服务(Amazon web services，AWS)兼容的私有云和混合云。Eucalyptus 提供与 EC2 兼容的云计算平台和 S3 或简单存储服务兼容的云存储。其由五个高级组件组成：云控制器(cloud controller，CLC)、集群控制器(cluster controller，CC)、存储控制器(storage controller，SC)、节点控制器(node controller，NC)和 Walrus。该解决方案的巨大优势在于它与亚马孙的整合非常好。尽管 Eucalyptus 赋予用户运行和控制跨各种物理资源[34]部署的整个虚拟机实例的能力，但它仍然与用户空间和管理员空间有很强的分离，即所有操作都需要 root 访问权限。物理机本身的管理员和用户只能通过 Web 界面或某种类型的前端工具访问系统。

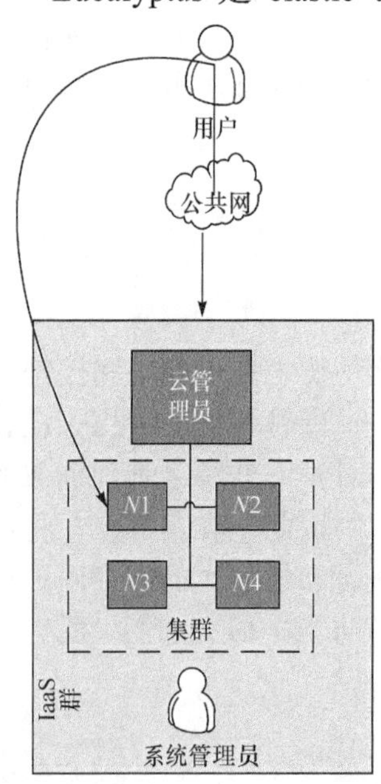

图 5.8 Eucalyptus 的简化架构

4. OpenStack

OpenStack 被视为云平台管理的领导者，于 2010 年 7 月由美国国家航空航天局(NASA)和 Rackspace Hosting Inc.作为一个开源项目启动，并在很短的时间内吸引了大量知名厂商(即 AT&T、HP、IBM)，其通过半年的发布周期迅速发展。OpenStack 是一个云操作系统，可控制整个数据中心的大型计算、存储和网络资源池，所有这些都通过仪表板进行管理，该控制台可让管理员控制，同时使用户能够通过 Web 界面配置资源。OpenStack 代码在 Apache 2.0 许可下可免费提供。它支持大多数虚拟化解决方案：Elastic Sky X、统一建模语言、Xen、Hyper-V、内核虚拟机(KVM)、Linux 容器、快速模拟器(quick emulator, QEMU)和 XenServer[37]。

5. 不同云管理框架的比较

在本节中，将比较 OpenStack、CloudStack、Eucalyptus 和 OpenNebula 的区别。所有这些云管理平台都是通过提供基础设施即服务(IaaS)来交付虚拟化环境的。在表 5.1 中列出了不同云管理框架的主要特征。图 5.9 和表 5.1 总结了不同评估标准对不同云管理框架的比较[38,39]。

表 5.1　OpenStack、CloudStack、Eucalyptus 和 OpenNebula 的比较[39]

属性	OpenStack	CloudStack	Eucalyptus	OpenNebula
云形式	IaaS	IaaS	IaaS	IaaS
源代码	完全开源 Apache v2.0	完全开源 Apache v2.0	完全开源 GPL v3.0	完全开源 Apache v2.0
API 生态系统	OpenStack API	Amazon API	Amazon API	Amazon API
体系结构	碎片式	单片、控制器、数据中心模型、不是对象存储	五个主要组件、AWS 克隆	经典的集群架构
安装	困难、选择多、自动化程度不够	要安装的部件最少，需要资源配置管理器(RPM)	不错的 RPM(软件包管理器)、DEB，仍旧处于中等操作	安装和粗略配置的包很少
管理	Web 用户界面(UI)、euca2ools、本机命令行界面(CLI)	良好的 Web UI、一个迟来的脚本 CLI	强大的 CLI 与 EC2 API 兼容	—
安全性	基线+基石	基准 VLAN /防火墙 VM 保护	基线+注册组件	使用 secure shell(SSH)、Rivest-Shamir-Adleman (RSA)和 secure sockets layer(SSL)进行主机通信
可行性	Swift Ring，否则需要手动操作	贷款平衡多节点控制器	主/辅助组件故障转移	—
语言	Python、shell 脚本	Python、shell 脚本	Python、shell 脚本	Python、shell 脚本
发展模式	公共性开发利用	公共性开发利用	公共性开发利用	公共性开发利用
管理模式	基础模式	精英模式	独裁模式	独裁模式
生产准备	只能通过几个特定供应商的堆栈中的一个	企业准备和开发人员的直接支持	企业准备和开发人员的直接支持	企业准备和开发人员的直接支持

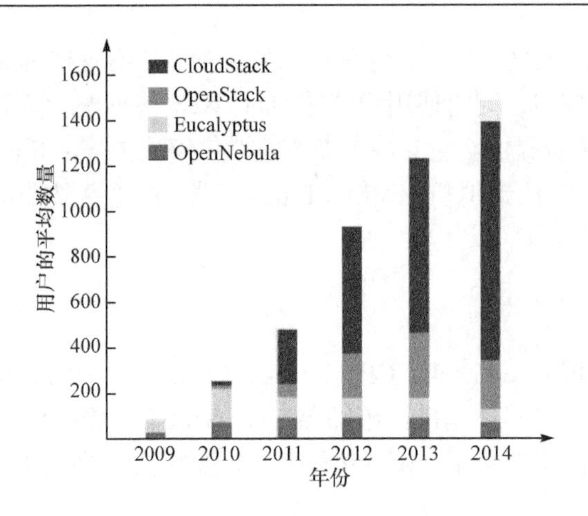

图 5.9　全年开源平台分发的月用户数[38]

1) 体系结构

这四个开源平台之间的主要区别之一是它们的架构。OpenStack 遵循分散的分布式架构，它由三个核心软件项目组成：计算、存储和网络。①OpenStack compute (Nova)控制云计算架构：提供和管理大型虚拟机网络。②OpenStack storage：对象存储(Swift)和块存储(Cinder)，用于服务器和应用程序。③OpenStack networking：一个可插拔、可扩展、API 驱动的网络，具有 IP 管理功能[40]。CloudStack 具有单一架构，它专为集中管理和大规模可扩展性而设计，其目的是通过单一门户有效管理众多地理分布的服务器。Eucalyptus 体系结构主要包含五个重要组件：云控制器、Walrus、集群控制器、节点控制器和存储控制器。OpenNebula 具有经典的集群架构，它由前端和一组集群节点组成，用于运行虚拟机。

2) 云计算的实现

OpenStack 和 CloudStack 是用于开发私有云和公有云的开源平台；Eucalyptus 仅用于开发私有云；OpenNebula 用于部署私有云、公有云和混合云。

3) 虚拟机迁移

只有 Eucalyptus 不支持从一个资源迁移到另一个资源的虚拟机迁移。

4) 源代码

Eucalyptus 是完全开源的 GPL v3.0，而其他三个开源平台是完全开源的 Apache v2.0。

5) 管理模型

OpenStack 是一个董事会的基金会，负责监督公司的战略；CloudStack 遵循 Apache 精英管理规则；Eucalyptus 和 OpenNebula 都遵循集中的“仁慈的独裁者”方法，它们由一个组织管理。

6) 生产准备

从生产准备的角度来看，可以注意到 Eucalyptus、OpenNebula 和 CloudStack 比 OpenStack 更“开放”。它们提供了企业级的开源云解决方案，而 OpenStack 只通过特定“堆栈”的某个供应商提供生产准备。此外，对于 Eucalyptus、OpenNebula 和 CloudStack，可以直接从开发人员那里购买商业支持，不是企业版的限量版。在部署 OpenStack 之后可购买 OpenStack 公司正在使用的专有软件，但他们被锁定到该特定分发，并且不可能迁移到其他供应商的分发[41]。

5.5　OpenStack 一次交互

本节以 Jonathan Bryce(OpenStack 基金会执行董事)的综合报价开始[42]。

在最基本的层面上，OpenStack 是一套用于构建云的开源软件工具。OpenStack 社区提供的代码用于在数据中心部署计算、存储和网络资源。OpenStack 通过一个界面和一个 API 来对这些资源进行自动化地配置与管理。用户可以控制其应用程序基础架构环境，更快地管理这些资源，并具有更高的灵活性。

OpenStack 是一个云操作系统，超越了简单的服务器虚拟化，处理可管理资源池，并为消费者提供自助服务门户。其提供了用户友好的管理层，用于控制、自动化和有效分配虚拟化资源。在下一小节中将简要讨论 OpenStack 功能过程。

5.5.1　OpenStack 的架构

OpenStack 旨在生成无处不在的开源云计算平台，通过简单实现和大规模可扩展来满足公有云和私有云的需求，无论需求大小如何[43]。

5.5.2　概念架构

OpenStack 具有模块化架构，可以分解为各种功能组件：计算、网络、身份管理、对象存储、块存储、图像服务及用户界面仪表板。这些组件旨在协同工作，以提供完整的 IaaS。API 集成了这些 OpenStack 组件，这些组件使组件特定的服务可以被其他组件使用。模块化结构使 OpenStack 可以扩展/可定制到消费者的应用领域。图 5.10[44] 给出了概念架构的简化视图。假设所有服务都在最标准配置中使用。为了说明 OpenStack 的不同组件，图 5.11 是图 5.10 重新生成的形式，它更具体地突出了组件名称及其集成。

接下来讨论图 5.11 中描述的 OpenStack 的各个组件。

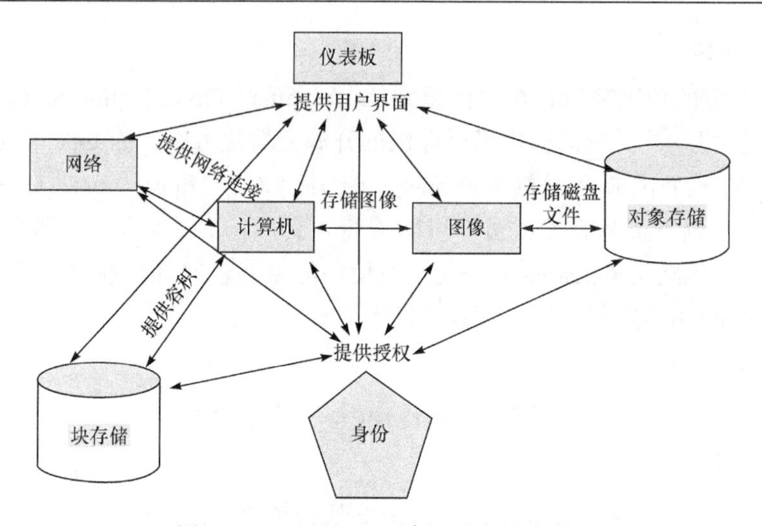

图 5.10　OpenStack 示例 1 的概念架构

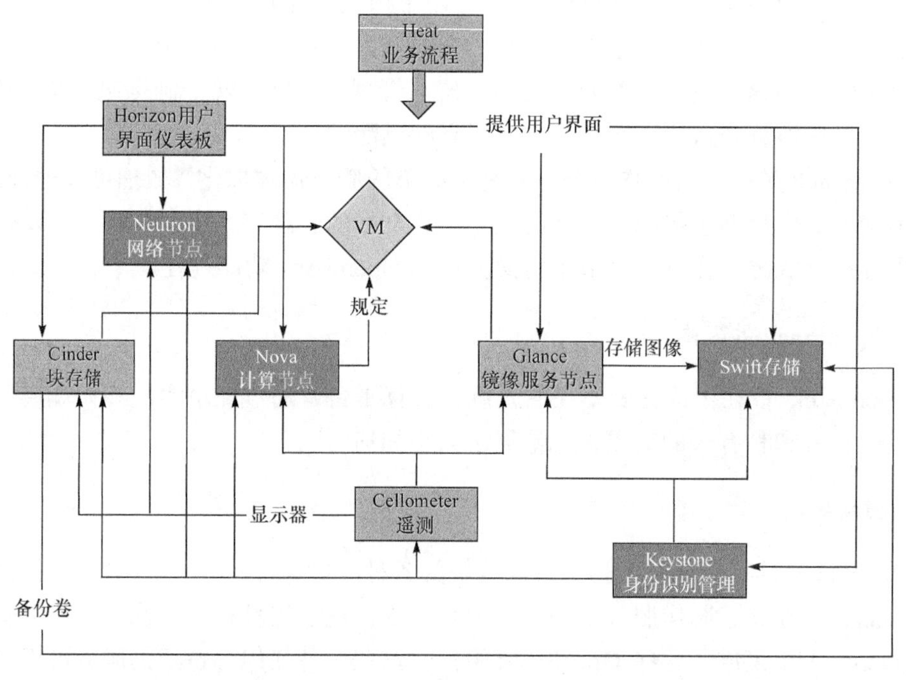

图 5.11　OpenStack 示例 2 的概念架构：包含所有组件[45]

(1) Nova 计算节点：Nova 是基础架构服务的核心组件，是用 Python 编写的，控制着云计算的结构。通过管理程序的 API(用于 XenServer/ XCP 的 XenAPI、用于 KVM 或 QEMU 的 libvirt、用于 VMware 的 VMwareAPI 等)创建和终止虚拟机实例，具有提高利用率和自动化的功能。Nova 还有一种机制可以在计算节点上缓存 VM 映像，以便更快地进行配置。Nova 接受队列中的操作，然后执行一系列系统命令(如启动 KVM 实例)以在更新数据库中的状态时执行它们。还可以通过 API 以编程方式存储和管理文件。

(2) Neutron 网络节点：Neutron 在其他 OpenStack 服务管理的设备之间提供“网络连接即服务”，这是由于它接受 API 请求，可以将它们路由到适当的量子插件以便采取行动，实际操作由插件和代理执行。例如，其插入/拔出端口，创建网络、子网和 IP 地址。Neutron 有一条通信线路，用于在中子服务器和各种代理之间路由信息，它还有一个数据库来存储特定插件的网络状态。Neutron 允许用户创建自己的网络，然后将接口链接到它们。它具有可插拔的架构，可支持许多流行的网络供应商和技术。

(3) Keystone 身份识别管理：Keystone(也称为身份验证)是负责操作的身份和授权组件。它使用用户名、密码凭证、基于令牌的系统和 AWS 样式的登录，为所有 OpenStack 组件提供用户身份验证和授权。Keystone 可以处理 API 请求，并为其创建策略，可配置目录、令牌和身份验证提供单点集成。每个 Keystone 函数都有一个可插拔的后端，允许使用特定服务的各种方式。Keystone 维护标准后端，如 SQL、LDAP 和 KVS(键值存储)，并在用户和服务之间创建策略。必须注意，对于云联合，此组件可能是具有提供引用的最重要角色之一，即提供云与云之间的安全保障服务。OpenStack 使两个组件多样化：与管理和公共 API 一起，提供 OpenStack 和 Keystone 的身份认证服务，支持 Identity API v2 和 API v3。Keystone 用于访问 Identity API 的命令行客户端。

(4) Swift 存储：Swift 以 Rackspace Cloud Files 产品为基础，是一种适用于横向扩展存储的存储系统。其用于冗余存储，可以在群集上水平扩展。Swift 主要用于静态数据，如 VM 映像、备份和归档，并添加了新机器，为文件提供冗余，以及将文件和其他对象写入一组磁盘驱动器，这些磁盘驱动器可以分散在一个或多个数据中心周围的多个服务器上，从而确保整个群集中的数据复制和完整性。

(5) Cinder 块存储：Cinder 为客户 VM 提供持久的块存储。重要的是要注意这是块存储而不是文件系统，如网络文件系统或通用网络文件系统。

(6) Glance 镜像服务节点：Glance 管理虚拟磁盘镜像的目录和存储库。

(7) Horizon 用户界面仪表板：它是控制界面，可在 Web 浏览器中显示基本控件和可视化组件，并允许基本设置。

5.6 结　　论

在本章中，讨论了云计算这项革命性技术的不同方面。为了便于遵循所讨论的概念，本章首先简要介绍云计算的基本原理，然后介绍服务和部署模型，讨论了云联合的驱动程序及其中的概念。随后，讨论了移动云计算技术，其具有解决当前云网络以及移动网络缺乏灵活性和限制的技术。毋庸置疑，未来的网络技术将主要围绕云计算概念构建。本章进一步讨论了推动因素和范例，它们影响未来移动网络的设计，以支持新兴的移动云计算应用。推出了 5G 网络架构，其中包含预想的功能，通过结合云计算、NFV 以及智能控制和管理来满足各种灵活性、效率和性能的要求。移动网络的发展得到前所未有的支持，即网络可编程性、自主控制和管理、虚拟化功能和组件。这使得移动网络成为移动云计算解决方案的一部分，与云计算一起，而不是云交付的技术约束。因此，云计算必须扩展到数据中心的边界之外。

此外，该领域的发展仍然存在重大问题。它受到某些安全问题的困扰，内部缺乏专业技能，在开放云[46]情况下受到缺乏专业技术支持的限制。虽然暂时离开了研究范围之外的安全细节，但仍需要考虑如何实际实施。云联合将成为新时代的一部分，这是由于社会需要越来越多的通信能力。经典能力的旧模式无法满足数字社会的需求，产能过剩在成本或环境影响方面没有意义(如绿色科技运动)。容量不足对公司不利，云计算是这一发展的第一步。互联网确实可以在全球范围内连接网络，云联合提供了充分利用这种方法的空间。

参 考 文 献

[1] Introduction to how cloud computing works | HowStuffWorks. http://computer.howstuffworks.com/cloud-computing/cloud-computing.htm, Accessed: 2016-02-23.

[2] Moving your infrastructure to the cloud: How to maximize benefits and avoid pitfalls.https://support.rackspace.com/white-paper/moving-your-infrastructure-to-the-cloud-how-to-maximize-benefits-and-avoid-pitfalls/, Accessed: 2016-02-24.

[3] I. Foster, Y. Zhao, I. Raicu, and S. Lu, Cloud computing and grid computing 360-degree compared, *Grid Computing Environments Workshop,* 2008, GCE'08, pp. 1-10, IEEE, 2008.

[4] L. M. Vaquero, L. Rodero-Merino, J. Caceres, and M. Lindner, A break in the clouds: Towards a cloud definition, SIGCOMM *Computer Communication Review*, Vol. 39, No. 1, pp. 50–55, December 2008.

[5] The economics of the cloud, http://news.microsoft.com/download/archived/presskits/cloud/docs/The-Economics-o-the-Cloud.pdf, Accessed: 2016-06-01.

[6] P. M. Mell and T. Grance, Sp 800-145, the NIST definition of cloud computing, Technical Report, Gaithersburg, MD, 2011.

[7] T. Navarro, The three minute guide to cloud marketplaces. https://www.computenext.com/blog/the-three-minute-guide-to-cloud-marketplaces, Accessed: 2016-02-23.

[8] J. Goiri, J. Guitart, and J. Torres, Characterizing cloud federation for enhancing providers' profit, *2013 IEEE Sixth International Conference on Cloud Computing*, pp. 123-130, 2010.

[9] R. Buyya, C. Vecchiola, S. Thamarai Selvi, *Mastering Cloud Computing: Foundations and Applications Programming*, Morgan Kaufmann, Waltham, MA, 2013.

[10] A. N. Toosi, R. N. Calheiros, and R. Buyya, Interconnected cloud computing environments: Challenges, taxonomy, and survey, *ACM Computing, Surveys*, Vol. 47, No. 1, pp. 7:1-7:47, 2014.

[11] N. Pustchi, R. Krishnan, and R. S. Sandhu, Authorization federation in IaaS multi cloud, *3rd International Workshop on Security in Cloud Computing, SCC@ASIACCS '15, Proceedings,* Singapore, April 14, 2015, pp. 63-71, 2015.

[12] T. Kurze, M. Klems, D. Bermbach, A. Lenk, S. Tai, and M. Kunze, Cloud federation, Cloud Computing 2011, The Second International Conference on Cloud Computing, GRIDs, and Virtualization, pp. 32-38, 2011.

[13] H. Qi and A. Gani, Research on mobile cloud computing: Review, trend and perspectives, Digital Information and Communication Technology and Its Applications (DICTAP), 2012 Second International Conference on, pp. 195-202. IEEE, 2012.

[14] K. Subramanian, Defining federated cloud ecosystems, https://www.cloudave.com/15323/defining-federated-cloud-ecosystems, Accessed: 2016-07-01.

[15] D. C. Chou. Cloud computing: A value creation model, *Computer Standards & Interfaces*, Vol. 38, pp. 72-77, 2015.

[16] H. T. Dinh, C. Lee, D. Niyato, and P. Wang, A survey of mobile cloud computing: architecture, applications, and approaches, *Wireless Communications and Mobile Computing*, Vol. 13, No. 18, pp. 1587-1611, 2013.

[17] A. N. Khan, M. L. Mat Kiah, S. U. Khan, and S. A. Madani, Towards secure mobile cloud computing: A survey, *Future Generation Computer Systems*, Vol. 29 No. 5, pp. 1278-1299, 2013.

[18] A. R. Khan, M. Othman, S. A. Madani, and S. U. Khan, A survey of mobile cloud computing application models, *Communications Surveys & Tutorials, IEEE*, Vol. 16, No. 1, pp. 393-413, 2014.

[19] L. Guan, X. Ke, M. Song, and J. Song, A survey of research on mobile cloud computing, *The 2011 10th IEEE/ACIS International Conference on Computer and Information Science, Procee dings*, pp. 387–392, IEEE Computer Society, 2011.

[20] Cisco visual networking index: Global mobile data traffic forecast update, 2014-2019 White Paper, technical report, Cisco VNI, May 2015, http://www.cisco.com/c/en/us/solutions/collateral/service-provider/ip-ngn-ip-next-generation-network/white_paper_c11-481360.pdf.

[21] X. Jin and Y.-K. Kwok, Cloud assisted P2P media streaming for bandwidth constrained mobile subscribers, The *2010 IEEE 16th International Conference on Parallel and Distributed Systems, ICPADS '10, Proceedings*, pp. 800-805, Washington, DC, IEEE Computer Society, 2010.

[22] K. L. Scott and S. Burleigh, Bundle protocol specification, 2007.

[23] M. A. Khan and X. T. Dang, A service framework for emerging markets, 2014 21st International Conference on Telecommunications (ICT), pp. 272-276, May 2014.

[24] M. Satyanarayanan, P. Bahl, R. Caceres, and N. Davies, The case for VM-based cloudlets in mobile computing, *IEEE Pervasive Computing*, Vol. 8, No.4, pp. 14-23, October 2009.

[25] S. Abolfazli, Z. Sanaei, M. Shiraz, and A. Gani, Momcc: Market-oriented architecture for mobile cloud computing based on service oriented architecture, 2012 1st IEEE International Conference on Communications in China Workshops (ICCC), pp. 8-13, IEEE, 2012.

[26] B.-G. Chun, S. Ihm, P. Maniatis, M. Naik, and A. Patti, Clonecloud: elastic execution between mobile device and cloud, *the Sixth Conference on Computer Systems, Proceedings*, pp. 301-314, ACM, 2011.

[27] E. Cuervo, A. Balasubramanian, Dae-ki Cho, A. Wolman, S. Saroiu, R. Chandra, and P. Bahl, Maui: Making smartphones last longer with code offload, the *8th International Conference on Mobile Systems, Applications, and Services, Proceedings*, pp. 49-62, ACM, 2010.

[28] M. Asplund, A. Thomasson, E. J. Vergara, and S. N. Tehrani. Software-related energy footprint of a wireless broadband module, the *9th ACM International Symposium on Mobility Management and Wireless Access, MobiWac '11, Proceedings*, pp. 75-82, New York, NY, ACM, 2011.

[29] A. Madhavapeddy, R. Mortier, J. Crowcroft, and S. Hand, Multiscale not multicore: Efficient heterogeneous cloud computing, the *2010 ACM-BCS Visions of Computer Science Conference, Proceedings*, p. 6. British Computer Society, 2010.

[30] N. Loutas, E. Kamateri, F. Bosi, and K. Tarabanis. Cloud computing interoperability: The state of

play, Cloud Computing Technology and Science (CloudCom), 2011 IEEE Third International Conference on, pp. 752-757, November 2011.

[31] ONF Market Education Committee et al., SDN architecture overview, ONF White Paper, 2013.

[32] P. K. Agyapong, M. Iwamura, D. Staehle, W. Kiess, and A. Benjebbour, Design considerations for a 5G network architecture, *IEEE Communications Magazine*, Vol. 52 No. 11, pp. 65-75, 2014.

[33] ISGNFV ETSI, Network function virtualisation (NFV), Virtual Network Functions Architecture, v1, 1, 2014.

[34] A. B. M. Moniruzzaman, K. W. Nafi, and S. A. Hossain, An experimental study of load balancing of OpenNebula open-source cloud computing platform, CoRR, abs/1406.5759, 2014.

[35] P. Sempolinski and D. Thain. A comparison and critique of Eucalyptus, OpenNebula and Nimbus, 2013 IEEE 5th International Conference on Cloud Computing Technology and Science, pp. 417-426, 2010.

[36] B. Kleyman. Understanding CloudStack, OpenStack, and the cloud API. Accessed: 2016-02-01.

[37] OpenStack operations guide. Accessed: 2016-03-11.

[38] Q. Jiang, CY15-Q1 Open source IaaS community analysis—OpenStack vs. OpenNebula vs. Eucalyptus vs. CloudStack. http://www.qyjohn.net/?p=3801, Accessed : 2016-02-25.

[39] CloudStack vs. OpenStack vs. Eucalyptus: IaaS private cloud brief comparison. http://www.slide-share.net/bizalgo/cloudstack-vs-openstack-vs-eucalyptus-iaas-private-cloud-brief-comparison, Accessed : 2016 - 03 -11.

[40] OpenStack community welcome guide. https://www.openstack.org/assets/welcome-guide/OpenStackWelcomeGuide.pdf, Accessed: 2016-03-11.

[41] I. M. Llorente. OpenStack, CloudStack, Eucalyptus and OpenNebula: Which cloud platform is the most open? http://opennebula.org/openstack-cloudstack-eucalyptus-and-opennebula-which-cloud-platform-is-the-most-open, Accessed: 2016-03-11.

[42] J. Bryce. OpenStack: Driving the software-defined economy. http://www.networkcomputing. com/cloud-infrastructure/openstack-driving-software-defined-economy/1573138704, Accessed: 2016-07-01.

[43] R. Schulze. OpenStack architecture and pattern deployment using heat. http://www.iaas.uni-stuttgart.de/lehre/vorlesung/2015_ws/vorlesungen/smcc/materialien/Ruediger%20Schulze%20-%20 OpenStack%20Architecture%20and%20Heat%20v2%2008112015.pdf, Accessed: 2016-07-01.

[44] OpenStack grizzly architecture (revisited). http://solinea.com/blog/openstack-grizzly-architecture-revisited, Accessed: 2016-07- 01.

[45] Chapter 1. Architecture—OpenStack Installation Guide for Ubuntu 14.04-juno. http://docs.openstack.org/juno/install-guide/install/apt/content/ch_overview.html, Accessed: 2016-02-253.

[46] The state of the open source cloud 2014. https://www.zenoss.com/documents/2014-State-OS-Cloud-Report.pdf, Accessed: 2016-02-29.

第 6 章　C-RAN 中的 SDN 和 NFV

6.1　引　　言

无线连接的可用性正改变着人们的交互和通信方式。从智慧城市到智慧办公室，从广告到工业自动化，无线设备数量的急剧增加以及涵盖异构区域的大量应用程序的引入，对更多带宽、更强大、更快速网络的需求也在不断增加。因此，网络运营商需要新的解决方案来增强传统网络架构及正变得越来越不堪重负的覆盖方式。部署小型(如微微和毫微微)小区以提高现有宏小区覆盖范围的密集化程度，是有效处理未来移动网络中极大流量负载的可行解决方案[1]。然而，更密集的部署也带来了新的挑战(如在干扰管理、小区间协调、频谱分配、数据平面/控制平面以及管理平面)。因此，需要采用更有效的网络设计方法来保证网络的高可靠性、灵活性和低延迟性。

在这种情况下，集中式 C-RAN 被认为是一种很有价值的解决方案，可以提升和优化网络性能[2]。C-RAN 基于基带处理与无线电单元解耦的想法，将处理单元集中在中心位置，采用更通用、更简单地执行最小任务(如射频操作)的节点替换传统小区，并将其他计算密集型任务(如资源分配、基带处理等)移动到集中的位置。因为 C-RAN 共享使用存储/计算/网络/无线电资源，可以使用用于网络功能的公共存储库来避免相同组件的多个部署(如使用共享资源的宏小区和小小区)，所以能够降低总成本(特别是资本和运营支出)。C-RAN 在以下几种情况下可能会有较好的使用效果：①小区配置、资源分配和小区的流量分配；②激活处理给定网络情况下所需的适当数量类型的功能软件组件；③功能组件分配给物理元件。然而，仍需要有效的解决方案来保证部署和有效运行 C-RAN 架构。在这方面，需要进一步来将数据传递与管理和控制解耦、网络功能与底层硬件分离。

本章讨论了 C-RAN 的 SDN 和 NFV 两种支持技术，这两种支持技术允许在基带和射频之间进行分离。SDN 是一种基于数据平面和控制平面分离的新兴网络架构，利用逻辑上集中的网络控制器(该控制器在控制平面中工作)处理独立数据平面中网络元件的流量分配。NFV 通过在虚拟容器(如虚拟机)中运行的软件包来实现网络功能，从而达到网络功能与硬件的分离，NFV 更具有灵活性，即只需安装/升级软件包即可快速安装/重新配置网络功能。除了通过 SDN 和 NFV 对 C-RAN 系统进行直观描述外，本章还将详细讨论这些技术的优缺点。

6.2 SDN

在传统的 IP 网络中，数据平面和控制平面是紧密结合的。也就是说，控制平面和数据平面的功能在相同的网络设备上运行，如图 6.1 所示，这被认为是早期互联网设计的重要组成部分,它是保证网络恢复能力这个至关重要的设计目标的最佳实现方式。

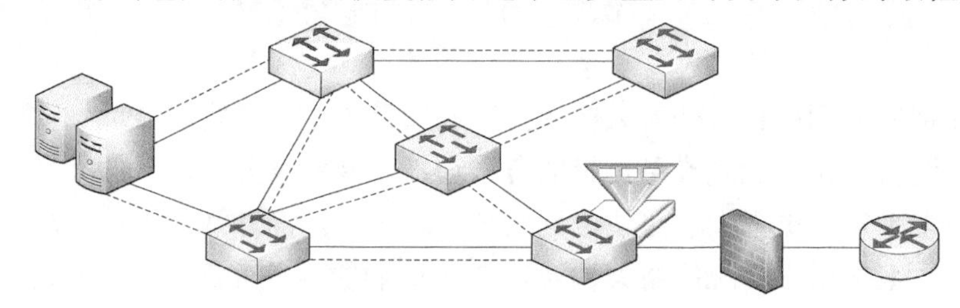

图 6.1　控制平面和数据平面结合的传统网络

如 Kim 等[3]所述，这种结合方式的主要缺点是它是一个非常复杂、相对静态的架构。另一个问题与网络管理有关，网络管理通常通过大量专有解决方案来处理，这些解决方案具有自己的专用硬件、操作系统和控制程序，也就意味着高运营支出/资本支出，这是由于运营商必须获得和维护不同的管理解决方案和相应的专业团队，这不仅涉及投资的长期回报，也限制了创新的引入。软件化方式有助于克服这些限制，其特性如下。

(1) 控制平面和数据平面的分离。说明控制功能将不再由仅充当数据包转发单元的网络设备处理。

(2) 基于流的转发。说明属于同一流的所有数据包(通过发送方/接收方地址识别)在转发设备上接收相同的服务策略,而不是仅基于数据包的目的地地址进行路由决策。

(3) 网络控制器。控制逻辑被移动到外部控制器，外部控制器是在商用服务器上运行的软件平台，它提供基本资源和网络资源，以便基于逻辑集中的抽象网络资源对转发设备进行编程。网络控制器允许通过考虑网络的整个状态来控制网络。

(4) 基于软件的网络管理。网络可通过在网络控制器顶部运行的软件应用程序进行编程，该应用程序与底层数据平面设备交互，允许快速地进行网络重新配置和创新。

因为所有应用程序都可以利用相同的网络信息(即全球网络视图)，所以基于 SDN 的网络会简化网络功能编程和优化网络均衡，其网络功能架构如图 6.2 所示。图 6.2 中的交换机是运行 OpenFlow 的 SDN 网元，可以通过 SDN 控制器接收信息，以配置链路参数(带宽、队列、仪表等)以及内部网络路径。图 6.2 突显了数据平面和控制平面的解耦，可见控制平面从交换机之间的物理链路中被移除，而由 SDN 控制器进行管理。

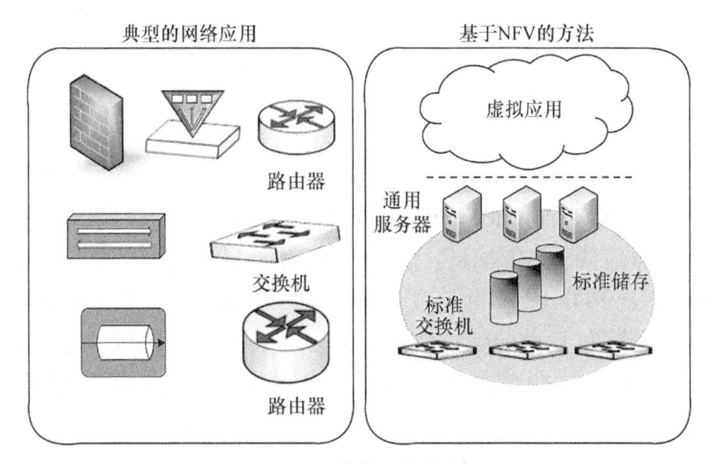

图 6.2　网络功能架构

6.2.1　SDN 架构

SDN 架构如图 6.3 所示。Kreutz 等[4]更详细地描述了可以设想到的不同的组件。在本小节的剩余部分，将提供 SDN 架构的全局概述。

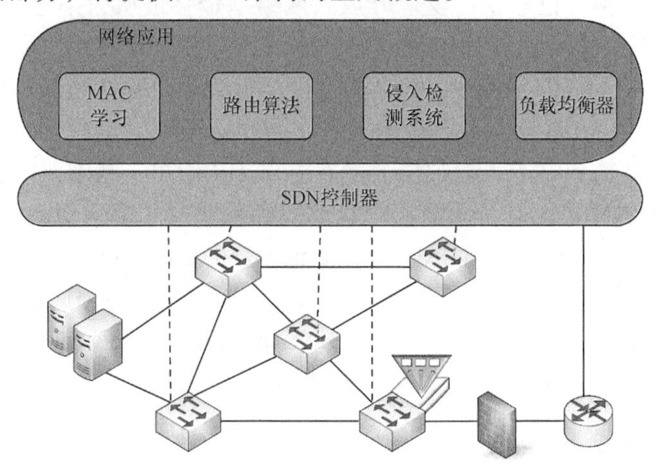

图 6.3　控制/数据平面结合的 SDN 架构

1. 实体

SDN 架构由两个主要元件组成，即转发设备和控制器。前者是基于硬件或软件来处理数据包的转发；后者是在商用硬件平台上运行的软件栈。

2. 平面

SDN 由三个不同的平面组成。①数据平面是指设备通过无线电或有线电缆互连的平面；②控制平面可以被视为“网络大脑”，这是由于所有控制逻辑都位于构成控制平面的应用程序和控制器中；③管理平面处理利用路由、防火墙、负载均衡器、监控等功能的应用程序集。本质上，管理平面定义策略，这些策略最终被转换为编写转发设备行为的南向特定指令。

3. 接口

SDN 引入了南向接口(southbound interface，SI)的概念，SI 定义：①转发设备和控制平面元件之间的通信协议和应用程序编程接口；②控制平面和数据平面之间的交互。实际上，OpenFlow 是 SDN 最广泛接受和部署的开放南向标准，其他解决方案正在逐渐被替代，如转发和控制元件分离、OpenvSwitch 数据库、协议无感知转发、OpFlex、OpenState、修订的 OpenFlow 库、硬件抽象层和数据路径的抽象可编程。

北向接口(northbound interface，NI)是用于开发应用程序的通用接口，也就是说，NI 抽象出 SI 用于编写转发设备的低级指令集。公共的 NI 仍然是一个未解的问题，由于用例仍在制定中，因此定义标准 NI 可能还为时过早。

6.2.2 标准化活动

SDN 的标准化格局已经很广泛。开放式网络基金会被认为是旨在促进 SDN 采用的成员驱动型组织，主要贡献是 OpenFlow 协议的开发。互联网研究专门工作组创建了 SDN 研究组，目前正在研究 SDN 的短期和长期活动，旨在确定短期使用时可以定义和部署的方法，以及确定未来的研究挑战。同样，国际电信联盟的电信部门已经为 SDN 制定建议。电气和电子工程师协会已在基于 IEEE 802 基础架构的接入网络基础上开始了标准化 SDN 功能的一些活动，且有线和无线技术都采用新的控制接口。

欧洲电信标准协会(European Telecommunication Standards Institute，ETSI)正致力于 SDN 的虚拟化。ETSI 将软件化和虚拟化视为互补功能，这是由于两者都是通过引入可编程性来共享加速网络内部创新的目标。同样，3GPP(3rd Generation Partnership Project)正在研究虚拟化网络的管理。NFV 的主要方面将在下一节中介绍。

6.2.3 移动网络中的数据和控制分离

从移动网络中的完全结合数据和管理/控制平面过渡到相对分离的架构是很有意义的。无线接入网 LTE 核心网络首次明确为演进分组核心(evolved packet core，EPC)：①包的数据平面，由 E-UTRAN NodeB(eNodeB)、服务网关(serving gateway，S-GW)和 PDN 网关(PDN gateway , PDN-GW)组成。②管理平面的移动性、策略和计费规则的管理平面包括移动性管理实体(mobility management entity，MME)、策略和计费规则功能(policy and charging rules function，PCRF)及归属用户服务器(home subscriber server，HSS)。虽然 LTE 架构可以简化管理，但它仍然不具备可扩展性、灵活性和可编程性。此外，如前所述，LTE 明显增加了设计强制执行回程负载和信令消息，如诺基亚西门子(2012)提出的。

到目前为止，通过集成安装在所有设备中的可由 SDN 控制器控制的软件代理(可能是 OpenvSwitch)来讨论在移动核心网络中引入 SDN，具体可以参考 Amani 等[5]和 Errani 等[6]的文章。这些代理的引入主要是为了保持 SDN 控制器的逻辑集中性，使用分布式解决方案，符合当今的移动架构设计。考虑到 2G、3G 和 4G 网络在当今的移动网络中同时处于运营状态，因此采用简化的方法是不合理的。为此，Mahmoodi 等[7]提出了在现有的运营移动网络中引入 SDN，其中保留了管理平面，并通过新的控制平面引入了显著的灵活性和可编程性。由于管理平面也可能是软件定义的，因此控制平面可以长期包含管理平面所提供的功能。

6.3　NFV

现有硬件设备的专有性以及为各种中间件提供空间和能源的成本限制了当今网络中新服务的上市时间。NFV 将软件实例与硬件平台进行分离，是网络运营商设计和部署其基础设施的根本转变。虚拟化背后的主要思想是通过软件虚拟化技术实现 NFV，并在商用硬件(即行业标准服务器、存储器和交换机)上运行，如图 6.4 所示。

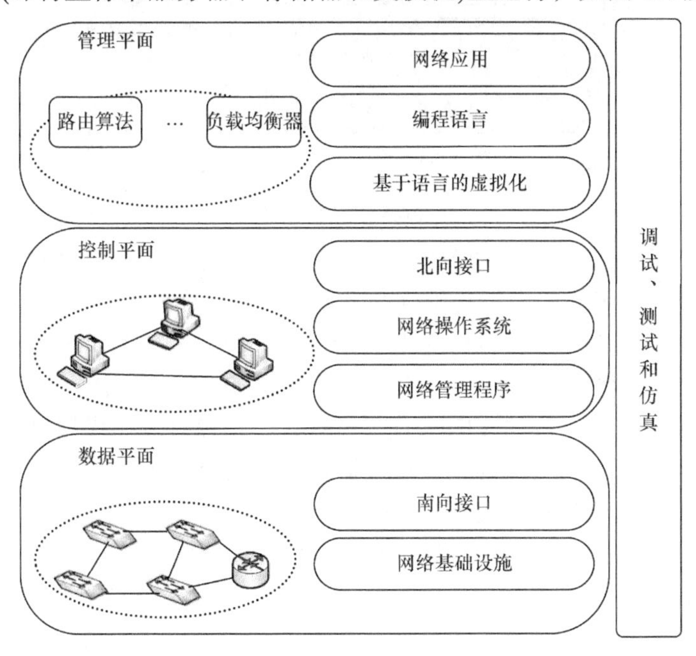

图 6.4　具有相关平面、层和主要实体的 SDN

虚拟化有望为电信运营商带来一系列好处：①减少资本投资；②通过整合网络设备实现节能；③由于使用基于软件的服务部署，缩短了新服务的上线时间；④引入针对客户需求量身定制的服务。此外，虚拟化和软件化的概念是互利的，并且彼此高度互补。例如，SDN 可以支持 NFV，以增强其性能并简化其余部署的兼容性。

6.3.1 NFV 架构

图 6.5 所示的 NFV 架构突出了 NFV 的两个主要推动因素：云计算开发的行业标准服务器和技术。通用服务器与基于定制应用的专用集成电路(application specific integrated circuit，ASIC)的网络设备相比，具有竞争价格低的主要优势。使用这些服务器可以在技术发展的同时延长硬件的生命周期(通过在同一平台上运行不同的软件版本来实现)。云计算解决方案(如各种虚拟机管理程序、OpenStack 和 OpenvSwitch)支持运行特定网络服务虚拟机的自动实例化和迁移。

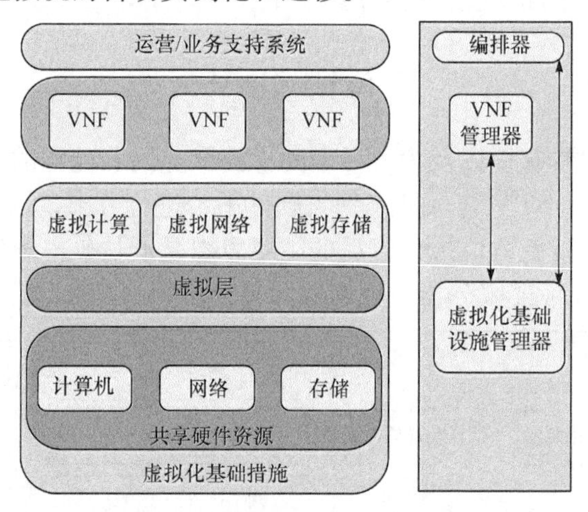

图 6.5 NFV 架构

NFV 架构主要由四个不同的单元组成。第一个是编排器，负责软件资源的管理和编排，以及实现网络服务的虚拟化硬件基础设施。第二个是 VNF 管理器，具有以下任务：实例化、扩展、终止、在 VNF 生命周期内更新事件及支持零触摸自动化。第三个是虚拟层，负责抽象物理资源并将 VNF 锚定到虚拟化基础架构中。虚拟层的关键作用是确保独立于底层硬件平台的 VNF 的生命周期，这是通过使用虚拟机及虚拟机管理程序实现的。第四个是虚拟化基础架构管理器，其作用是虚拟化和管理可配置的计算、网络和存储资源，以及控制它们与 VNF 的交互。

关于 NFV 结构的更多细节可以参考 Han 等[8]的文章。

6.3.2 按行业接收

由于服务提供商对 NFV 表现出浓厚的兴趣，这促使 IT 公司研究 NFV 实现的各个方面。爱立信、诺基亚、阿尔卡特朗讯和华为等领先的供应商已经开始采用和升级他们的设备以支持 NFV(爱立信就是一个例子[9])。此外，惠普(HP)等公司一直与英特尔密切合作，优化其在英特尔处理器上的软件，以实现更高的数据包处理计算，从而实现商业平台上的软件化和虚拟化。为此，英特尔发布了数据平面开发工具套件，并计划在其软件开发路线中发布信号处理开发工具套件。

6.4　C-RAN 在 5G 系统中的作用

移动网络中的流量持续增长，5G 系统在同时支持高数据速率流量和大量设备的容量需求方面面临着前所未有的挑战[10]。爱立信[11]则预测，到 2020 年将连接 500 亿(机器和人)设备。

为了应对这些挑战，可以对传统网络进行流量分流并扩大覆盖范围[1]的小区密集化来吸引移动网络提供商的兴趣。然而，由于在所限定的区域中管理的基站数量较大，小区覆盖的密集化使得 RAN 中更容易拥塞[12]。因此，更密集小区的部署在干扰管理和小区间协调方面带来了新的挑战，而这些挑战决定了正确管理这些方面的新方法。

C-RAN 已经成为未来 5G 网络及未来网络的关键架构概念之一[13]，是解决 RAN 中密度增加问题的一种经济有效的方法。

6.4.1　C-RAN 架构

C-RAN 背后的主要思想是用共享/基于云的处理和分布式无线电元件替换每个无线电线杆上的自足基站。C-RAN 架构如图 6.6 所示，相关的主要组件如下。

(1) BBU，即用于提供区域内所有小区所需的信号处理和协调功能的计算资源池。

(2) 前传链路，即用于在 RAN 中传输承载基带数据的数字化表示的光纤/无线链路。

(3) RRH，即用户设备通过 RAN 连接的轻量级无线电单元和天线。RRH 可用于代替从宏到毫微微和微微的任何大小的小区。

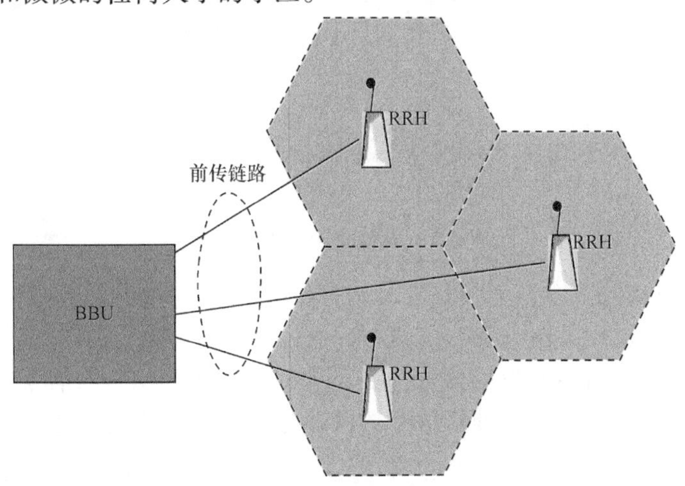

图 6.6　具有集中式基带单元处理和分离 RRH 的 C-RAN 架构

在图 6.6 的架构中，与传统基站相比，RRH 的尺寸可能更小，几乎可以放置在任何地方，而不一定位于专用塔上。因此，RRH 仅需要用于天线的空间，并且可以访问任何前传链路。

考虑到给定区域中 RRH 的管理由单个 BS 池处理，并且可直接在池内进行通信，C-RAN 架构的关键目标之一是实现更容易的小区间协调。

6.4.2　挑战、限制和支持技术

C-RAN 范例不仅提供了更低的成本和更容易部署的宏小区，而且还能够同时管理 RAN 中巨大的异构性。但是，网络的整体运营效率将继续受到无线接入与网络演进分组核心(EPC)网段之间的信令负载的限制。

EPC[如图 6.7 所示，由 3GPP(2015)定义]完全基于分组交换，所有数据都使用 IP 发送，并由以下实体组成。

(1) 移动性管理实体(MME)：处理与移动性相关的信令。

(2) 归属用户服务器(HSS)：包含使用者和与用户相关的所有信息，并向 MME 提供支持功能。

(3) 策略和计费规则功能(PCRF)：用于决定策略并向每个服务/用户流收费，位于 PDN-GW 实体中。

(4) 服务网关(SGW)：向/从 BS 转发/接收数据，并且在 BS 内切换的情况下，充当移动锚节点。

(5) 分组数据网络网关(PDN-GW)：将 EPC 连接到外部网络。

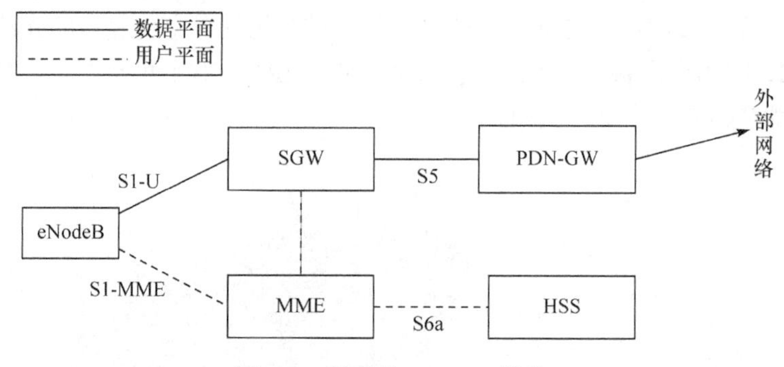

图 6.7　现有的 4G EPC 架构

在考虑小型小区的部署时，目前，EPC 在信令负载方面面临着重大挑战。与 2G 和 3G 及高速分组接入(high-speed packet access，HSPA)相比， LTE 用户的信令要求明显更高，根据诺基亚西门子数据分析[14]，与 HSPA 相比，LTE 的信令要求高达 42%。虽然新服务和新型设备需要这种新信令的一部分，但由于节点密度较大，超过 50%的信号与移动性和寻呼有关。

为解决这些问题，软件化和虚拟化在移动网络系统中越来越重要，特别是与 C-RAN 结合使用[15]。这两种范例旨在引入移动核心的可编程性，主要好处是网络控制和管理功能与数据转发的分离，这种转发发生在硬件中[16]。在这方面，重要的工作是面向软件无线电的接入功能和允许在通用处理硬件上运行软件包的实现，因此引入了

在网络重构任务期间节省成本和时间的机会[17]。Riggio 等[18]给出了一个例子，提出了一个软件定义的 RAN(SD-RAN)控制器，其基于 Python SDK 设计的架构，用于访问网络资源信息和独立于接入技术的调度传输。

接下来，本章将重点介绍基于软件的虚拟化核心网络的主要特性，以及在 5G 系统设计中引入灵活性方面的作用。

6.5　SDN 和 NFV 在 C-RAN 部署中的作用

虚拟化和软件化范式在移动网络生态系统中越来越重要，特别是与 C-RAN 结合使用[15]。由于虚拟化无线接入技术使得核心网络的边缘功能的虚拟化成为可能，而不会产生额外的硬件成本，为此，人们付出了巨大的努力。在本节将重点介绍移动 SDN 和 NFV 的最新进展，特别是在 C-RAN 部署中的作用。

6.5.1　无线接入中的软件化

软件化通过利用 SDN 范例的新特性，在 C-RAN 有效部署的过程中表现出重要的增强效果。

正如 Arslan 等[19]所讨论的，SDN 架构的可编程性允许数据平面仅处理快速规则查找并在精细时间尺度上执行转发，由于涉及控制器通信所产生的延迟，新规则可以被允许使用更长的时间尺度。从这个意义上，C-RAN 架构可以看作是 SDN 控制/数据平面分离原理直接扩展到 RAN，其中，C-RAN 和 SDN 相互补充。例如，Zaidi 等[20]提出在 C-RAN 架构中实现的在 SDN 控制器中处理控制平面任务，如无线资源管理或干扰协调逻辑，以便配置 RRH(数据平面)的参数：在这种情况下，SDN 在将由 C-RAN 触发的控制信息分发给所涉及的网络实体方面带来一些益处。另一个例子是 RRH 的激活/去激活，它由 C-RAN 根据网络负载和干扰程度决定，在这种情况下，SDN 更新路径配置，以保证新激活的 RRH 能可靠通信，或者在某些 RRH 关闭时优化数据路径。

需要适当强调的内容之一是 SDN 在管理 C-RAN 的前传链路中的作用。Zaidi 等[20]研究了 SDN 向 RRH 以及核心网络提供 API 时的好处。在详细考虑如何管理前传链路时，需要强调的是，C-RAN 在物理布局方面虽然将 BBU 与 RRH 分离，但 BBU 和 RRH 之间存在着一对一的逻辑映射。正如 Sundaresan 等[21]所分析的，这种固定的一对一映射的概念可能会限制 C-RAN 的性能。例如，移动用户在从一个 RRH 移动到另一个 RRH 时需要切换，在这种情况下，前传链路上的一对多映射可以减少开销并优化网络性能。需要考虑的另一个内容是，即使网络中的所有部分或者网络一直可能不需要增强容量，但是几个 BBU 仍是活动的并且生成帧(因此消耗基带单元池中的能量)。例如，当区域(如多个小小区 RRH 的覆盖区域)中的流量负载较低时，单个 BBU 可足以服务于所提供的负载。通过将前传链路视为网络链路，SDN 范例可以派上用场，以便在前传链路管理中引入这种灵活性。

Sundaresan 等[21]提出了一个 RRH 灵活的 C-RAN 系统，它基于在基带单元池中引入类似于 SDN 控制器的智能控制器，根据网络反馈，动态地重新配置前传链路(粗略时间尺度)以有效地满足异构用户和流量配置文件的需求。因此，对于静态用户和移动用户，RAN 满足流量需求量最大化，同时优化了池中的计算资源使用量。

6.5.2 无线接入中的虚拟化

服务提供商对移动基站虚拟化的兴趣正在不断增长，这是由于其允许在标准硬件中整合尽可能多的网络功能：引入了利用单个虚拟化基站处理不同移动网络技术的机会。

移动 NFV 的主要挑战与基站的物理层功能有关。因此，首先考虑在较高网络堆栈层中实现虚拟化。例如，ETSI[22]正在考虑将虚拟化引入第 3 层，然后引入第 2 层基站，第 3 层承载着连接到移动核心网络的控制和数据平面的功能，而第 2 层承载着分组数据会聚协议(packet data convergence protocol，PDCP)、无线链路控制(radio link control，RLC)和媒体访问控制(media access control，MAC)网络功能。

第 2 层和第 3 层(实现控制和数据平面的功能)的虚拟化为多个基站提供了集中式计算基础架构的机会。目前，设备商正在努力集中几个基站的第 1 层功能，旨在支持多种电信技术并使其适应新版本。这可以使 C-RANs 作为服务提供商得到有效部署，并且可以通过共享其远程基站的基础设施来获益，从而以最小的 CAPEX 和 OPEX 投资实现更好的区域覆盖。有关移动 NFV 技术发展水平的更详细概述可以在 Hawilo 等[23]的研究中找到。

增加的信令和对小区间合作更为严格的时延要求，给需要妥善管理此类问题的网络提供商施加压力，尤其是在 C-RAN 环境中，以实现该技术的预期收益。为此目的，Dawson 等[2]提议将 EPC 与 RAN 隔离，以减少无线电/核心负载。实际上，考虑到传统的 4G 部署，给定流的所有信令信息都被传递到 EPC，这将产生显著的负载。例如，若给定用户在小小区之间定期移动或者需要增强传输方案(如多点协作传输)以改善其在小区边缘的覆盖范围时，就会产生显著的负载。减少该信令的可能解决方案是允许在基站处进行集成，以便对几个小小区进行分组。Dawson 等[2]提出的想法是使用 C-RAN 方法，其中宏基站对于 EPC 是可见的，而小小区仅对基站可见。该方法被命名为 C-RAN 基站，通过这种方式，在宏小区和小小区之间的转换而导致的移动性信令在基站处进行处理；同时，EPC 仍然保持用户移动性的整体愿景。

在 C-RAN BS 中实现的虚拟化架构如图 6.8 所示。Dawson 等[2]提出在架构的基础上将现代互联网的长期可接受的特征，即移动网络的虚拟局域网(virtual local area networks，VLAN)和网络地址转换(network address translation，NAT)的概念扩展到移动网络。在 C-RAN 基站的 EPC 一侧，作者介绍了两个实体：①负责将小区分组为虚拟小区的 VLAN 控制器；②NAT 将虚拟小区表示成作为单个宏小区的 EPC。C-RAN 基站将负责执行不同的功能，它以与 SGW 在 EPC 中起类似作用的方式来充当移动锚，以提供用于通信的静态端点以及属于同一虚拟小区的小区之间的切换。为了进一步减少使用 C-RAN BS 的信令，仍期望有全新的用户中心协议，旨在重新定义移动性管理。在上面的场景中，VLAN 允许 EPC 继续运行，而不需要知道由于用户移动性而导致的 RAN 变化。

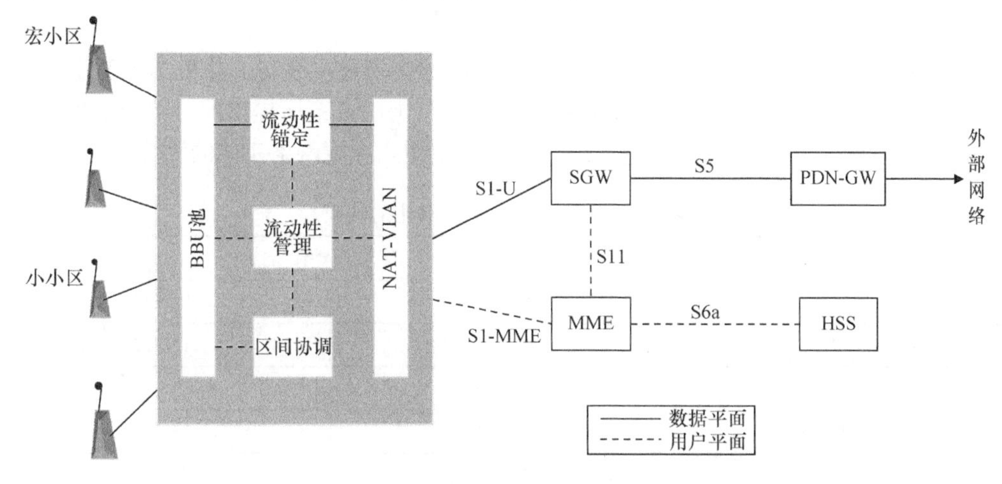

图 6.8　C-RAN BS 中的虚拟化架构

移动 NFV 架构中引入的另一个元件是 SD-RAN 控制器，该控制器提供在可连接的小区中用于轮询所有可用资源的方法。这样，C-RAN 基站能确保在整个 VLAN 中的任何时间只有最小的所需资源是活动的，而不是激活每个小区中所需的最少资源。SD-RAN 控制器还将提供网络资源切片的方法来允许运营商之间的 RAN 共享，以便部署和支持多用户部署，这吸引了 5G 研究团体的兴趣，如 Condoluci 等[24]的研究。

6.5.3　移动核心网络中的软件化和虚拟化

移动核心网络是网络中最重要的部分，因此移动核心网络的虚拟化代表了在 5G 中引入虚拟化和软件化最受关注的领域。

最新的核心网络是由 3GPP[25]定义，并在 6.4.2 小节中讨论了演进分组核心(EPC)。EPC 是为允许移动宽带服务并支持各种接入技术设计的一种扁平的全 IP 架构。为了在移动核心网络中引入虚拟化，Hawilo 等[23]提议将 EPC 的实体分组到不同的段中，以实现更少的控制、信令流量，以及在数据平面中更少的拥塞。在第一个段中，MME 通过 HSS 前端(HSS FE)进行迁移，HSS FE 是一个实现 HSS 所有逻辑功能但不包含用户信息数据库的应用程序。特别地，HSS FE 从用户数据存储库(user data repository, UDR)请求用户信息并将这些数据临时存储在高速缓冲存储器中。该过程以类似的方式允许在内部运行认证和授权，而不通过网络进行任何数据事务处理，就如 MME 正在访问完整的 HSS FE 数据库一样。在第二个段中，PDN-GW 与 SGW 一起被迁移，目的是最小化数据平面链中涉及的节点数量。数据平面的集中处理机制有利于实现 PDN-GW 和 SGW 在一个 VM 或 VNF 中部署。最后，由 UDR、在线计费系统(online charging system , OCS)和离线计费系统(offline charging system, OFCS)组成另一个段，它们在 PCRF 中被迁移。这种迁移背后的想法是 PCRF 请求用户信息为每个所建立的承载生成所需的策略，通过这种方式，不再需要信息交换，最小化了策略功能生成的延迟。

分组网络实体的好处在于减少了网络实体之间的交易量。表 6.1 中列出了事物处理采用虚拟化的优势，其中突出显示了 Hawilo 等[23]提出的解决方案所提供的每秒传输数量的减少量。与传统的 4G 部署[14]进行比较，表 6.2 列出了引入虚拟网络实体的优势。

表 6.1　事务处理采用虚拟化的优势

核心元件间的传输	信号(每秒传输)	
	组网前	组网后
MME、eNBS 和 S-GW	175322	175322
S-GW 和 P-GW	56559	0
MME 和 HSS	1039430	173239
PCRF 和 P-GW	37706	37706
PCRF 和 UDR	18853	0
PCRF 和 OCS	30164	0
总流量	1358034	386267

表 6.2　虚拟网络实体的优势

实体	好处
HSS 前端(HSS FE) 移动性管理实体(MME)	HSS 和 MME 间的本地交互 通过 vSwitch 减少网络交易
包数据网关 政策和收费执行功能 (PCEF) 服务网关(SGW)	减少数据处理平面的节点数量 减少数据转发 数据监控和收费的改进
用户数据存储库(UDR) 在线收费系统(OCS) 线下收费系统 (OFCS) 政策和收费规则功能(PCRF)	减少碎片 PCRF 和 UDR 间的本地交互 OCS 和 PCRF 间的本地交互 OSS/BSS 的中心交互点

在考虑将 C-RAN 集成到移动核心网络时，Yang 等[26]通过关注不同方面分析了联合使用虚拟化和 SDN 所带来的好处。一个优点是作者考虑了流量分流，有利于减轻核心网络的负载。在流量分流的场景下，利用虚拟化来实例化 C-RAN 中的网络功能，如 PDN-GW，而 SDN 触发数据流量的路径需要重新配置。另一个优点是关注如何减轻核心网络负载与 C-RAN 中的高速缓存(数据和控制功能高速缓存)。SDN 可以在第二种情况下用于分析数据链路的利用率以及分析端到端路径，而虚拟化对于将内容从 PDN-GW 移动到 C-RAN 是有用的。

6.5.4　主要研究挑战

基于软件虚拟化的 C-RAN 架构的设计和部署仍在研究中。Arslan 等[19]的研究总结如下。

(1) 延迟。前传网络的主要任务是向 RRH 转发高延迟和高灵敏度信号。以 LTE 帧为例，则需要每 1ms(即 LTE 的子帧持续时间)将新信号转发给 RRH，甚至预计将在更短的子帧上运行，这给 5G 部署带来了更多的挑战。前传网络中的延迟挑战，主要发生在切换中。

(2) 通信协议。C-RAN 仍在不断发展，对于开放 API 与 RRH 之间的发送/接收数据没有达成共识。C-RAN 发展可接受的趋势应是利用如通用公共无线电接口(common public radio interface, CPRI)之类的协议，这些协议通常用于在传统基站的室内和室外单元之间传送信号，并且被定制为针对前传网络的扩展。然而，将这些协议与开关操作集成并适应低延迟仍然是研究的一大挑战。

(3) 电与光交换。合适的切换解决方案的设计和部署需要进行全面考虑，这是由于合适的切换过程涉及整个 C-RAN 网络中的若干益处。光交换可能比电交换产生更长的重新配置时间，但在成本、功耗和数据速率等方面却更有优势[27]。在决定特定技术之前，需要仔细评估以上这些方面，并权衡运营成本和可靠性。

(4) 异构性。异构性是由于前传接口可能由光纤、无线和铜缆混合组成。因此，有必要引入有效集成策略，利用物理前传的可用带宽来支持控制器的逻辑配置功能。

(5) 安全。基于 SDN/NFV 的系统应该获得接近于用于网络功能专用环境的安全级别。然而，在虚拟化环境中实现网络功能时，预计会增加安全攻击。除了系统应该受到保护以防止任何未经授权的访问或数据泄漏的虚拟机管理程序之外，其他过程(如数据通信和 VM 迁移)应该在安全的环境中运行。最后，API(用来提供可编程编排并与基础架构进行交互)的使用为 VNF 带来了更大的安全威胁，这一点如云安全联盟所述[28]。

(6) 可靠性和稳定性。可靠性是网络运营商的重要要求，因为运营商需要保证服务的可靠性和服务水平，所以在考虑 SDN/NFV 部署时，应保证这一点不受影响。难点在于服务供应的灵活性可能需要根据流量负载与用户需求整合和迁移 VNF，这会使可靠性降级。此外，网络运营商应在仍然满足服务连续性要求的条件下，使 VNF 组件能从一个硬件平台移动到不同的平台上，但这通常会引入延迟。

(7) SDN 控制器。无线网络中的 SDN 通过考虑由若干基站组成的无线电接入系统，为需要编排和管理网络控制平面的 SDN 控制器设计带来了新的挑战，加剧了负载均衡和流量/移动性管理方面的问题。

6.6　结　　论

本章强调了现有的 4G 核心基础架构无法支持当前 RAN 的发展趋势，C-RAN 的部署仍然需要应对一些挑战。例如，在集中智能处理的情况下仍然存在影响网络的因素，如高信令开销和不断增长的低延迟需求。

本章讨论了虚拟化和软件化范例在 5G 系统的网络设计中引入的好处，并且讨论了这两种新技术在 C-RAN 部署的推动作用。最后，总结了 C-RAN 的虚拟化和软件化的研究现状并提供了相关的研究挑战，概述了未来的研究趋势。

致　谢

这项工作部分得到了 5GPP VirtuWind(在 Wind park 运营中部署的虚拟和可编程工业网络原型)项目的支持。

参 考 文 献

[1] Andrews, J.G., Claussen, H., Dohler, M., Rangan, S., and Reed, M.C., Femtocells: Past, present, and future, *IEEE Journal on Selected Areas in Communications* , Vol. 30, No. 3, pp. 497-508, 2012.

[2] Dawson, A.W., Marina, M.K., and Garcia, F.J., On the benefits of RAN virtualisation in C-RAN based mobile networks, paper presented at the Third European Workshop on Software Defined Networks, Budapest, Hungary, September 2014.

[3] Kim, H., and Feamster, N., Improving network management with software defined networking, *IEEE Communications Magazine* , Vol. 51, No. 2, pp. 114-119, 2013.

[4] Kreutz, D., Ramos, F.M.V., Esteves Verissimo, P., Esteve Rothenberg, C., Azodolmolky, S., and Uhlig, S., Software-defined networking: A comprehensive survey, *Proceedings of the IEEE* , Vol. 103, No. 1, pp. 14-76, 2015.

[5] Amani, M., Mahmoodi, T., Tatipamula, M., and Aghvami, H., Programmable policies for data offloading in LTE network, paper presented at the IEEE International Conference on Communications, Sydney, Australia, June 2014.

[6] Errani, L.L., Mao, Z.M., and Rexford, J., Towards software-defined cellular networks, paper presented at the European Workshop on Software Defined Networking, Washington, DC, October 2012.

[7] Mahmoodi, T., and Seetharaman, S., Traffic jam: Handling the increasing volume of mobile data traffic,*IEEE Vehicular Technology Magazine* , Vol. 9, No. 3, pp. 56-62, 2014.

[8] Han, B., Gopalakrishnan, V., Lusheng Ji, L., and Lee, S., Network function virtualization: Challenges and opportunities for innovations. *IEEE Communications Magazine ,* Vol. 53 No. 2, pp. 90-97, 2015.

[9] Ericsson, Telefonica and Ericsson partner to virtualize networks, White Paper, 2014.

[10] Cisco, Cisco visual networking index: Global mobile data traffic forecast update, White Paper, pp. 2013-2018, 2014.

[11] Ericsson, More than 50 billion connected devices, White Paper, 2011.

[12] Bhushan, N., Li, J., Malladi, D., Gilmore, R., Brenner, D., Damnjanovic, A., Sukhavasi, R., Patel, C., and Geirhofer, S., Network densification: The dominant theme for wireless evolution into 5G, *IEEE Communications Magazine* , Vol. 52, No. 2, pp. 82-89, 2014.

[13] Boccardi, F., Heath, R., Lozano, A., Marzetta, T., and Popovski, P., Five disruptive technology directions for 5G, *IEEE Communications Magazine* , Vol. 52, No. 2, pp. 74-80, 2014.

[14] Nokia Siemens, Signalling is growing 50% faster than data traffic, White Paper, 2012.

[15] Chiosi, M., Clarke, D., Willis, P., Reid, A., Feger, J., Bugenhagen, M., and Sen, P., Network functions virtualisation: An introduction, benefits, enablers, challenges and call for action, paper presented at the SDN and OpenFlow World Congress, Darmstadt, Germany, October 2012.

[16] Granelli, F., Gebremariam, A.A., Usman, M., Cugini, F., Stamati, V., Alitska, M., and Chatzimisios, P., Software defined and virtualized wireless access in future wireless networks: Scenarios and standards. *IEEE Communications Magazine* , Vol. 53, No. 6, pp. 26-34, 2015.

[17] Ganqiang, L., Caixia, L., Lingshu, L., and Quan, Y., A dynamic allocation algorithm for physical carrier resource in BBU pool of virtualized wireless network, paper presented at the International Conference on Cyber-Enabled Distributed Computing and Knowledge Discovery, Xi'an, China, September 2015.

[18] Riggio, R., Marina, M., and Rasheed, T., Programming software-defined wireless networks, paper presented at the ACM Annual International Conference on Mobile Computing and Networking, Maui Hawaii, September 2014.

[19] Arslan, M., Sundaresan, K., and Rangarajan, S., Software-defined networking in cellular radio access networks: Potential and challenges, *IEEE Communications Magazine* , Vol. 53 No. 1, pp. 150-156, 2015.

[20] Zaidi, Z., Friderikos, V., and Imran, M.A., Future RAN architecture: SD-RAN through a general-purpose processing platform, *IEEE Vehicular Technology Magazine* , Vol. 10, No. 1, pp. 52-60, March 2015.

[21] Sundaresan, K., Arslan, M.Y., Singh, S., Rangarajan, S., and Krishnamurthy, S.V., FluidNet: A flexible cloud-based radio access network for small cells, paper presented at the 19th Annual International Conference on Mobile Computing & Networking, New York, NY, September 2013.

[22] ETSI, Network function virtualization: Use cases, White Paper, 2013.

[23] Hawilo, H., Shami, A., Mirahmadi, M., and Asal, R., NFV: State of the art, challenges, and implementation in next generation mobile networks (vEPC). *IEEE Network* , Vol. 28 No. 6, pp. 18-26, 2014.

[24] Condoluci, M., Sardis, F., and Mahmoodi, T., Softwarization and virtualization in 5G networks for smart cities, paper presented at the EAI International Conference on Cyber Physical Systems, IoT and Sensors Networks, Rome, Italy, October 2015.

[25] 3GPP, Network architecture. Technical Specification 23.002, 2015.

[26] Yang, C., Chen, Z., Xia, B., and Wang, J., When ICN meets C-RAN for HetNets: An SDN approach, *IEEE Communications Magazine* , Vol. 53, No. 11, pp. 118-125, November 2015.

[27] Farrington, N., Porter, G., Radhakrishnan, S., Bazzaz, H.H., Subramanya, V., Fainman, Y., Papen, G., and Vahdat, A., Helios: A hybrid electrical/optical switch architecture for modular data centers, paper presented at the ACM SIGCOMM, New York, NY, October 2010.

[28] Cloud Security Alliance, The notorious nine cloud computing top threats in 2013, White Paper, 2013.

第 7 章　C-RAN 中的 SDN

过去的 3～5 年，无线网络中超过 70%的流量数据来自室内，因此网络运营商们正逐渐关注小小区并以此来补充宏小区的覆盖。然而，在过去的 18～24 个月，运营商们，尤其是中国移动和 KT 电信，正致力于创建所谓的集中式 C-RAN。其中，小区中心只能是 RRH 单元，而所有小区的 BBU 共同放置在一个集中的位置上。C-RAN 主要是将射频(radio frequency，RF)和基带功能分离。RF 由紧凑型 RRH 处理，而集中式 BBU 将负责覆盖区域内的所有操作、配置和资源分配，其可以是一个数据中心，或者位于云中(这就是 C-RAN 也被称为云无线接入网的原因)。中国移动与英特尔合作，进行了一次详细的调研。研究表明，C-RAN 不仅能够确保不同小区之间的动态资源管理(取决于小区中的用户数量、流量负载、信道状况等实时因素)，而且能够带来许多其他优点，如节约资本支出和运营支出、增加资产利用率、节约能耗等。

尽管这样，C-RAN 的主要需求之一仍是集中式的控制器。考虑到如今网络结构十分复杂，网络元件一般来自不同的运营商，C-RAN 的趋势之一是通过软件来控制网络。从这点上，SDN 是一种新兴的网络架构，即利用软件应用来控制整个网络。

7.1　SDN 的需求背景

一般而言，在目前的无线网络中，所需功能的实现通常是由特定供应商的专有命令完成的。然而，网络中新特性的加入以及网络协议的增多，大大增加了网络的复杂度。在基于云的网络架构中，配置安全性的需求和服务质量策略变得越来越复杂，从而导致了在脚本语言技巧方面的大量投资以及配置变化的自动操作。而且，还需要投入大量的时间和能量去计算安全策略或者访问控制列表的错误输入行。此外，由于网络环境的异构性，LTE、Wi-Fi、小小区等和传统网络共存，从网络中移除某个应用将需要显著地改变配置和硬件格局。应该注意的是，最终，从海量的网络设备中移除与之相关的所有策略几乎是不可能的[1]。况且，为了衡量网络从而满足异构网络的需求，还需要对网络进行周期性的重新设计。

另一方面，SDN 能够克服网络架构中的局限性。如图 7.1 所示，SDN 的目标是将传统的网络流量分成三部分：数据、发送数据的形式和目标。这种架构最主要的思想是通过控制平面可直接编程来分解网络控制逻辑和底层硬件(交换机和路由器)。SDN 将允许用户通过使用应用编程接口来动态地管理海量的网络设备、业务、传输路径和

QoS 策略[2]，也将更好地实现流量管理，从而解决可扩展性、关键数据的传送、带宽需求的增加以及更快地提供网络服务等问题。SDN 的特点包括①通过单个命令来控制和管理大量的转发设备；②路由器和交换机的行为会随时变化；③网络资源的使用与其物理位置无关；④网络的规模可以动态改变；⑤通过优化网络设备的使用，提升网络性能；⑥能够快速处理网络故障；⑦用户可以根据需要动态地配置防火墙、负载均衡器、入侵检测系统和中间件。

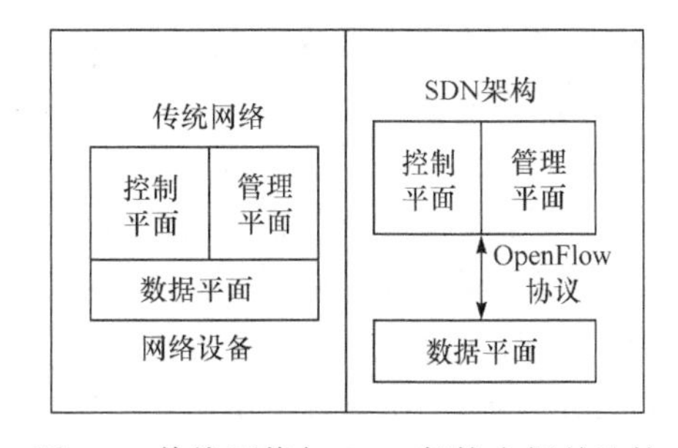

图 7.1　传统网络与 SDN 架构之间的比较

特别是在 5G 网络中使用 SDN 架构，克服了多跳无线网络的局限性，提供了先进的缓存技术，从而在网络边缘存储数据，并且使运营商有了更大的自由来平衡运营参数。

7.2　SDN 的体系架构

SDN 的体系架构由三层构成，即应用层、控制层和基础设施层，如图 7.2 所示[3,4]。所有定义网络行为的应用和服务都是应用层的一部分。网络的所有组成要素(硬件设备)位于基础设施层。SDN 的核心是控制层，即与基础结构层和应用层交互的软件。控制层作为逻辑开关主要承担控制作用，并且管理着整个网络。

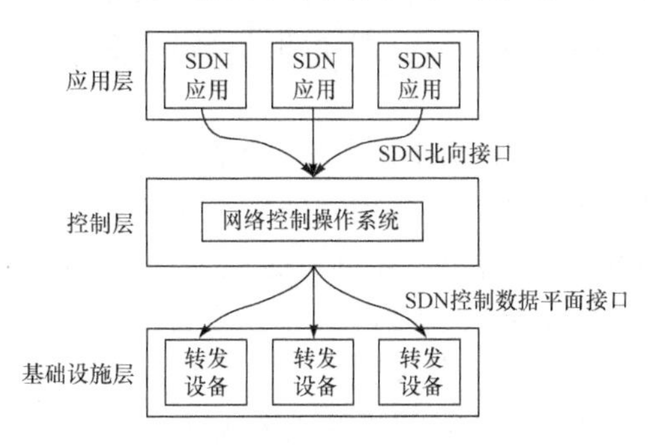

图 7.2　SDN 架构细节

7.2.1　基础设施层

与传统网络类似，SDN 架构中也包含了许多网络设备(路由器、交换机以及中间设备)，但是现在这些只是单纯的转发设备，换言之，是一些没有处理能力的哑设备。所有这些数据面设备的嵌入式软件都由集中式的控制逻辑代替，所有基于硬件或者软件的数据转发型设备和数据处理型设备都位于该层。数据面根据从控制器处收到的指令处理数据包(转发、丢弃、改变数据包等)。换句话说，数据面通常是控制器业务和应用程序的终止点。数据面设备也是一种转发设备，专用于数据包的转发，这些转发设备的工作原理是基于流程表的流水线过程。数据包的路径是由其所穿过的一系列流表所定义和处理的。数据包在到达转发设备之后，首先核对流表是否满足匹配规则，如果匹配，则在匹配的数据包上执行相应的行为，然后递增保持流表中匹配包统计信息的计数器；如果没有找到相应的匹配信息，该数据包将被丢弃。然而，为了避免这种情况发生，在流表中配置了一个默认规则，用来通知交换机将数据包发送回控制器。

根据流表规则，数据包上可能发生的行为包括：①转发数据包至输出端口；②封装并转发至控制器端；③丢弃数据包；④发送数据包至下一流表。

基础设施层还包括一种操作计划，用来管理网络设备的操作状态，如设备是否活跃、可用端口的数量、每个端口的状态等，它与一些网络设备资源有关，如端口、内存等。SDN 数据面设备和控制器之间是通过 SDN 控制-数据面接口进行通信的。OpenFlow 在 SDN 中被广泛接受，并且是标准的南向接口。此外，还有其他一些 API 协议，如转发和控制单元分离、OpenvSwitch 数据库、协议遗忘转发、OpFlex、OpenState、修订的 OpenFlow 库、硬件提取层，以及数据路径的可编程提取。

7.2.2 控制层

操作系统领域已经进入了一个开发应用程序变得更加容易的阶段，这使得系统寿命随着生产力的提高会越来越长。操作系统通过提供抽象(如高级程序 API)而不是特定设备的指令，来访问和管理底层资源(硬盘驱动器、网络适配器、CPU、内存等)，从而使机器更加灵活。此外，还会提供安全保护机制(防火墙)。与操作系统不同的是，传统网络仍然会为用户提供较低级别、特定设备的指令集来管理和配置网络设备。并且，提取设备特性和提供抽象接口的想法至今仍然比较匮乏。如今的网络最终会导致网络问题和复杂度持续增加。

通过提供逻辑上的集中式网络控制操作系统(NOS)，SDN 有望减轻解决网络问题的负担。NOS 的核心思想是为开发商提供抽象应用，从而使得控制网络设备的方式更加简单。此外，开发人员不再需要担心低级别的细节(路由元素间的数据分布)，这是由于系统通过减少创建新的网络协议和网络应用的复杂性，创造了一种新的环境，从而以更快的速度进行创新。NOS 在 SDN 架构中扮演着十分关键的角色，由于它是根据运营商所定义的策略来提供控制逻辑 API，从而生成网络配置的主要来源。NOS 提取出(关于连接、交互的)转发设备的低层细节并提供高级编程平台。SDN 控制器是逻辑集中式实体，具有以下特征。

(1) 将 SDN 应用层的需求转化为安装在数据面的指令，从而指定转发设备的行为。

(2) 决定将业务发送至何处。

(3) 以网络的抽象视角提供 SDN 应用程序。

例如，考虑一种路由应用程序，其目标是定义数据包从一点到另一点的路由路径。根据用户输入，SDN 集中式 NOS 必须确定使用的路径，同时在选定的路径中，给所有的转发设备设置各自的转发规则。特别是，NOS 故障(单点故障)会干扰到整个网络，而分布式控制器可以提高控制面的弹性和可扩展性。逻辑集中式和物理分布式控制器是克服这些缺点最好的解决方案。

很明显，应用层中的应用程序通过如 NetCore 这样的编程语言的北向接口与控制层顶部进行交互，控制层底部与数据面上的转发设备进行交互。网络控制应提供网络应用程序在构建其逻辑时所使用的所有功能，如统计信息、通知、设备管理、最小转发路径及安全机制，此外，也应该能够接收和转发一些事件。控制器比较棘手的任务之一就是保持业务和应用程序之间的安全机制。例如，由高优先级业务生成的规则不应该被低优先级的应用程序所创建的规则覆盖。同时，网络应用程序可以被视为“网络大脑”，实现那些将被转化为安装在数据面上的指令的控制逻辑，从而制定转发设备的行为。

7.2.3 应用层

最终，SDN 应用程序是通过北向接口与 SDN 控制器进行直接交流，从而确定网络需求的程序。另外，这些应用程序是以一种进行内部决策为目标的网络抽象视角所提供的。SDN 应用层包括 SDN 应用逻辑和北向接口驱动器。

7.3 SDN 的技术挑战

集中式 SDN 控制器在无线网络和数据库中提供了一整套的应用程序[2]，其中包括以下几点。

(1) 以需求为基础，无需人工干预的业务的动态带宽分配。

(2) 业务拥塞控制和不导致网络中断的故障业务的重新路由。

(3) 从供应商远端和复杂的拓扑维护中恢复和重新启动节点。

(4) 动态业务分析和操作处理。

(5) 单点配置是业务供应商希望能利用的巨大利益增长点。

然而，在企业级应用之前，SDN 仍然存在一些挑战，包括一些尚未解决的问题。例如，一旦输入分组的处理时间大于传统交换机的处理时延，或者不能提供最短的路由路径和良好的安全性，那么 SDN 的性能就会下降。由于这些原因，对 SDN 数据面和控制面进行研发投入十分必要，已经成为一个主要的研究挑战。本节将讨论在构建有效的 SDN 架构时需要考虑的技术层面的问题[5]。

7.3.1 可扩展性

除了设计连接控制面和数据面标准 API 的复杂度之外，还有可扩展性受限问题。当带宽、交换机数量、终端主机数量及流量增加时，控制器可能不会进行处理，所有的需求也会不断排入队列。现有的控制器能够处理对校园网络和企业网络足够多的请求，但对于拥有数以百万计虚拟机的数据中心呢？虚拟机数量的增加可能会造成控制器开销和流量受限，从而导致网络可扩展性受限。网络的性能取决于交换机资源和控制器的性能，流量的设置延迟和开销可能会对网络的可扩展性造成挑战。SDN 平台可能会导致网络业务的可见性受限，从而对于故障造成几乎不可能处理的问题。随着可见性的损失，故障处理受阻、可扩展性受限问题随之出现。为了最小化流量入口数量的增加，在网络核心中，控制器应该使用报头重写，流量入口将位于入口和出口的交换机处。

在可扩展性方面，通过启用虚拟机和站点之间的虚拟存储迁移，可以确保改进网络的可扩展性。解决可扩展性问题的另一个方案是建立分布式流量管理架构，这种架构可以扩展，从而满足大型网络的需求(大量的主机、流量和规则)。基于控制器的鲁棒网络 SDN 架构，有研究者提出了一种应对规模挑战的可行方案，由于安装在本地交换机中的虚拟 LAN 机制，该架构能够升级为大型网络。该方案可以从交换机或者链路故障中快速恢复，并且支持可扩展的网络，使用替代的多径路由技术，还能和任何网络拓扑共存，使用集中式的控制器来转发数据包。另一种解决方案 DevoFlow 将与每个流量设置相关控制器的成本降至最低，并减小了流量调度开销的影响，从而提高了网络性能和可扩展性。

7.3.2 可靠性

在传统网络中，如果一个或者多个设备发生故障，则可以通过附近可替代的节点发送网络业务来保持流量的连续性。然而，在集中式的控制器架构中，负责整个网络的只有一个中央控制器，一旦这个控制器发生故障，那么整个网络就有可能崩溃。因此应该开发新的网络技术来维持网络的可靠性。为了克服这一缺陷，有研究提出了一种分布式架构，其主要思想是在主控制器返回之前，由另一个备用控制器处理网络。

7.3.3 控制器配置

控制器配置问题影响着分离控制面的方方面面，从流量设置延迟到网络可靠性、误差处理及性能等。例如，传播时延过长会限制可用性和收敛时间，这对软件设计具有实际意义，影响控制器是否可以实时响应事件，或者是否必须提前将转发操作推送到转发元素。控制器配置问题涵盖了有关可用网络拓扑的控制器配置以及需要的控制器数量等问题。

7.3.4 控制器-应用接口

目前为止，还没有控制器和网络应用之间的交互标准。如果将控制器视为一种“网络操作系统”，那么必须有一个定义的接口，通过该接口，应用程序可以访问底层硬件，与其他应用程序交互并利用系统资源。在应用程序开发中，开发人员不了解关于控制器的任何实施细节，虽然存在多个控制器，但它们的应用接口仍然处于发展的早期，并且相互独立。

7.3.5 有效的资源管理

新兴的自组织网络扩展了基于基础结构网络的范围或处理了连接中断问题。因此，自组织网络可以实现各种新的应用，如基于云的服务、车辆通信、社区服务、医疗保健服务、应急响应和环境监测。通过无线接入网的高效数据传输将变得至关重要，自组织网络可能成为未来互联网中的一个普遍部分。

未来网络的一个主要挑战是资源的有效利用，这是由于可用的无线容量本质上是有限的，上述问题是由许多因素造成的，包括混合共享物理介质的使用、无线信道的衰落及管理基础设施的缺失等问题。

7.3.6 安全性

SDN 是一种开源技术，而许多用户不想把他们的网络暴露给潜在的黑客。由于 SDN 系统由网络管理员来处理，其根据需要通过软件来配置网络，因此可编程 SDN 体系结构需要智能安全模型。在体系结构中需要开发安全性，以便在共享基础设施的租户被完全隔离的情况下安全地保护控制器。一旦 SDN 受到了任何突然攻击，控制器要能够对用户发出警告，并且在受攻击期间限制控制通信。

7.4 SDN 的未来

物联网指的是所有的现实物体通过互联网连接，许多智能设备和管理平台相互连接从而确保围绕在人们周围的是一个“智能世界”。从家庭自动化和智能制造到智能公用计量器、医疗保健和智慧农业，世界正在变得越来越超链接。这一设想需要一种新的技术来管理设备，保护、存储、分类和分析由这些设备不断产生的数据，并且传递出即时的处理结果。SDN 是一项能够解决这些需求，具有发展前景并且易于实施的方案。例如，电子商务就是一种运行在互联网上并且拥有数以百万计消费者的产业模式。来自某个消费者智能手机上的信息/数据，如对于产品(拍照片、上网等)响应的监测可以用来发布指定的报价，从而鼓励即时销售。SDN 不仅可以用于集中式网络，而且在管理纷繁复杂的数据、更快的分析、提供严格的安全性以缓解隐私问题方面具有巨大的优势。无线端的 C-RAN 架构可以用于更便捷的基础设施部署和网络管理。未来，通过构建虚拟的 RAN，可以将 SDN 的设想应用于这一架构，这将有助于业务管理和动态环境的创建[6]。

通过使用预定义的即插即用策略，SDN 将允许快速且容易地添加新型的物联网传感器。通过从它们运行的硬件中提取网络服务，SDN 将允许自动创建基于策略的虚拟负载均衡器以及各种业务类型的服务质量。重要的是，当不再需要这些均衡器时，通过重新利用网络基础设施，添加和移除资源的便捷性能够减小物联网实验的成本和风险。此外，通过提高网络边缘处网络业务的可见性，SDN 能够应对安全威胁。同时，也使得应用自动策略重新定向可疑业务变得更加容易。此外，通过集中配置和管理，SDN 将使 IT 部门能够有效地对网络进行编程，以实现有关业务流量的自动、实时决策。最后，SDN 不仅可以分析传感器数据，也可以分析网络附近的安全状况，还可以用来防止业务堵塞和安全风险。网络的集中配置和管理，以及网络设备的提取将使得管理运行在 IoT 边缘的应用变得更加容易[7]。

SDN 在成为首选和可部署的机制之前，仍然有许多挑战需要克服。第一，由于这是一项开源技术，因此在被用户和运营商接受之前，安全性将是首先需要解决的问题；第二，当前的网络管理策略只包含单个设备或单路径焦点。运营商对网络管理器的关注仅仅在于 SDN 是如何帮助或破坏网络的，然而在现实应用中，SDN 的范围要广泛得多，在用户接受 SDN 技术之前还有许多工作要做[8]。

7.5 结　论

本章首先介绍了 SDN 的需求，然后简要地解释了最新的 SDN 研究示例，并与传统网络进行了比较。此外，根据由下而上的方法，对 SDN 体系架构进行了深入论述，其中主要包括①基础设施层；②控制层；③应用层。随后阐述了 SDN 目前所面临的挑战。最后，SDN 的成熟和发展还需要更多的时间，电信行业也需要更多的时间去同步应对网络需求的设备。

参考文献

[1] F. Alam, I. Katib and A.S. Alzahrani, New networking era: Software defined networking, *International Journal of Advanced Research in Computer Science and Software Engineering*, Vol. 3, No. 11, pp. 349-353, November 2013.

[2] Open Networking Foundation. Software-defined networking definition, https://www.opennetworking.org/sdn-resources/sdn-definition.(Accessed: 14 July, 2016.)

[3] D. Kreutz, M.V.R. Fernando, P. Verissimo, C.E. Rothenberg, S. Azodolmolky and S. Uhlig, Software-defined networking: A comprehensive survey, *Proceedings of IEEE*, Vol. 3, No. 1, pp. 14-76, January 2015.

[4] SDxCentral, SDN & NFV use cases defined, https://www.sdxcentral.com/sdn-nfv-use-cases/. (Accessed: 21 July, 2016.)

[5] M. Jammal, T. Singh, A. Shami, R. Asal and Y. Li, Software defined networking: State of the art and research challenges, *Computer Networks*, Vol. 72, pp. 74-98, 2014.

[6] Y. Chenchen, Z. Chen, B. Xia and J. Wang, When ICN meets C-RAN for HetNets: An SDN approach, *Proceedings of IEEE*, Vol. 53, No. 11, pp. 118-125, November 2015.

[7] Network World, Software-defined networking will be a critical enabler of the Internet of things, http://www.networkworld.com/article/2932276/sdn/software-defined-networking-will-be-a-critical- enabler-of-the-internet-of-things.html.(Accessed:20 July, 2016.)

[8] Network World, SDN vital to IoT, http://www.networkworld.com/article/2601926/sdn/sdn-vital-to-iot.html. (Accessed: 20 July, 2016.)

第 8 章　SDN 中的移动性管理——一个实例描述

8.1　SDN 概述

近年来，移动数据通信的需求急剧增长。根据最新的思科视觉网络指数更新数据[1]，全球移动数据流量在 2014 年增长了 69%，并且在 2014 年底达到每月 2.5EB，这个数字到 2019 年增长约 10 倍，即达到每月 24.3EB，并且到 2019 年复合增长率 CAGR 为 57%。

上述移动数据的需求来自各种新涌现出的市场趋势，如智能移动设备的使用量增加、蜂窝网络的快速发展、移动视频的使用次数增多及移动物联网的使用。近几年，智能设备市场不断地推出新类型的设备。平板电脑已经在笔记本电脑使用中占领主导地位，但是随着大屏幕智能手机和轻便型笔记本电脑的推出，笔记本电脑的发展速度急剧下降。大屏幕智能手机和轻便型笔记本电脑虽然与笔记本电脑的形式类似，但其更适合移动办公和生活。而且所有这些设备都配备了便于多媒体处理的计算能力，并且采用最新蜂窝技术的高速网络连接功能。在无线通信中，从 2G 到 3G、4G 到 LTE 的下一代蜂窝网络正在快速发展。以前，向 3G 的过渡推动了移动数据的广泛使用。在移动多媒体服务中，随着更快、更高带宽服务的普及，简单的语音呼叫更受欢迎，如 OTT 内容、网络电话协议或视频通话。近期，由于采用基于云计算的数据和计算服务的流行，移动访问已经成为主要的服务交付方式。然而，目前的移动网络已经远远地超过 3G 和 3.5G 网络的容量，并且推动网络向更快、无处不在的 4G 或者 LTE 移动网络过渡。智能设备与高速连接相结合将传统的 IT 环境从网络中心化转变为服务和用户中心化。而且在网络中，移动用户创建和使用的视频内容占移动数据传输量的绝大多数比例。最后，物联网的广泛普及和快速发展与大数据分析地结合将产生数十亿的智能设备，如传感器、车辆、监控摄像机等，它们利用基于云处理的服务实现无线连接并为移动网络增加大量的数据。

移动数据的海量数据需求促使移动网络运营商寻找新的改革方法，以此来满足下一代移动(5G)网络的新性能指标。例如，连接设备的数量、带宽、低时延，除此以外，还有其他几个指标。移动网络越来越重视服务和用户，因此，网络运营商及网络所有者需要提供无处不在的连接，并且根据网络基础设施的创建收入实行差异化服务。为了满足前文提到的未来移动数据需求，这里有三个主要的解决问题：更多的小区站点、更大的频谱效率和更高的频谱。虽然增加频谱可以带来更多的即时带宽，但是鉴于频谱的稀缺性，频谱的许可成本很高。此外，如果将毫米波或可见光用作无线通信，则需要新的收发器，这将导致终端用户设备和网络基础设施的大量变化。相比之下，另外两种解决方案直接解决了当前移动网络由于单一基础设施缺乏灵活性所致的局限性。包括小小区在内的新小区部署以及提高频谱效率的利用都促使人们重新思考移动网络基础设施；用户移动性和直接的设备到设备通信是网络设计的重要要求；网络容量的增加可以通过将移动数据卸载到 Wi-Fi 或基于未授权频谱的其他技术来实现。另外，小小区之间的操作能够改进频率重复利用和网络密度。这些方法需要灵活地结合移动网络架构以及不同网段的全球管理和编制，特别是无线接入网。

移动网络的重新设计受益于云计算和网络虚拟化技术的最新进展。云服务的设计已成为提供者实现降低大量成本的关键方法,而这些方法是由云运营模式的优势实现：按需、多租户、灵活性和实时测量。虽然越来越多的应用服务被部署在大量集中的数据中心中，但由于移动网络基础设施分布在不同的网段上，且每个网段都由专用硬件设备和特定网络协议组成。这就导致了移动网络的高运营和高成本，并且缺乏对波动用户需求的敏感性。如上所述，尽管目前的网络虚拟化技术(如虚拟 LAN、隧道和分组标记等技术)具有扁平化的效果，但是，目前的移动网络仍然主要依赖于需要手动配置几千个参数的硬件设备和复杂的网络管理方式。因此，为了实现移动网络基于云的操作模型，需要更灵活的虚拟化网络体系结构。

SDN[2]是一种新兴的网络虚拟化模式，而且具有将新设计用于云网络的巨大潜力。这种模式不同于当前的网络技术，它的网络设备转发行为必须直接配置在网络设备的控制和管理软件中。SDN 的概念是网络控制和分组转发的分离，或者控制平面和数据平面的分离。网络控制和管理由逻辑集中式控制器来实现，而该控制器在路由器中配置分组转发功能，以在数据平面中创建分组流。流是根据规则通过路由器转发的分组，控制器将这些转发规则设置在路由器的流表中，这些流表适用于具有明确匹配模式的分组。该分离实现了对网络设备灵活、专属的控制，同时还保持了网络设备以线性速度实现分组转发的能力。图 8.1 所示为 SDN 控制器的逻辑体系结构，该控制器与上层应用层(北向)和下层设备层(南向)进行交互。北向接口允许使用面向服务的集成协议将控制器逻辑集成到应用程序的上下文中。南向接口和开放标准独立于提供商协议，使 SDN 控制器能够与各种网络设备协同工作。由于这种架构，SDN 控制器也被称为网络操作系统，其控制逻辑是从低级硬件设备中抽象出来的。OpenFlow[3]是一种南向协议，它允许控制器将流规则写入设备的流表，并从这些设备收集统计数据。全局网络状态的实时监控数据与网络应用共享，以便于整体配置和优化网络。

通过实施控制来方便对数据平面设备的管理,OpenFlow 协议允许控制智能逻辑集中在控制平面中。逻辑集中化则意味着数据平面设备在部署物理网络控制基础设施时是自由的。通过部署多个 SDN 控制器，以便利用冗余来保证可靠性，并通过扩展硬件或虚拟化计算资源来实现可扩展性。OpenFlow 协议以转发操作的形式指定控制逻辑的表达，并将交换机应用于定义为流的分组中，根据其第 2 层至第 4 层的报头字段，分组与某些流匹配。操作和匹配是流条目的重要组成部分，它们被写入网络设备的流表中，并由控制器使用协议定义的方法进行管理。流匹配的示例是检查传输控制协议分组的源/目的地 IP 地址、入/出分组的媒体访问控制地址或具有特定多协议标签交换/VLAN 标记的分组。操作的示例是将分组转发到特定端口或控制器，修改分组报头，或者在不同表上应用某些流条目。

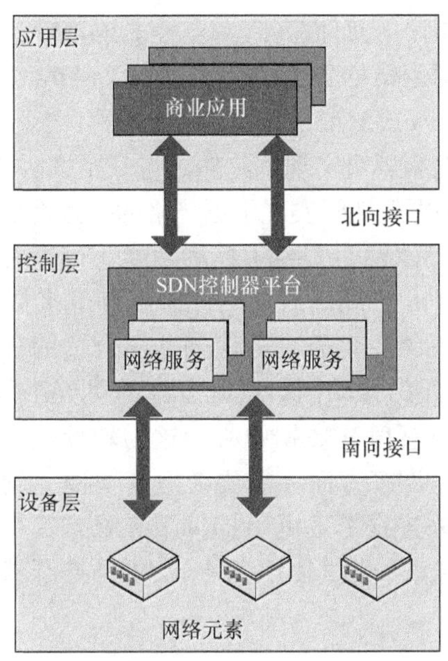

图 8.1　SDN 架构概述[3]

流条目可以由控制器以主动或被动的方式发送到网络设备。前者适用于在转发设备接收特定流的分组之前定义流条目；后者适用于在没有匹配的流表条目的情况下，交换机仍然可以接收新的流分组。当未知分组将被发送到控制器时，需要进行下一步检查，并为流创建新的匹配和操作。一旦新的流条目被反应性地添加到交换机的流表中时，就可以在没有控制器干预的情况下处理流的后续分组。

SDN 在实现灵活的虚拟化网络基础架构方面有几个优点，其中一些比较突出的优点如下。

(1) 全球化的网络视图：SDN 提供了整个网络的集中视图，显示为高级策略的单个逻辑交换机，从而实现更简单、更高效的网络管理形式[4]。

(2) 灵活性和可编程性：SDN 有助于解决网络策略定义与其实施之间产生的问题，这是预想网络灵活性的基本要素。解耦合逻辑集中控制平面为修改网络策略提供了更简单的环境，而不是依赖于由交换机实现的硬编码协议和控制逻辑，网络控制逻辑可以通过高级语言轻松实现/调整软件组件。负载均衡、移动性管理、路径计算和流量优先级划分则是 SDN 应用程序的一些示例。

(3) 降低成本支出：对于亚马孙、谷歌等云提供商，他们使用相同提供商的交换机/路由器来部署网络，以简化其重新配置和路由。SDN 具有统一控制功能，可以重新制定更快的策略、网络重新配置和资源分配。此外，SDN 还可以通过创建虚拟流分片以简化云服务消费者的生活。例如，OpenFlow 协议使消费者能够在不了解物理网络基础设施的情况下创建网络切片[5]。

(4) 跨租户资源优化：SDN 的概念非常适合保证在类似基于云数据中心的应用中，实现对专属租户的流量优化，从而提高跨站点性能隔离[5]。

(5) 简化实现：将控制逻辑抽象为集中控制后，SDN 为网络管理员提供了复杂的应用接口，以使用 C++、Java 或 Python 等高级编程语言实现网络控制逻辑。利用网络仿真可以简单地测试和调试控制逻辑实现。此外，与分布式协议相比，集中式控制简化控制逻辑的验证，并且在网络更新期间实现了更严格的一致性概念(严格与最终一致性)。

(6) 提高性能：SDN 在软件中实现了控制功能，可以遵循被动或主动的网络管理方式。此外，在主动方式中，可以引入网络控制和管理来提升性能。SDN 提供的全球网络视图则为建模和开发网络主动管理方法创造了合适的环境。

SDN 技术是未来基于云的移动网络基础设施的重要手段，其中的控制功能及转发功能都可以在软件中实现并托管在数据中心，这为软件化网络开辟了一种新方法，即 NFV[6]。但是，移动网络的许多方面都需要考虑其架构。例如，利用异构小小区的部署来为具有高移动性的未来连接车辆网络提供服务就是其中之一。在本章后续的内容中，将提出了一个大胆的想法，尝试使用目前的 SDN 控制器所提供的工具来解决这些需求。

8.2　SDN 控制器介绍

基于 SDN 的研究已经迅速成为可编程流概念的证明[7]，这种概念在网络设备提供商，目前寻求复杂网络部署替代方案的云网络运营商以及寻求未来网络设计的研究人员中越来越受欢迎。但是，由于缺乏相应的控制器，SDN 的受欢迎程度遇到了一定阻碍，这是由于控制器提供了深度研究基于 SDN 的解决方案所需的功能。通过模拟和仿真研究 SDN 与其他网络技术的差异，发现在 SDN 中，控制平面和转发平面的分离在它们之间引起了额外的延迟，尤其是在被动场景中。因此，SDN 性能的研究需要研究 SDN 控制器和控制平面网络信道的真实实验。然而，一开始，研究人员就缺乏研究未来网络所需的多种特征资源。此外，业界也已经付出了巨大努力，开发了大量专门的开源 SDN 控制器。但是，这些功能的实现需要先研究针对提供现有网络设备的功能替代的特征。为了在未来网络中更深入的研究 SDN，人们开始寻找合适的控制器平台，用于实现和实验新的未来网络场景。

在文献中，研究人员提出了各种 SDN 控制器的几种比较方式[8-10]，这些文献讨论了评估控制器的许多方面，如架构特性、效率和适用的用例。鉴于 SDN 控制器具有广泛的应用范围，讨论其所有的可能特征和目的非常具有挑战性。但是，这些文献提供了控制器架构特征的通用视图，如北向和南向接口、控制器 OS，以及它们的功能评估、性能、安全性和可靠性。文献[9]基于以下标准对控制器(POX、Ryu、Trema、Floodlight、OpenDaylight)进行了完善，主要标准包含传输层安全性支持、网络仿真、开源、支持的接口、图形用户界面、文档、编程语言和对 OpenStack 网络的支持等。虽然前三个标准是强制性的，但其余的不同标准更适合利用层次分析法来实现动态加权。与突出的分析方法相比，文献[8]的作者使用基准工具“hcprobe”来评估流行控制器(NOX、POX、Beacon、Floodlight、OpenMUL、Maestro、Ryu)，利用真实的测试台来为控制平面通道测量，包括性能参数(吞吐量、延迟)、安全性(格式错误的消息)和可靠性。尽管大多数比较工作提供了目前流行的 SDN 控制器的详细视图，但大部分研究都没有讨论它们在更广泛的基于 SDN 的网络解决方案中的适用性。相反，性能和安全性方面的评估仅对选择用于部署目前网络操作的网络控制器有帮助。

8.2.1　未来网络中的 SDN 控制器

目前的研究主要关注 SDN 控制器在未来网络解决方案中的适用性及其支持实验开发的能力。图 8.2 描绘了未来移动网络架构，其中各种基于 SDN 的用例被认为是取代不灵活的网络段来实现高效基于流的移动网络的有效措施。以下关于未来网络组件的讨论旨在确定 SDN 控制器所需的特征,这些功能可作为其在未来网络解决方案中应用的重要选择标准。

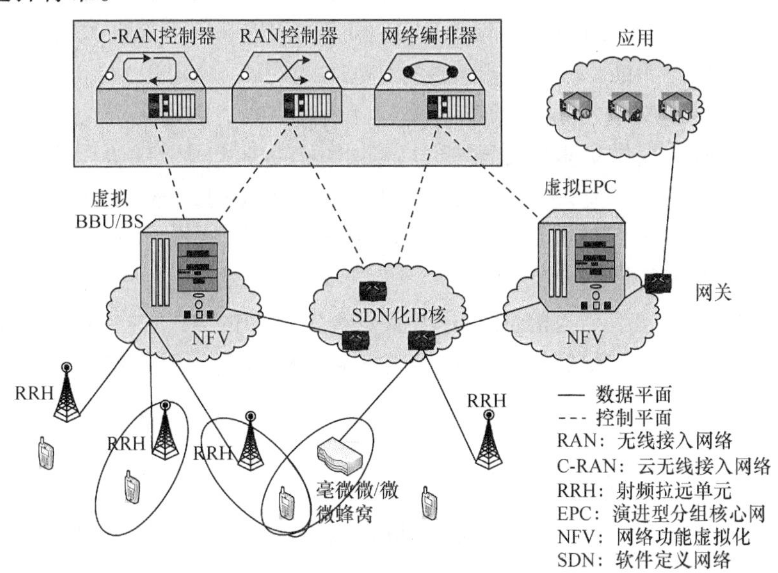

图 8.2　未来移动网络架构

1. SDN 架构

未来对网络高性能和高效率的要求将网络引向大规模灵活的架构。组件网络

(RAN、前端/回程、核心、边缘网络)主要通过软件过程实现部署和维护。可编程性允许组件网络的快速组合以及网络功能的编排能力、可移植性和可扩展性。抽象的网络服务和控制接口允许共同管理应用服务和网络生命周期，从而实现更好的资源利用、降低成本和新服务模型。灵活网络的关键支持技术是 NFV、SDN 和云计算。NFV 允许将网络资源切片并授予多个租户。基于软件的网络功能从专用硬件设备中删除，并以托管在云平台上的软件组合形式实现。SDN 将控制逻辑与数据平面分离，允许将数据平面组件放入可组合元素池中。通过在各种基于云的网络资源上组合和实施策略，全局管理服务可以执行网络基础结构和服务的动态部署。

2. C-RAN

部署小小区 RAN 是移动无线网络成本的有效扩展手段之一。覆盖范围小且支持异构网络(Het Net)的基站使更密集的网络具有更高的吞吐量，并将吞吐量扩展到室内环境，如全球移动通信系统、码分多址、通用移动电信系统/高速分组接入、LTE、LTE-A 和 Wi-Fi。但是，小小区 RAN 的功能受到干扰信号、移动性管理和大量小区维护的影响。C-RAN 架构是一种克服小小区 RAN 问题的创新方法。这种架构将来自 RRH 的 BBU 分开，后者被配置在当前网络体系结构中。长距离和低延迟前传网络的发展使得这种分离成为可能。通用公共射频接口或开放式基站架构同盟协议通过有线(光纤、以太网、WDM)或无线(微波)的网络提供 RRH 和 BBU 之间的连接，允许 BBUs 的集中部署以实现信号处理功能。

C-RAN 集中架构的优点是多重的。除了上述优点外，它还可以使用先进的干扰控制技术为中央 BBUs 提供更多的处理能力，如增强的小区间干扰协调，以及载波聚合和多点协作的资源共享。此外，借助 SDN 和 NFV 的应用，还可以在虚拟 BBU 池中虚拟化 BBU 功能，从而提供了软件可定义的资源分配、移动性和干扰管理方式，以及云服务模型的可扩展性。

以前的单层网络体系结构的元素分离需要逻辑集中的 RAN 控制实体，如图 8.2 中的 C-RAN 部分所示。控制器管理元素的服务和操作方面，如策略、访问控制、监视和数据流，在前程、回程和核心网络中，将这些元素和服务连接起来。

3. 软件定义云网络

术语软件定义云网络(softure defined cloud network，SDCN)将虚拟化的概念扩展到网络资源。这种网络抽象概念允许单独控制网络资源的逻辑匹配和物理管理，这为网络的自动编排奠定了基础。SDCN 具备所有允许软件管理云环境的能力，该概念的具体用途是软件定义的数据中心，其中所有基础结构元素(如存储器、处理器、网络等)都被虚拟化并作为服务递送。由于网络是虚拟化和高效协调的，服务提供商能够满足不同租户、用户、应用程序和设备的需求。预计在未来数据中心中，大量虚拟化服务的复杂管理将由软件化控制组件执行，这些组件基本是由部署、供应、配置过程等的软件实现。基于云的数据中心是由大量的物理服务器和连接这些服务器的交换机组成的。而且每台服务器还承载了多个虚拟机，这些虚拟机可能属于不同的用户，其实际是联网的，可以在必要时(重新)配置。很显然，随着用户数量的增加，网络管理的复杂性也随之增加，因此网络无法再通过手动或传统的配置方法进行管理，使得 SDN 概念变得有用，应该满足以下要求。

(1) 满足新的/适合用户的需求动态配置网络。

(2) 确保用户和服务提供商的服务质量。

(3) 有效支持移动用户。

(4) 启用动态利益相关者关系。

(5) 实施高效的流量工程解决方案。

(6) 提供恢复性和可靠性。

8.2.2　SDN 控制器比较

在上述的未来网络愿景中，SDN 控制器在网络架构的设计和实现中发挥着核心作用。未来的网络解决方案建立在新兴的技术和概念之上。其中，有许多方案正在进行研究或试验。解决方案组件的原型还依赖于在研究具体问题时开发的工具和软件。因此，这些解决方案的原型不能在实际操作情况下进行测试。而 SDN 能够灵活地创建虚拟网络，以便在生产网络基础架构上进行测试和试验。解决方案原型的构建具有运行系统所需的多种功能，这一点非常重要，使得相应的解决方案能够在高效基础设施中迅速形成。本节已经评估了一些流行的 SDN 控制器，以确定它们是否可以用于选定未来网络使用案例开发网络的解决方案。其中，重要的标准如下。

(1) 南向插件：支持传统和未来的网络协议。

(2) 应用程序编排：支持与其他网络应用程序的相互操作，如灵活标准化的应用程序集成、协议和方法。

(3) 可扩展性：水平缩放(协议、设计)的能力和支持。

(4) 编程语言：可使用多种编程语言开发的组件和工具。

(5) 软件框架：基于模块和可管理的软件框架开发。

(6) 云支持：与云计算平台集成的功能。

(7) 策略执行：支持基于策略的网络控制。

(8) 虚拟网络覆盖：支持网络覆盖和多租户配置。

根据给定的要求和结果，表 8.1 评估了一些 SDN 控制器的性能。选定标准的支持力度用星号表示，并且支持力度不得超过三颗星。

表 8.1　SDN 控制器比较

控制器类型	OpenDaylight	Floodlight	Beacon	Trema	Ryu	POX
南向插件	***	*	*	*	**	*
应用程序编排	***	**	—	—	—	—
可扩展性	***	—	—	—	—	—
编程语言	***	**	**	**	**	**
软件框架	***	—	**	—	—	—
云支持	***	***	—	—	***	—
政策执行	***	**	*	—	—	—
虚拟网络覆盖	***	*	—	***	***	***

8.3　由内及外的 OpenDaylight 控制器

OpenDaylight(ODL)控制器由一组协议和应用程序组成，将它们打包在一起以提供预期的控制功能。从程序员的角度，OpenDaylight 的组件由名为 Karaf 的轻量级开放服务网关计划(open service gateway initiative，OSGI)容器管理，该容器基本用于实现完整和动态组件模型的 Java 编程语言的服务平台。因此，它可以远程安装、启动、停止、更新和卸载以捆绑形式部署的应用程序或组件，而无需重新启动。Java 软件包/类的管理是非常详细的，应用程序的生命周期管理是通过应用程序编程接口实现，这些接口允许远程下载管理策略。服务注册表允许捆绑包检测新服务的添加或删除，并相应地进行调整。基于 Karaf 的构建使 OpenDaylight 具有模块化、灵活性和高度可扩展性的框架。

8.3.1　OpenDaylight 术语

在 OSGI 体系结构的基础上，每个 OpenDaylight 组件可以打包为一个独立的包。它们共同实现了 SDN 架构的不同模块，如南向接口、北向接口和控制逻辑。在由 Karaf 管理的同时，这些组件需要共同创建一个完整的 SDN 控制系统。为此，OpenDaylight 控制器实现了一个称为服务抽象层(SAL)的中间插件，它可以实现组件之间的通信和协作。因此，OpenDaylight 控制器成为一个框架，它允许将某个组件的不同版本或新功能插入到控制应用程序中。由于在 OpenDaylight 应用程序开始开发时，这些概念可能会引起混淆，在下文中，给出了 OpenDaylight 框架概念的简短介绍。

1. Karaf 分布

Apache Karaf 是一个轻量级的 OSGI 容器。它是 OpenDaylight 作为控制器产品的主要包装和分发方法。Karaf 是 OpenDaylight 控制器组件的应用程序平台，类似于一些流行的模块化 Web 应用程序容器，它托管 Web 应用程序的前端、后端以及数据库交互的 Java 实现。在讨论软件包和组件时，本节使用 Karaf 代替 OpenDaylight 控制器。

2. 捆绑包和特征

控制器功能的实现被编译和打包成一个称为捆绑包的模块化 Java 包，以便由 Karaf 管理。在 Karaf 容器内部，不管它们是否实现用户界面、OpenFlow 协议、应用程序逻辑等，所有代码包都被视为捆绑包。特征是与 Karaf 有关的另一个定义，是一个捆绑包的集合，它的组合代码具有一种特殊功能，当它们被加载时，特征的使用表明它们实现的功能被添加到控制器中。例如，OpenFlow 插件特征包括 OpenFlow 协议实现包、流规则管理器包和实现远程过程调用的捆绑包等。

SAL 是 OpenDaylight 框架的中间插件，并且可以在 SDN 控制器的组件之间松散耦合，同时保持其功能的一致性。

3. 插件和服务

OpenDaylight 组件通过 SAL 这个中间插件进行通信，使 OpenDaylight 组件的捆绑包是 SAL 的插件，每个插件实现控制器的某个功能，也称其为服务，这些服务通过 SAL 交换数据。服务可以分为两种类型。如果某个服务需要来自另一个服务的数据，则称为消费者服务，其对应部分为提供者服务。

8.3.2　OpenDaylight 控制器

OpenDaylight 是构建模块化、可拓展、多协议 SDN 控制器的开源平台。它通过在软件模块之间提供具有灵活配置和数据交换机制的抽象层，支持各种协议、应用程序和网络服务的独立开发。OpenDaylight 平台构建的通用和专用网络解决方案具有可重复使用和兼容的解决方案组件。OpenDaylight 作为支持组件项目之间的分离和互相操作的开源平台，具有巨大的发展潜力和社区贡献。因此，OpenDaylight 已经成为一个具有快速发展特点的生态系统。图 8.3 显示了该控制器平台上可用的网络应用程序和服务的多样性。参考 SDN 控制器的架构，OpenDaylight 的软件模块可以分为三组：①北向应用程序和服务；②控制器平台服务；③南向的插件和协议。

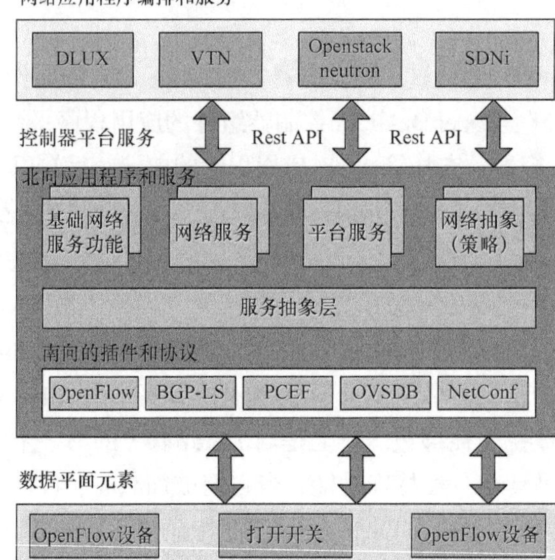

图 8.3　OpenDaylight 控制器平台

1. OpenDaylight 协议插件

OpenDaylight 协议插件对于控制器配置数据平面元素和获取有关网络状态的信息至关重要。协议插件是独立的可插拔模块，可为其他组件和网络应用程序提供网络智能化。特定提供者网络元素的标准和协议可以实现插件功能，它将 OpenDaylight 网络应用服务扩展到异构网络基础架构上。除了标准协议插件，其他协议对新协议的支持也得到了很快地发展，如简单网络管理协议、定位器/标识符分离协议或边界网关协议。OpenFlow 插件为不断发展的 OpenFlow 协议提供支持。OpenFlow 协议是基于流交换机的开放标准协议，它最主要的功能是支持多种版本的协议，这使得 OpenDaylight 成为生产和测试基础架构的控制器和集成平台。OVSDB 插件通过基于数据库管理协议为这些交换机上的流表提供数据存储操作，从而实现与 OpenFlow 交换机的通信。OVSDB 插件被开发并用于为 OpenStack 云服务组件提供切换状态，这使 OpenDaylight 能够控制 OpenStack 虚拟网络。

2. OpenDaylight 控制器平台服务

OpenDaylight 控制器平台由网络控制功能组成，这些功能由服务插件实现，并通过北向接口公开，该接口是应用程序可用于管理其网络基础结构的一组(REST)API 和服务。协议插件形成南向接口，而且控制功能可以通过该接口与低层基础架构进行交互。控制器平台服务主要实现两个功能：基本网络服务功能和其他特定解决方案的服务功能。

基础网络服务功能提供平台服务和特定网络的功能，这些功能被设计成复杂网络服务的通用模块。一些最常用的功能(也可以被用于实现过程)描述如下。

(1) 拓扑管理器存储和处理有关网络管理的设备信息。在数据存储中，拓扑管理器维护网络设备的状态及其互连，还利用南向插件和其他服务通知网络更改，以便于更新数据存储。

(2) 统计管理器实现统计信息的收集，它向所有被管理的交换机发送统计请求，并将统计报告存储在数据存储区中。统计管理器还公开北向 API 以提供关于交换机端口、流量、计量表、表格、统计表等的信息。

(3) 交换机管理器提供网络节点(交换机)和节点连接器(交换机端口)的详细信息。已发现网络组件的信息由交换机管理器在数据中进行管理，还为北向 API 提供了获取有关发现节点和端口设备的信息。

(4) 转发规则管理器管理基本的 OpenFlow 转发规则，解决冲突并验证。它与南向(OpenFlow)插件进行通信，并将 OpenFlow 规则加载到被管理的交换机中。

(5) 库存管理器查询和更新由 OpenDaylight 管理的交换机和端口的信息，确保库存数据库的准确性和实时性。为了通知数据存储区中其他服务的变化，库存管理器还管理通知消息。

(6) 主机跟踪器由 12 个交换机项目提供，实现了 12 个开关逻辑。主机跟踪器存储相关终端主机的信息(数据层地址、交换机类型、端口类型和网络地址)，并提供检索终端节点信息的 API，而且还依靠地址解析协议来跟踪主机的位置。

其他特定解决方案的服务功能也被放置在控制器平台中，它们向北向接口提供特定于应用程序的 API，并利用南向接口的网络信息。然而，这些服务相互作用并依赖于基本网络功能来完成常见的网络操作，并以更智能的方式实现控制逻辑，从而应用于基础设施。例如，VTN 管理器、OVSDB Neutron 提供虚拟网络和 OpenStack 应用程序所需的特定 API。

3. OpenDaylight 网络应用软件和编排

OpenDaylight 使用 REST 配置来自动生成表示状态传输 API。REST 是一种基于 HTTP 的资源查询协议，广泛用于 Web 服务的集成，其有助于消除 OpenDaylight 应用软件与外部应用软件集成所需的东西向接口，从而形成更简单且模块化的控制器平台。应用程序集成和编排是通过网络应用程序层处理的。

8.3.3　OpenDaylight 软件框架

图 8.4 从软件开发的角度给出了 OpenDaylight 平台的不同视图。其中，服务组合是软件框架的核心角色。

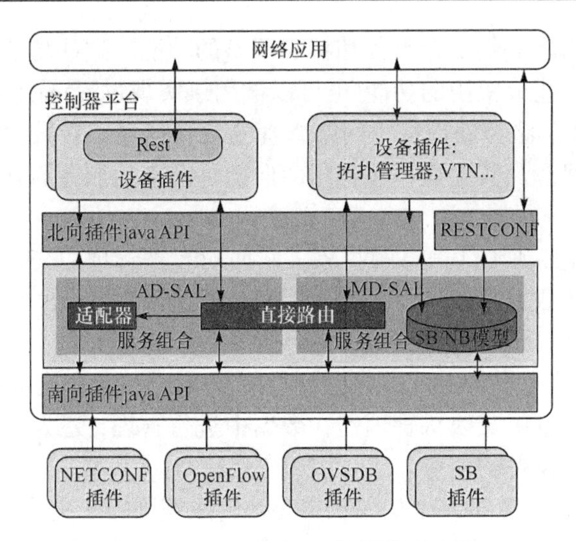

图 8.4 OpenDaylight 控制器平台[11]

1. 北向服务：消费者插件

软件设计人员使用术语来代替功能实现或控制器的组件，如北向和南向。网络应用程序、业务流程、服务和用户界面的实现是业务特有的，它们被放置在软件抽象层(SAL)以上，属于核心控制器服务、功能和扩展的捆绑包也被放置在这里。在 OpenDaylight 框架中，消费者插件和提供者插件之间有所区别。消费者插件向 SAL 注册，以便在系统状态发生变化时接收通知消息。例如，当分组从交换机发送到控制器时会创建一个消息。消费者插件可能更希望改变网络元件的状态，他们要求 SAL 根据目的要求返回适当的 RPC 实现。因此，消费者插件通常使用北向捆绑。

2. 南向协议：提供者插件

实现协议和提供者插件允许控制器在数据平面中与硬件相连接。提供者插件是网络信息的提供者，也是控制网络设备的指令载体。数据平面上的操作以 RPC 的形式实现。插件向 SAL 注册它们的 RPC，以便来自消费者插件的 RPC 的请求被路由到适当的 RPC 来实现。在模型驱动的 SAL(MD-SAL)中，它不仅提供程序插件，还向 SAL 注册以在 MD-SAL 内部数据存储上运行，而 SAL 用于维护控制器和网络元件的状态，并且对于该数据存储的修改会触发 SAL 向其他插件发送通知事件。

3. SAL

SAL 是 OpenDaylight 和其他以 OpenFlow 为中心的控制器平台之间的主要区别，它被认为是一种在 OpenDaylight 中简化界面开发的尝试。SAL 的抽象用于统一控制器的北向和南向 API。因此，可以使用不同的数据结构，并且可以使用各种编程语言编写北向服务。SAR 还支持南向 API 上的多种协议，并为模块和应用程序提供一致化的服务。

SAL 使 OpenDaylight 成为网络应用程序的编程框架，它通过自己的中间插件扩展了 OSGI 框架，并且该中间插件提供了 OpenDaylight 软件包之间的通信和协调机制。SAL 将数据提供的捆绑包与消费数据捆绑在一起，因此，它基本上是插件之间的数据交换和适配机制。

4. 模型驱动的网络可编程性

生产中的网络基础设备是由大量转发元件组成，虽然可以手动或使用特定的协议来管理和配置设备，但是这样极大地限制了设备的自动化和动态重新配置。而 SDN 和 OpenFlow 使用编程方式和标准来解决这些限制。但是，这需要网络控制器管理设备配置状态的能力。

在网络领域中，人们越来越喜欢采用模型驱动方法来描述网络设备、服务、策略和网络 API 的功能。OpenDaylight 通过采用互联网工程任务组的 NETCONF 和 RESTCONF [11]协议以及 YANG 建模语言来描述网络设备和服务，从而强化这种方法。设备可以使用模型来管理自己的属性，并且模型可以包含在用于开发插件和应用程序的其他模型中。

NETCONF 是一种 IETF 网络管理协议，它定义为用于访问概念数据存储的配置和操作数据存储功能，以及实现创建、检索、更新和删除(CRUD)等操作。除了数据存储的 CRUD 操作外，NETCONF 还支持简单的远程过程调用和通知操作。NETCONF 操作是在简单调用层上实现的。NETCONF 使用基于 XML 的数据编码来处理配置和操作数据，以及协议消息。

最初，YANG 是为网络设备中的配置和状态数据建模而开发的，但它也可用于描述其他网络结构，如服务、策略、协议或用户。YANG 采用树状结构，而不是面向对象结构，因此该数据被构造成树型结构，而且可以包含复杂的类型，如列表和联合。除了数据定义之外，YANG 还支持对远程过程调用和通知进行建模的结构，这使得它很适合用作模型驱动系统中的接口描述语言。

RESTCONF 是一种类似 REST 的协议。通过 HTTP 提供编程接口，它用于使用 NETCONF 中定义的数据存储访问 YANG 中定义的数据。而且配置数据和状态数据是可以使用 HTTP GET 方式检索的资源。配置数据的资源可以使用 HTTP DELETE、PATCH、POST 和 PUT 方法修改，数据以 XML 或 JSON 等方式编码。

8.3.4　OpenDaylight SAL 介绍

SAL 的主要任务是将与数据平面连接的南向插件和为网络应用程序提供北向 API 的网络服务分开。分层体系结构允许控制器支持多个南向协议，并通过一组通用 API 为应用程序提供统一的服务和 API 集。因此，SAL 由中间插件实现，且该中间插件为具有用于松散耦合的消费者和提供者服务的组合机制，并促进它们之间的请求路由和数据适配。

最初的 SAL 是由 API 驱动的(AD-SAL)，消费者和提供者之间的请求路由以及数据调整都是在编译/构建时静态定义的。当北向服务向给定节点发送请求时，AD-SAL 根据请求路由到南向插件，该插件为给定的节点实例提供服务。AD-SAL 还支持服务抽象，服务请求可以抽象为南向插件。适配将应用于抽象 API，以便于路由到适当的插件。AD-SAL 的缺点是每个插件的请求路由和数据采用了适配的静态编码，因而限制了其互操作性和快速开发。

因此，一种新的模型驱动架构 MD-SAL 取代了 AD-SAL。在 MD-SAL 中，所有数据模型和服务都使用 YANG 语言建模。所有插件都向 SAL 提供数据，并通过由数据模型生成的 API 使用 SAL 中的数据。MD-SAL 提供了插件之间的请求路由，但没有服务适配器。服务适配器在 MD-SAL 中实现，作为在两个 API 之间执行模型到模型转换的插件。在 MD-SAL 中，因为节点实例数据是从插件导出到 SAL(模型数据包含路由信息)，所以请求路由是在协议类型和节点实例上完成的。

OpenDaylight 开发环境包括生成此代码的工具(编解码器和 Java API)。这些工具保留了 YANG 数据类型的层次结构，以及数据树的层次结构(提供常规的 Java 编译时间类型安全性)和数据寻址的层次结构。当插件加载到控制器中时，插件的 API 会被解析。SAL 不包含任何特定于插件的代码或 API，因此它是一种通用管道，并且可以适应加载到控制器中的各种插件中。

从基础设施的角度，协议插件和应用程序/服务插件之间没有区别。所有插件的生命周期都是一样的，而且每个插件都是一个 OSGi 包，其中包含定义插件 API 的模型。

8.3.5 MD-SAL 体系结构

MD-SAL 是一种基础架构，它通过其数据和接口模型为用户定义的插件模块提供服务消息传送和数据存储功能。MD-SAL 支持北向和南向 API 的统一，也支持 OpenDaylight SDN 控制器的各种服务和组件中使用的数据结构的统一。服务模块的数据模型和 API 由开发人员制作原型，而 SAL 的管道层只有服务部署在控制器平台上时才起作用。这样就消除了 SAL 和网络服务开发之间的相互依赖性，保证了服务组件之间的兼容性。

服务原型的基础架构需要一些重要的架构组件：数据定义语言(DDL)、数据访问模式、支持 DDL 和数据访问的核心运行环境(RTE)、RTE 独立于技术的服务以及一组核心技术的数据模型。

MD-SAL 基础设施是以模型驱动的方式开发的，它选择领域特定语言 YANG 作为服务和数据抽象的建模语言。该语言提供的一些关键功能如下。

(1) 对控制器组件提供的 XML 数据和功能结构进行建模。

(2) 定义语义元素及其关系。

(3) 将所有组件建模为一个系统。

(4) 分散的扩展机制、可扩展的语言和数据类型层次结构。

(5) 现有工具：NETCONF 和 YANG 工具。

YANG 模式语言的优点是自描述数据，这些数据可以直接提供给请求控制器组件和应用程序，而无需进一步处理。模式语言的使用简化了控制器组件和应用程序的开发。某些功能(服务、数据、函数/过程)的模块开发人员可以定义模式，从而为所提供的功能创建更简单、静态类型的 API，以及降低通过 SAL 暴露对数据结构错误解析的风险。

MD-SAL 设计及其实现的详细资料保存在 OpenDaylight Wiki [12]中。本节在以下部分中对它们进行了整合，以获得简单完整的体系结构视图。

1. 基本概念

MD-SAL 的基本概念是应用程序使用的构建模块，MD-SAL 根据基本概念映射到开发人员提供的 YANG 模型[11]，从中获取服务和行为。

(1) 数据树：所有与状态有关的数据都被建模并表示为数据树，并可以处理任何元素/子树。数据树由 YANG 模型描述。

(2) 可运行的数据树：由提供者使用 MD-SAL 发布报告的系统状态，代表应用程序观察网络/系统状态的反馈循环。

(3) 配置数据树：含有消费者的网络或系统的预期状态，表达了他们的意图。

(4) 实例标识符(路径)：数据树中节点/子树的唯一标识符提供了有关如何从概念数据树中检索节点/子树的明确信息。

(5) 通知：消费者可能使用的异步瞬时事件(从提供者的角度)，以及他们可能采取的相应行动。

(6) RPC：一个异步请求-应答消息对，一个请求被消费者触发并发送给提供者，并对此应答。

(7) 加载：加载是一个逻辑嵌套的 MD-SAL 实例，可以使用单独的一组 YANG 模型，其支持自己的 RPC 和通知，允许在全网络环境中对设备模型和特定上下文的重复利用，而无需重新定义控制器中的设备模型。基本上，加载是远程概念数据存储的逻辑安装。

2. MD-SAL 基础设施服务

MD-SAL 提供给提供者和消费者所需的各种自适应功能。该模型的驱动基础架构允许应用程序和插件的开发人员利用从单一模型派生的一组 API 进行开发：Java 衍生的 API、数据对象模型(DOM)API 和 REST API。

(1) RPC 呼叫路由器在消费者和提供者之间提供 RPC 路由呼叫。

(2) 通知提供了一种基于订阅的机制，用于从发布者向订阅者发送通知。

(3) 数据代理将从消费者中读取到的路由数据传输到一个特定的数据存储，以及提供者之间的协调数据更改。

(4) 加载管理器创建和管理加载。

SAL 功能的实现需要使用两种数据格式和两组 SAL 插件 API。

(1) 绑定独立的数据格式/API 是由 YANG 模型的数据对象模型表示。此格式适用于通用组件，如数据存储、NETCONF 连接器、RESTCONF，它们可以通过 YANG 模型执行操作。

(2) 绑定感知数据格式/API 是由绑定 Java 语言的 YANG 模型表示，它指定了如何从 YANG 模型衍生 Java 数据传输对象(data transfer object，DTO)和 API。DTO 的 API 定义、调用/实现 RPC 的接口以及包含通知回调的接口在编译时生成。在运行时，按需要生成用在 Java DTO 和 DOM 之间进行转换的编解码器。需注意，这两种数据表示方法的性能要求功能都是相同的。

这种数据格式类型可以公开提供者的数据/API，而不需要任何编码。MD-SAL 目前公开了以下传输/负载格式[11]。

(1) 使用衍生的 DTO 进行 JVM 内部通信(Java YANG 绑定)。

(2) 使用 YANG DOM 模型的 JVM 内部通信。

(3) 仅限 HTTP 使用者的 API 使用 Restconf、XML 和 JSON 作为有效负载。

(4) 使用 ZeroMQ 和 XML 作为有效负载的跨进程 API。

(5) 使用 Akka 进行跨 JVM 通信。

3. MD-SAL 设计

数据处理功能分为两个不同的代理：一个是独立于绑定的 DOM 代理，它在运行时阐述了 YANG 模型，是 MD-SAL 运行时的核心组件；另一个是绑定感知代理，它使用绑定感知数据表示方法(Java DTO)为插件公开 Java API。这些代理及其支持组件如图 8.5 所示。

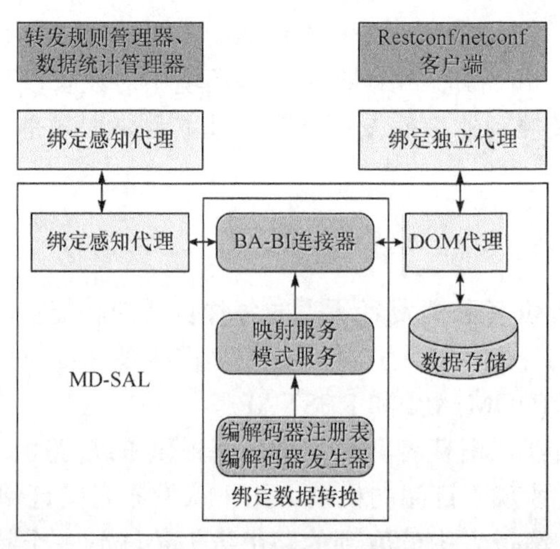

图 8.5　MD-SAL 设计[11]

DOM 代理使用 YANG 模型数据的 API 来描述 YANG 模型的数据和实例标识符，以说明系统中数据的路径。在应用程序可见的绑定感知代理中，数据结构是从 YANG 模型工具中的 YANG 模型衍生来的。因此，DOM 代理依赖于 YANG 模型的存在，而这些模型在运行时是为了实现某些功能而建立的，如 RPC 路由、数据存储组织和路径验证。

绑定感知代理依赖于从 YANG 模型衍生的 Java API，以及 Java DTO 的公共属性，这些属性由代码生成，并且强制执行。因此，当数据使用者和数据提供者都具有绑定感知时，数据传输优化(零拷贝)是可能的。

绑定感知代理通过 BA-BI 连接器连接到 DOM 代理，以便具有绑定意识的消费者/提供者的应用程序或者插件可以与它们各自的绑定对象进行通信。BA-BI 连接器与映射服务、模式服务、编解码器注册表和编解码器发生器一起实现动态后期绑定：在基于 Java 绑定的绑定独立格式和 DTO 之间提供 YANG 模型数据表示的编解码器是按需自动生成的。

因为物理数据存储是可插入的，所以 MD-SAL 通过 SPI 可以插入不同的数据存储。

安装概念和对模型生成的 API 的支持允许与 NETCONF 设备通信的应用程序直接针对设备模型进行编译，且不需要代表设备的控制器模型。当控制器连接到设备时，设备模型将从 NETCONF 设备加载到控制器中，并且应用程序可以直接与它们一起工作。

8.4　SDN 环境中的移动性管理应用

移动性的设计是未来通信网络最重要的特性之一。近年来，随着移动设备数量以及 4G 网络提供宽带连接数量的增加，移动数据流量正在迅速增长。而且未来几年，移动网络对服务和数据访问的需求正在以同样的速度增长。为满足未来的网络性能需求，研究人员需要在移动系统中进行创新，尤其是移动接入网络。但是，用户和设备移动性为移动系统所面临的挑战增加了额外的难度，从而难以保障大量移动设备和 M2M 设备的较大带宽和非常低的延迟需求。移动性管理对协议的设计和下一代移动网络的体系结构具有重大影响。

移动性管理可确保持续会话和移动设备的不间断数据访问。IP 协议一直是全球互联网的主要协议，但是，它不是为移动计算系统设计的。移动互联网的发展建立了将移动系统与互联网连接起来的体系结构和协议。目前，移动领域有两种主要的移动架构形式。一种架构形式由第三代合作伙伴计划(3GPP)驱动，该计划为 2G、3G 和 4G 的 LTE 系统制定了标准。根据基于 IP 网络的设备移动性，研究人员设计了另一种架构形式，它具有 IEEE 的移动 IP 协议：移动 IP、MIPv6、代理移动 IPv6 及其衍生产品。虽然这两种系统保持移动连接，但它们都具有集中式架构、中央移动性锚点和每个移动域的专用移动性管理实体。在 LTE 系统中，本地移动性的锚点为 P-GW，并且设备移动性由移动性管理实体处理。在代理移动系统中，各个元件是由本地移动性锚点和移动接入网关组成。为了满足未来的需求，这些集中式专用设计需具有可扩展性和灵活性的优势，因此将导致成本增加和性能下降。例如，鉴于移动数据量的海量增长和不可预测性特征，过度配置将会成为一种代价高昂且不及时的网络扩展方法，这些系统的复杂性也导致了高的运营成本和额外的端到端时延。此外，虽然目前移动系统受到运营和性能限制，但是移动数据需求在带宽、延迟和服务可用性方面仍然持续增长。

云计算的发展，特别是 SDN 技术的出现，为未来移动网络开辟了新的设计方法，使得网络变得更加灵活和易于管理。SDN 支持数据平面基于流量的连接，它可以通过远程控制的平面进行编程。通过软件可定义的流程和数据路径，转发网络变得更加平坦，更具动态性。这种灵活性使云计算模型(如多租户、按需或粒度资源切片)能够应用于核心、传输和接入网络的未来设计中。逻辑集中的控制平面可以集中控制逻辑，更复杂的全局网络控制则可在无限制的虚拟化平台上被实现。这种具有专用转发设备容量受限的设计使其变得更加复杂和昂贵。另一方面，将云计算应用于数据平面可大大降低运营成本，并实现网络快速部署和自主管理网络的功能虚拟化，使物理转发设备能够在软件功能中重新实现，该软件功能可以是专门用于线路的托管服务器——速率包处理。由于网络的许多部分都是虚拟化和可编程的，智能软件设计(如代理技术或大数据)被用来创建具有自主管理和性能效率的系统。

在基于 IP 的移动车辆接入网络中，本节尝试使用基于简单软件定义的移动管理，因此提出了一种基于 SDN 和云计算技术的简洁设计。

8.4.1 用例场景、挑战和技术

移动车辆中的数据通信可以找到越来越实用的应用案例，如娱乐、连接驾驶辅助、自动驾驶和安全，这将给移动接入网络带来极大的挑战。本节的目标是建立一个支持移动车辆交通信息服务的路边接入网络。基于云计算的信息服务托管在数据中心，用户可通过互联网访问它。数据中心收集不同来源的数据，如交通报告、天气预报、车辆传感器数据，并计算每个地区车辆的相关交通信息。移动车辆需要移动网络基础设施来提供与应用服务器的连接，以便上传来自传感器的数据并接收交通信息。

当前的移动宽带基础设施给运营商带来很多不利条件。第一，宏小区的稀疏部署可能无法为传感器数据和服务数据流量的传输提供恒定的带宽。第二，由于需要维护大量移动车辆的连接性并管理其移动性，系统性能可能会下降。第三，因为道路交通环境的需求不断变化，所以运输和扩张成本没有得到回报。在交通堵塞期间，网络中会有大量具有需求高峰的移动节点，而有些节点在一定时间内没有收到服务请求。所设想的系统必须克服当前网络基础设施的缺点，其目标如下。

(1) 可靠的数据传输，持续连接并可访问多个网络。

(2) 保证移动设备的服务可用性。

(3) 灵活的能源和性能管理，需求驱动的网络运营。

为了满足数据通信的特殊要求，研究人员开发了几种网络技术，基于 SDN 的网络控制可以通过使用目前的网络基础设施有效地集成和管理这些技术，分裂容错网络

(DTN)解决了网络中连接中断情况下可靠性低的问题。在正常通信网络中，因为操作环境可能导致连接中断(如地理障碍或高移动性)，所以不能假设端到端链路是恒定的。DTN 支持移动节点以及长时间存储分组(捆绑包)的能力。当移动节点采用直接通信技术(如 Wi-Fi、蓝牙或离线数据传输)进行通信时，使用捆绑协议(RFC5050)交换分组[13]。其中，转发算法的发展可以提高交付成功率并最大限度地减少资源使用，如通过 DTN 路由器来实现[14]。将 DTN 应用于本章中所涉及的场景有助于提高移动车辆交通信息服务的可靠性。

另一种技术——信息中心网络(ICN)[15]，有望提供移动性支持、资源效率和服务可用性。在 ICN 中，数据包是根据其“名字”路由的。数据的命名采用允许识别数据源和提供特定数据目的地的模式。因为数据请求由上游路由器转发，所以将在请求节点和数据源之间建立路径，而且数据目的地通过该路径发回。ICN 协议具有自然的缓存机制，其中，数据目的地被缓存在中间路由器上，以用于每个接收到的请求，后续相同目的地的请求将由含此目的地复制的最近路由器服务。在需要时，ICN 的使用可以有效分配数据并缩短服务响应时间。其中 CCNX 项目[16]就是实现 ICN 的一个项目。在本节的场景中，ICN 的特点有助于实现交通信息服务所需的服务质量。例如，仅将地理相关信息传递到车辆所在的区域。

8.4.2　网络架构

本节所考虑场景的网络设计如图 8.6 所示。通常车联网包括三个部分：Wi-Fi 接入网络、聚合网络和核心网络。网络设备基于 OpenFlow，由集中式 SDN 控制器管理。

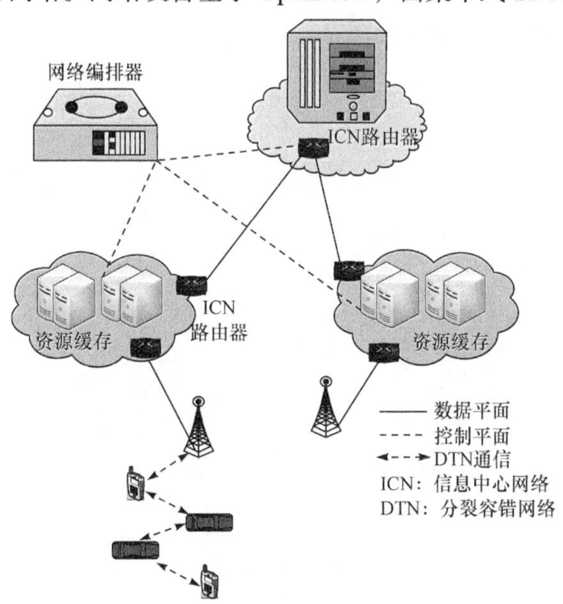

图 8.6　移动车联网基础设施

Wi-Fi 接入网络由 Wi-Fi 路边接入点(road side units，RSU)组成，它们安装在道路上并为移动车辆提供无线接入。这些网络可以覆盖广大的地理区域。为了提高较高移动环境的可靠性，可以采用移动自组织通信和 DTN 技术。DTN 允许数据存储，而且由移动主机承载，在可以直连通信时转发给下一个主机，因此支持 DTN 的无线网状网络提供直接的设备到设备通信和基础设施网络访问。

聚合网络由相互连接的 OpenFlow 交换机组成，并提供回程链路，用来为接入网络传输大量数据。宽带有线和无线技术实现了交换机和 RSU 之间的低延迟连接，与接入网络直连的交换机聚合并在多个 RSU 和核心网络之间转发流量。在交换机上，聚合网络通过安装 ICN 路由功能来提供以数据为中心的路由。另外，资源弹性由虚拟 ICN 缓存元件提供。由于考虑到交换设备的分组处理设计而导致交换机的对象高速缓存受到限制，因此虚拟高速缓存单元被动态分配给最佳选择的聚合交换机。这些缓存单元充当本地云基础设施提供的虚拟存储器，并通过 SDN 控制器按需连接网络。云基础架构管理与网络控制功能相结合，形成了动态协调的聚合网络。

核心网络为访问网络提供互联网访问，并为数据中心中托管的应用程序服务器提供连接。鉴于设备之间的地理位置较大，互联网网关可以由不同的本地互联网基础设施提供商提供。但是，网关由集中式 SDN 控制器管理，与汇聚交换机一起协调工作。

8.4.3　SDN 移动性管理应用程序

SDN 移动性管理应用程序(MMA)主要为预定的移动网络提供所需的灵活性，本节更关注管理上述虚拟 ICN 缓存的功能。图 8.7 给出了 OpenDaylight 软件框架中 MMA 的组件及其与其他 OpenDaylight 插件的交互。

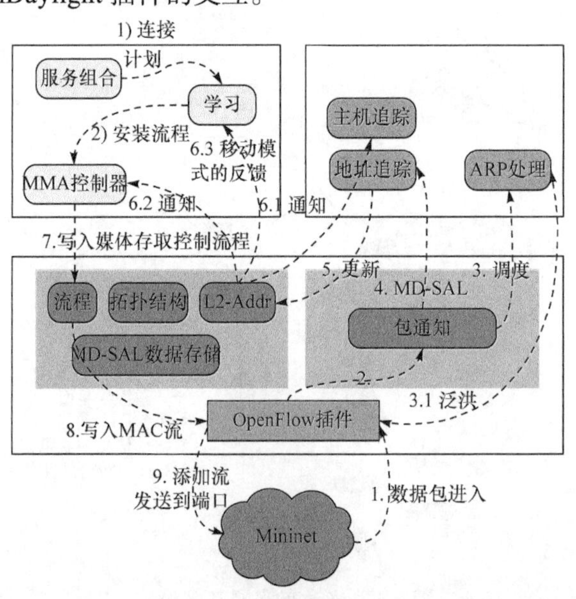

图 8.7　MMA 体系结构

在南向层，使用 OpenDaylight 控制器实现 OpenFlow 插件处理与转发元件相关的 OpenFlow 通信。虽然这里将 OpenFlow 插件描述为网络信息的主要提供者，但是附加的南向插件和协议也可以提供有用的网络信息。例如，推送访问协议(PAP)WAP 插件用于实现管理和监视 Wi-Fi 访问点的协议。在 SAL 层中，分组通知是 OpenFlow 南向服务和分组处理北向服务之间的适配。MD-SAL 数据存储包含 MMA 所需的网络状态数据。在 OpenDaylight 控制层中，ARP 处理程序、地址跟踪器和主机跟踪器插件处理 ARP 分组，并提供 MMA 插件使用的拓扑信息。MMA 插件在 OpenDaylight 控制层中呈现。MMA 插件的执行功能用来支持网络拓扑变化及与外部云管理(OpenStack)协调，并执行预计的网络控制。学习插件是 MMA 应用程序的核心部分。来自网络的更新信息和来自 OpenStack 的云管理将可用缓存资源由插件处理，以便在聚合网络中产生 ICN 缓存的最佳分配。如果随着需求增加需要将附加缓存附加到交换机或 RSU 中，则学习插件会发出要创建虚拟缓存单元的请求。同时，网络将创建新链接，从而将相关交换机与新创建的缓存连接。同样的，可以将机器学习的方法应用于计算未来需求和主动修改网络状态。可用虚拟资源的相关信息则是由服务组合插件提供，它提供了与 OpenStack 管理交互的北向 API，允许查询虚拟缓存资源的状态。如果学习插件需要其他缓存单元，则通过相同的 API，服务组合插件会向云管理器发送请求以满足需求。MMA 控制器插件将学习插件计算出的拓扑适配转换为一组流规则，以便在相关的交换机和缓存上进行更新。图 8.7 描述了插件之间的完整过程和交互，其中，MMA 控制器记录网络状态的变化并执行相应的调整。在数据平面中，主机的移动性会引起通知 SDN 控制器网络状态的变化。当新主机连接到 RSU 时，它会向网络发送 ARP 分组，网络为其分配 RSU，然后 RSU 将分组处理为“分组-输入”转发到控制器。分组-输入首先由 OpenFlow 插件处理，它向通过 MD-SAL 注册的消费者插件发送通知以接收分组事件。ARP 报头被分配到 ARP 处理器插件和地址跟踪器插件，ARP 处理程序只是确保 ARP 分组从 RSU 转发到网络的其他交换机。地址跟踪器插件更新 MD-SAL 数据存储与网络的新 L2 链路和主机的 MAC 地址。在 MD-SAL 中，注册的主机跟踪器插件用于通知数据存储中某些节点的更改。当新的连接添加到数据存储时，主机跟踪器将更新连接主机的附加信息。利用相同的机制，MMA 的学习和 MMA 控制器插件会收到网络中最新变化的通知。在本节前面的内容中，学习组件使用所描述的完整拓扑信息计算网络的适应性。最后，MMA 控制器将流规则写入 MD-SAL 数据存储的节点中，该数据存储代表 RSU。MD-SAL 的流规则管理器服务确保利用 OpenFlow 协议将规则写入 RSU 的流表中。总而言之，本节描述了移动接入网络的架构和元件，其旨在更有效地向移动车辆传送运输信息服务，OpenDaylight SDN 控制器的体系结构提供了其组件的详细交互。

8.5 实施 OpenDaylight 和 Mininet 建议的移动管理解决方案

本节详细介绍了实现第 8.4 节中描述的 MMA 控制器插件的步骤。在本节中，重点关注重要的编程模式，以实现控制逻辑并利用可用的 OpenDaylight 插件和服务。

8.5.1 运行环境

在撰写本节时，稳定的 OpenDaylight 版本是 Lithium。需要提供以下系统要求来构建 OpenDaylight 控制器：

(1) 操作系统：64 位 Linux(Fedora 22)，内核版本 4.2.8-200.fc22x86_64；

(2) OracleJava 1.8 版本：1.8.0_66；

(3) Maven3.3.9 版；

(4) Git 版本控制对开发很有用。

数据平面和设备移动性的仿真在具有相同操作系统的独立基于 KVM 的虚拟机上进行，它还可以与安装在具有 Virtualbox5.0 虚拟化工具的虚拟机上的其他基于 Linux 的系统一起使用。安装在虚拟机上的步骤如下：

(1) OpenvSwitch2.32 版提供 OpenFlow 交换机的实现；

(2) Mininet2.1 版提供 OpenFlow 数据平面网络的仿真。

8.5.2 使用 Maven 生成 MD-SAL 项目框架

Maven 被选为 OpenDaylight 项目的构建系统，它可以使用“archetypes”项目，该项目可用于生成通用项目结构和代码模板。在工作目录中，以下命令将用于创建 MMA 项目框架。

```
mvn archetype:generate-DarchetypeGroupId=org.opendaylight.
controller \
  -DarchetypeRepository=http://nexus.opendaylight.org/content/
repositories/opendaylight.snapshot/  \
  -DarchetypeRepository=http://nexus.opendaylight.org/content/
repositories/opendaylight.snapshot/archetype-catalog.xml
  -DappName=MMA
```

Maven 会询问要生成的项目类型，如下面程序所示

```
Choose archetype:
1: http://nexus.opendaylight.org/content/repositories/opendaylight.
napshot/archetype - catalog.xml -> org.opendaylight.controller:
config-module - archetype (Archetype for new module managed by
```

```
(configuration subsystem)
2: http://nexus.opendaylight.org/content/repositories/opendaylight.
snapshot/archetype - catalog.xml -> org.opendaylight.controller:
opendaylight - karaf - distro - archetype (-)
3: http://nexus.opendaylight.org/content/repositories/opendaylight.
snapshot/archetype - catalog.xml -> org.opendaylight.controller:
opendaylight - configfile - archetype (Configuration files for md-sal)
4: http://nexus.opendaylight.org/content/repositories/opendaylight.
snapshot/archetype - catalog.xml -> org.opendaylight.controller:
opendaylight - karaf - features - archetype (-)
5: http://nexus.opendaylight.org/content/repositories/opendaylight.
snapshot/archetype - catalog.xml -> org.opendaylight.controller:
Archetypes: odl - model - project (-)
6: http://nexus.opendaylight.org/content/repositories/opendaylight.
snapshot/archetype - catalog.xml -> org.opendaylight.controller:
opendaylight - startup - archetype (-)
7: http://nexus.opendaylight.org/content/repositories/opendaylight.
snapshot/archetype - catalog.xml -> org.opendaylight.dlux: dlux
- app (-)
8: http://nexus.opendaylight.org/content/repositories/opendaylight.
snapshot/archetype - catalog.xml -> org.opendaylight.toolkit:md - sal
- app -simple (-)
Choose a number or apply filter (format: [groupId:]artifactId, case
sensitive contains): : 8
```

每种模块类型都有可用的模板。通过输入其索引 8，选择 md-sal-app-simple 的模板。后续的交互式生成过程，Maven 要求的标准项目属性如下所示。

```
Define value for property 'groupId': : de.tutorial.odl.mma
Define value for property 'artifactId': : mma - controller
Define value for property 'version': : 1.0 - SNAPSHOT: :
Define value for property 'package': : de.tutorial.odl.mma: :
[INFO] Using property: appName = MMA
[INFO] Using property: modelFields = \{"title" : "string",
"desc" : "string" \}
Confirm properties configuration :
groupId : de.tutorial.odl.mma
artifactId : mma - controller
```

```
version : 1.0 - SNAPSHOT
package : de.tutorial.odl.mma
appName : MMA
modelFields : \{"title" : "string", "desc" : "string" \}
Y : : Y
```

上述程序中描述了 OpenDaylight 项目的细节。首先，属性 appName 设置为 MMA，这是在 archetype generation 命令中使用参数 DappName=MMA 定义的。其次，属性 modelFields={ “title”：“string”，“desc”：“string” }是表示节点的默认 JSON 对象，用于保存 MD-SAL 数据中转发元素的状态。JSON 字符串可以被修改，以更好地适应开发模块管理的网络元素，或者可以给出包含更复杂描述的文件。本节的模块不需要特定的模型，可以接受默认模式。生成之后，OpenDaylight 模块程序如下。

```
Archetype_Next_Steps.README
Consumer
      META-INF
      pom . xml
      src
           main
features
      pom . xml
      src
generate
      pom . xml
      src
         main
model
      META-TNF
      pom . xml
pom . xml
provider
      META-INF
      pom . xml
      src
          main
web
      pom . xml
                  src
```

```
main
```

在生成之后，生成模块是立即使用的辅助模块。因为 Maven 原型不能提供项目所需的额外配置，所以这些由生成模块完成。本节使用以下命令执行生成模块，然后将其删除。

```
cd generate
mvn clean install -Dgen
cd ..
rm -rf generate
mvn clean install
```

模型模块包含定义模型样本的 YANG 模型文件，而生成文件包含 YANG 模型文件的样本内容。Java 代码从 YANG 模型文件中自动生成。虽然在编写复杂的 YANG 模型文件时仍有一些异常，但本节中还没有修改这个模块。

提供者模块设置了一个服务，该服务实现了 YANG 模型文件中定义的任何远程过程调用(RPC)过程。此外，该服务还可以自动设置应用程序并访问以下 MD-SAL 服务。

(1) DataBroker 用于读取、写入和侦听数据存储中模型的更改。

(2) RpcRegistryService 用于注册 RPC 插件，或者调用其他模块定义的其他 Rpclmplementation。

(3) NotificationProviderService 用于发送 YANG 模型文件中定义的任何通知。

消费者模块是由所编写应用程序实现的，该应用程序使用提供者模块提供的 RPC 服务。在消费者模块中，只设置了消费者对 RpcRegistryService 的初始访问权限，但是通过一些修改，消费者也可以访问 DataBroker 和 NotificationProvider Service。

Web 模块提供了一个允许定义客户 REST API 的应用程序。

功能模块 Karaf 具有一个目录，该目录提供了一些示例功能列表，以帮助提供者、消费者和 Web。

8.5.3　生成 Karaf 分发项目

Karaf 分发项目配置了基于 OSGI 的 Karaf 容器。Karaf 分发项目包括基本的 OpenDaylight 控制器包和第三方包，并且它们提供附加的控制功能。本节还使用 Maven 原型生成 Karaf 分发项目。

```
Mvn archetype:generate-DarchetypeGroupId=org.opendaylight.
    controller  \
  -DarchetypeRepository=http://nexus.opendaylight.org/content/
     repositories/opendaylight.snapshot/ \
       -DarchetypeCatalog=http://nexus.opendaylight.org/content/
          repositories/opendaylight.snapshot/archetype-catalog.xml
```

当 Maven 再次要求选择原型时，可以选择 opendaylight-kanaf-distro- archetype。接

下来，选择最新的原型版本 1.3.0-SNAPSHOT。除了 repoName 属性外，模块属性与上一代的流程相同。在这种情况下，repoName 属性值为 mma，这是此项目的 git 存储库的名称。

为了完成分发项目，需要编辑 pom.xml 文件以包含一些依赖关系。MMA 控制器插件依赖于 12 个交换机项目的 OpenFlow 插件和主机跟踪器提供的服务。将它们的实例添加到关系列表中，如下所示。

```
<dependency>
  <groupId>org.opendaylight.controller</groupId>
  <artifactId>features-mdsal</artifactId>
  <classifier>features</classifier>
  <version>1.2.0-SNAPSHOT</version>
  <type>xml</type>
  <scope>runtime</scope>
</dependency>
<dependency>
  <groupId>org.opendaylight.openflowplugin</groupId>
  <artifactId>features-openflowplugin</artifactId>
  <classifier>features</classifier>
  <version>0.1.2-SNAPSHOT</version>
  <type>xml</type>
  <scope>runtime</scope>
</dependency>
<dependency>
  <groupId>org.opendaylight.12swich</groupId>
  <artifactId>features-12switch</artifactId>
  <classifier>features</classifier>
  <version>0.2.2-SNAPSHOT</version>
  <type>xml</type>
  <scope>runtime</scope>
</dependency>
```

8.5.4 Karaf 特征模块

Apache Karaf 支持使用 Karaf 功能概念提供应用程序和模块，其特征是在 Karaf 中配置应用程序的简单方法，并包含有关应用程序的信息，如名称、版本、说明、包集、配置(文件)及一组关系特征集。在设置特征后，Karaf 将自动解析并安装 Maven 存储库中该功能描述的所有捆绑包、配置和相关特征集。

Karaf 特征模块包含一个 features.xml 文件，其中包含一组特征的说明。特征 XML 描述符被命名为“特征库”。在设置特征之前，程序必须注册提供特征的特征库(使用特征：repo-add 命令，如 8.5.6 小节所述)。

MMA 控制器将基于提供者模块实现。因此，它对 12 个交换机捆绑包、OpenFlow 插件捆绑包和 MD-SAL 捆绑包的依赖需要映射在 XML 描述符中。本节修改 features.xml 如下。

```
<repositroy>mvn:org.opendaylight.openflowplugin/features-
openflowplugin/${openflow.plugin.version}/xml/features</repository>
<repositroy>mvn:org.opendaylight.controller/features-restconf/$
{ mdsal.version}/xml/features</repository>
<repositroy>mvn:org.opendaylight.12switch/features-12switch/$
{ 12switch.version}/xml/features</repository>
<feature name='odl-MMA-provider' version='${project.version}'>
<feature version='${yangtools.version}'>odl-yangtools-common</
feature>
<feature version='${yangtools.version}'>odl-yangtools-binding</
feature>
<feature version='${mdsal.version}'>odl-mdsal-broker</ feature>
<feature version="${12switch.version}">odl-12switch-hosttracker</
feature>
<bundle>mvn:de.tutorial.odl.mma/${artifactName}-model/${project.
version}</bundle>
<bundle>mvn:de.tutorial.odl.mma/${artifactName}-provider/${project.
version}</bundle>
<configfile finalname="${configfile.directory}/05-MMA-provider-
config.xml>
mvn:de.tutorial.odl.mma/${artifactNAME}-provider/${project.
version}/xml/
config</configfile>
</feature>
...
```

附加的外部存储库被添加到指定的捆绑包中。odl-12switch 的主机跟踪器可从 12 个交换机存储库中获得，本节可以将其作为依赖项添加到 odl-MMA 中，从而提供程序功能。当加载 odl-MMA-provider 时，Karaf 将加载主机跟踪器及其所依赖的所有特征。

8.5.5 MMA 控制器插件的实现

程序选择生成的提供者模块项目来实现 MMA 控制逻辑。MMA 控制器只能通过其他插件的服务实现，如分组处理器流程编写器或拓扑管理器。虽然可以使 MMA 控制器实现为消费者服务，但是将生成的代码用于提供者服务的决定可以更进一步开发插件以提供有用的服务。这使得 MMA 控制器既是消费者服务器，也是提供者服务器。提供者项目的优点是使用 MD-SAL 服务生成的，并且是 API 可用的。

1. YANG 模型生成 Java 数据对象

在项目源代码中，YANG 模型文件 MMA-provider-impl.yang 包含提供者服务的 YANG 模型。该模型由 yang-maven 插件为其生成 Java 代码，它包含将生成提供程序的服务连接到 MD-SAL 配置子系统的 Java 代码的配置：RPC、通知和 MD-SAL 数据代理的依赖项。在构建项目时，模块的 pom.xml 配置为应用 maven 插件。首先运行第一个命令：

```
mvn clean install
```

新生成的 Java 代码按配置放置在 yang-gen-config 和 yang-gen-sal 文件夹中。这些文件夹包含的 Java 类的 MD-SAL API 接口可以实现向提供者服务的功能。从 MMA 控制器的实现开始的其他自动生成类将在下一节中介绍。

```
@Override
Public  AutoCloseable createInstance() {
  final MMAProvider appProvider = new MMAProvider();

  DataBroker detaBrokerService = getDataBokerDependency();
  appProvider.setDataService(dataBrokerService);

  RpcProviderRegistry rpcRegistryDependency =
     getRpcRegistryDependency();
  final BindingAwareBroekr.RpcRegistration<MMAService>
      rpcRegistration =
              rpcRegisttryDependency
               .addRpcImplementation(MMAService.class,
                 appProvider)

   //retrieves the notification service for publishing notifications
   NotificationProviderService notificationService =
      getNotificationServiceDependency();
```

MMAProviderModule.java 在提供的程序包被加载时，MD-SAL 通过调用 MMAProviderModule.createlnstance()方法获取已实现服务的实例。MMAProvider Module.java 获取对 MD-SAL API(数据代理、RPC 注册表、通知)的引用并将它们传递给提供者服务实例。因此，提供服务者可以使用对配置子系统服务的引用，从而允许它与其他 SAL 服务的实现进行交互。该模块利用 RPC 与 API 注册自己的 MD-SAL。当收到 MMA 提供者服务请求时，MD-SAL 检索 MMA 服务的实例并返回其对请求服务的引用。

2. MMA 控制器实现类

1) 在 MMAProvider.java 中使用 MD-SDL RPC 注册服务

MMA 控制器实现类包含 MMA 控制器移动性管理实现，它实例化一个交换管理器的实现，并通过该管理器处理交换机事件。代码清单显示了 OpenDaylight 控制器的基本网络服务是如何使用的。分组处理服务提供用于处理分组的实用程序。SAL 流服务提供了设置流、更新流或删除节点上流的方法，将触发流规则管理器服务来更新转发设备流表中的流规则。因为这些服务已在 RPC 注册系统中注册，所以程序可以通过 RPC 注册服务及其类名请求引用它们。

```
switchManger = new SwitchManagerImpl();
switchManger.setNotficationService(this.notificationService);
switchManger.setDataBroker(this.dataService);
switchManager.setPacketProcessingService(this.rpcService.
    getRpcService(PacketProcessingService.class));
//Flow services
SalFlowService salFlowService = this.rpcService.getRpcService(
    SalFlowService.class);
FlowWriterService flowWritervice = new FlowWriterServiceImpl(
    salFlowService);
switchManager.setSalFlowService(salFlowService);
switchManager.setFlowWriterService(flowWriterService);
```

2) 使用 Switchmanagerlmpl.java 服务的事件通知

初始化时，交换机管理器通过引用从 RPC 注册获得的网络服务来实例化特定的交换机处理程序实现。切换处理程序是事件处理程序，并由事件调度程序类 PacketlnDispatcerlmp 和 NodeEventDispatcerlmpl 管理。调度程序在 MD-SAL 通知服务中注册，以接收来自其他服务的事件通知。

```
switchHandler = new SwitchHandlerFacadeImpl( );
//Services dependancy
```

```
switchHandler.setPacketProcessingService(PacketProcessingService);
FlowManager flowManager = new FlowManagerImpl;
flowManager.setSalFlowService(SalFlowService);
flowManager.setFlowWriterService(FlowWriterService);
switchHandler.setFlowManager(flowManager );

switchHandler.setFlowWriterService(flowWriterService);
switchHandler.setSalFlowService(SalFlowService);
//Event listeners holder
PacketInDispatcherImpl packetInDispatcherImpl = new
   packetInDispatcherImpl( );
NodeEventDispatcherImpl nodeEventDispatcherImpl = new
   NodeEventDispatcherImpl( );
HostMobilityEventDispatcherImpl hostMobilityEventDispatcherImpl =
 new HostMobilityEventDispatcherImpl( );
switchHandler.setPacketInDispatcher(packetInDispatcher );
packetInRegistration = notificationService.
   registerNotificationListener(packetInDispatcher);

switchHandler.setNodeEventDispatcher(nodeEventDispatcher);
switchHandler.setHostMobilityEventListener(
   hostMobilityEventListener);
hostMobilityEventListener.registerAsDataChangeLisener( );
//Listen to Node Appeared Event
NodeListener nodeListener = new NodeListener( );
nodeListener.setSwitchHandler(switchHandler);
inventoryListenerReg =notificationService.
   registerNotificationListener(nodeListener);
```

3) PacketInDispatcherlmpl.java 中的 Packet-in 通知

当南向插件接收到来自转发设备的分组时，OpenFlow 插件服务会生成数据包输入事件。PacketInDispatcherlmpl 必须被注册，用于事件的接收以及 PacketProcessingListener 接口的实现，其实现了处理事件 onPacketReceived()的回调方法。在这个方法中，PacketInDispatcherlmpl()用于标识发送数据包，并且调用其相应切换处理程序的交换机。

4) 使用 NodeListener.java 通知数据储存中的节点状态

```
InstanceIdentifier<?> ingressPort = notification.getIngress().
```

```
getValue();
InstanceIdentifier<Node> nodeOfPacket = ingressPort.
firstIdentifierOf(Node.class);
PacketProcessingListener nodeHandler=handlerMapping.get(nodeOfPacket);
if (nodeHandler !=null) {
    nodeHandler.onPacketReceived(notification);
}
```

当交换机由控制器管理时，Opendayligbtlnuentory 服务允许其他注册服务接收事件。这些事件表示数据存储区交换机的状态，如“节点连接器已移除”“节点连接器已更新(已出现)”以及“节点已删除且节点已更新”。侦听器须实现 OpendaylightInventoryListener 接口 NodeListener 向库存服务注册，在出现开关时调用开关处理程序。

```
public class NodeListener implements OpendaylightInventoryListener {
 private final Logger _logger=LoggerFactory.getLogger ( NodeListener.
class);
   private SwitchHandler switchHandler;
  public void setSwitchHandler(SwitchHandler switchHandler ) {
   this.switchHandler = switchHandler;
 }
 @Override
 public void onNodeConnectorRemoved(NodeConnectorRemoved
nodeConnectorRemoved) {
   //do nothing
  }
  @Override
  public void onNodeConnectorUpdated(NodeConnectorUpdated
   nodeConnectorUpdated) {
    //do nothing
  }
  public void onNodeRemoved(NodeRemoved nodeRemoved) {
    //do nothing
  }
  @Override
  public void onNodeUpdated(NodeUpdated nodeUpdated) {
   switchHandler.onNodeAppeared(nodeUpdated);
  }
```

5) 使用 HostMobilityEventListenerlmpl.java 通知数据存储中任何元素的状态

使用 HostMobilityEventListenerlmpl.java 通知数据存储中任何元素的状态如下文描述的一个以 MD-SAL 数据存储直接注册的侦听器示例。当数据树中存在节点的状态更新时，存储器会通知侦听该节点事件的插件。当主机跟踪器服务更新地址和主机节点操作数据存储时，HostMobilityEventListenerlmpl 通过观察事件来检测主机移动性，实现了 DataChangeListener 接口以及注册节点的事件，程序如下所示。

```
@Overridde
public void registerAsDataChangeListener( ) {
  log.info("Register As DataChangeListener");
  InstanceIdentifier<Addresses> addrCapableNodeConnectors =
       InstanceIdentifier.builder(Nodes.class)
       .child(org.opendaylight.yang.gen.vl.urn.
opendaylight.
                                inventory.rev130819.nodes.Node.
                                class)
       .child(NodeConnector.class)
       .augmentation(AddressCapableNodeConnector.class)
       .child(Addresses.class).build( );
  this.addrsNodeListerRegistration = dataService.
registerDataChangeListener(LogicalDatastoreType.OPERATIONAL, add
rCapableNodeConnectors,this,DataChangeScope.SUBTREE);
  InstanceIdentifier<HostNode> hostNode =
 InstanceIdentifier. bulider(NetworkTopology.class)
      .child(Topology.class, new TopologyKey(new
  TopologyId(tolopogyId)))
      .child(Node.class)
      .augmentation(HostNode.class).build();
  this.hostNodeListerRegistration = dataService.
registerDataChangeListener
(LogicalDatastoreType.OPERATIONAL,hostNodes,this,DataChangeScope.
SUBTREE);
 InstanceIdentifier<Link> lIID = InstanceIdentifier.
builder( NetworkTopology.class)
      .child(Topology.class,new TopologyKey(new
TopologyId( topology)))
```

```
      .child(Link.class).build();
 this.addrsNodeListerRegistration = dataService. registerDataCh
 angeListerner
(LogicalDatastoryType.OPERATONAL, lIID, this, DataChangeScope.BASE);
}
```

网络必须给出感兴趣的数据节点的实例标识符，以便将其监听器注册到数据存储区。网络状态存储在操作数据存储区中，并且必须指出该状态。为了跟踪对子树子节点的所有更改，需要对处理范围的日期变更进行设置，这就是配置数据存储和操作数据存储之间存在的差异。存储“请求”的配置存储区和可操作存储区是存储“从网络中发现的网络状态”的位置。因此，网络通过将数据放置在配置存储器中进行请求，在转发设备上对其进行配置，并且 OpenDaylight“发现”数据之后，将数据放入操作存储器中。

当成功向数据存储注册了数据更改后，数据更改侦听器将提供其回调方法来处理数据更改事件。

```
@Override
public void onDataChange(final AsyncDataChangeEvent)<
InstanceIdentifier<?>, DataObject> change) {
  //handle event here
   exec.submit(new Runnable() {
@Override
public void run ()  {
  if (change == null) {
   log.info("In onDataChanged: No processing done as change even
    is null .");
   return;
  }
  Map<InstanceIdentifier<?>,DataObject> updatedData =
change.getUpdatedData();
  Map<InstanceIdentifier<?>,DataObject> createData =
change.getUpdatedData();
  Map<InstanceIdentifier<?>,DataObject> originalData =
change.getUpdatedData();
  Set<InstanceIdentifier<?>> deletedData = change.getRemovedPaths
  ();
  for (InstanceIdentifier<?> iid : deletedData) {
   if (iid .getTargetType().equal(Node .class)) {
```

```
    Node node = ((Node)  originalData .get(iid)) ;
    InstanceIdentifier<Node>  iiN =
(InstanceIdentifier<Node>)  iid;
    HostNode hostNode = node.getAugmentation(HostNode.class);
    if (hostNode !=null) {
     log.debug("Deleted - HostNode : {}", hostNode);
      /*---- Handle HostNode Deleted ----*/
    }
   } else if (iid.getTargetType() .equals(link .class)) {
    log .debug ("Deleted - Link: {} , Original data:{}",
iid,  originalData.get(iid));
     /*----Handle Link Deleted ----*/
     packetReceived(Addresses) dataobject);
     }
    }
    for (Map.Entry<InstanceIdentifier<?> ,DataObject> entrySet
:       updatedData .entrySet())  {
     InstanceIdentifier<?> iid = entrySet.getKey();
     final DataObject dataObject = entrySet .getValue();
     if (dataObject instanceof Addresses) {
       log.debug("Updated - Node :  {}", dataObject);
       /*....Handle Addresses Updated....*/
       packet Received ((Addresses)dateObject,iiD);
     }else if(dateObject instanceof Node){
      log.debug("Updated-Node:{}",dataObject);
     }
    }
    for (Map.Entry<InstanceIdentifier<?>,DataObject> entrySet
:          createdData.entrySet() ) {
     InstanceIdentifier<?> iiD = entrySet .getKey();
     final DataObject  dataObject = entrySet .getValue();
     if (dataObject instance of  Addresses ) {
       log.debug("Created - Addresses: {}",dataObject);
      packetReceived((Addresses) dataObject, iiD);
     }else if(dataObject instanceof  Node)    {
      log.debug("Created  - Node: {}",dataObject);
```

```
    }else if (dataObject instanceof  Link) {
     log.debug("Created - Link:  {}", dataObject):
    }
   }
  }
   });
}
```

6) FlowManager.java 中将流规则写入网络元件

目前，代码已经通过各种方法实时捕获网络状态。下文的最终代码清单演示了调整数据平面中转发元素的方法。首先，将流规则实例化为流对象。此代码清单显示了构建流规则的步骤，并且该规则发送给交换机，将所有 ARP 分组作为分组-输入转发到控制器。

```
private Flow createArpToControllerFlow(Short tableId, int priority) {
 //start building flow
 FlowBuilder aroFlow = new FlowBuilder( )
    .setTableId(tableId) //
    .setFlowName("arp2cntrl");

  //use its own hash code for id.
  arpFlow.setId(new FlowId(Long.toString(arpFlow.hashCode( ))));
  EthernetMatchBuilder ehernetMatchBuilder = new EthernetMatch Builder ()
    .setEthernetType(new EthernetTypeBuilder( ))
      .setType(new EthernetTypeBuilder(Long.valueOf(KnownEtherType.
Arp. getIntValue( )))).build( ));
  Match match = new MatchBuilder( )
    .setEthernetMatch(ethernetMatchBuilder.build( ))
    .build( );
  List<Action>actions = new ArrayList<Action>( );
  actions.add(getSendToControllerAction( ))
  if(isHybridMode) {
   actions.add(getNormalAction( ));
  }

  // Create an Apply Action
  ApplyActions applyActions = new ApplyActionsBuilder( ).setAction(
```

```
actions).build( );
//Wrap the Apply Action in an Instruction
Instruction applyActionsInstruction = new InstructionBuilder( )
  .setOrder(0)
  .setInstruction(new ApplyActionsCaseBuilder( )
    .setApplyActions(applyActions)
    .build( ))
  .build( );
//Put the Instruction in a list of Instructions
arpFlow
  .setMatch(match)
  .setInstructions(new InstructionsBuilder()
    .setInstruction(ImmutableList.of(applyActionsInstruction))
    .build( ))
  .setPriority(priority)
  .setBufferId(OFConstants.OFP_NO_BUFFER)
  .setHardTimeout(flowHardTimeout)
  .setIdleTimeout(flowIdleTimeout
  .setCookie(new FlowCookie(BigInteger.valueOf(flowCookieInc.
getAndIncrement( ))))
  .setFlags(new FlowModFlags(false, false, false, false, false));
 return arpFlow.build( );
}
```

流规则是由 SAL 流服务写入配置数据存储器。数据存储器中的流路径由实例标识符对象进行标识。

```
Private InstanceIdentifier<Flow> buildFlowPath(NodeConnectorRef
   nodeConnectorRef, TableKey flowTableKey) {

 // generate unique flow key
 FlowId flowId = new FlowId(String.valueOf(flowIdInc.
getAndIncrement ( ) ));
 FlowKey flowKey = new FlowKey(flowId);
 return InstanceIdentifierUtils.generateFlowInstanceIdentifier(
nodeConnectorRef, flowTableKey flowKey);
}
```

在配置存储中，提供的流路径将使用先前创建的流更新。

```
private Future<RpcResult<AddFlowOutput>> writeFlowToConfigData(
InstanceIdenttifier<Flow> flowPath, Flow flow) {
 final InstanceIdentifier<Table> tableInstanceId = flowPath.<Table>
firstIdentifierOf(Table.class);
 final InstanceIdentifier<Node> nodeInstanceId = flowPath.<Node>
firstIdentifierOf(Node.class);
 final AddFlowInputBuilder builder = new AddFlowInputBuilder(flow);
 builder.setNode(new NodeRef(nodeInstanceId));
 builder.setFlowRef(new FlowRef(flowPath));
 builder.setFlowTable(new FlowTableRef(tableInstanceId));
 builder.setTransactionUri(new Uri(flow.getId().getValue()));
 return salFlowService.addFlow(builder.build());
}
```

8.5.6　使用 Mininet 测试控制器

首先，可以编译项目目录中的所有模块：

```
mvn clean install
```

构建完成后，可以按如下方式启动 Karaf 分发：

```
./distribution-karaf/target/assembly/bin/karaf
```

当 karaf 完全启动后，需要激活一些 OpenDaylight 的基本功能。

功能：安装 odl-restconf odl-mdsal-apidocs odl-dlux-all。

这将激活 OpenDaylight 控制器的 restconf、apidocs 和 dlux UI。可以通过以下链接获得 Web UI，默认的用户名和密码为 admin 和 admin。

```
localhost:8080/index.html
localhost:8080/apidoc/exploer/index.html
```

在加载 odl-MMA 提供程序功能之前，必须先添加功能存储库。如果将存储库作为 karaf 分布模块的依赖项添加，则不需要此操作。但是在开发期间，需要手动添加存储库。安装功能模块后，可以在 Maven 存储库中使用 features.xml。~/.m2/repository/de/tutorial/odl/mma/features-MMA/1.0-SNAPSHOT/features-MMA-1.0-SNAPSHOT-features.xml

在 Karaf 中添加 maven 的位置，以便可以找到该包：

```
repo-add mvn:de.tutorial.odl.mma/features-MMA/1.0-SNAPSHOT/
xml/ features
```

可以通过功能列表中 bundle 类来检查 Karaf 功能是否有效：

```
feature:list--grep-i mma
```

可以让 Karaf 下载并激活 odl-MMA-provider 功能：

```
feature: install odl-MMA-provider。
```

1. 使用 Mininet 进行测试

启动后，Mininet 会找到一个控制器，因此首先启用所有的特征启动 Karaf 是至关重要的。本节用一个简单的拓扑启动 Mininet：

```
mn--topo single,3 --mac --switch ovsk,protocols=OpenFlow13
--controller remote, ip=10.10.11.44, port=6633
```

当检测到 mininet 中的虚拟交换机时，odl-MMA-provider 将安装一些默认流，可以使用 OVS 命令查看：

```
ovs-ofctl -O OpenFlow13 dump -flows s1
```

8.6 结　　论

未来网络将必须面对前所未有的高容量、低延迟、更高 QoE、更多设备和更低成本等要求。此外，基于云的服务供应成为应用服务提供商使用资源弹性强、节约成本和可靠性高的服务首选。移动云计算能够通过移动网络访问基于云的应用程序，这需要云与移动网络基础设施之间的交互。鉴于目前移动网络的局限性，云计算的全部潜力无法带给移动用户。因此，为移动云计算设计的未来移动网络需要更灵活、更有弹性和更高效。

新的网络范例和技术，即 SDN、NFV 和 Cloud-RAN，是实现未来移动网络基础设施的重要推动因素，这些技术可以虚拟化所有网段。从核心到 RAN 的每个网段的网络资源被动态地切片和编排，以便有效地将应用数据传递给移动用户。因此，可以根据用户的需求和运营商的运营限制来优化整体资源。研究团队已经开展了初步工作，提供了支持这一愿景的概念和新工业产品。但是，当下一代移动网络即将来临时，新技术的广泛采用仍然难以实现。虽然这些产品支持 SDN 和 NFV，但它们的部署都是在传统系统上进行实验的。

因此，需要更多的工作来深入研究网络的各个方面，以加速其应用。研究团队需要在接近生产环境中实验 SDN 和 NFV 的工具。这使研究成果能够快速平稳地过渡到现实，并鼓励研究和工业界共同努力。本章重点介绍了 OpenDaylight—— SDN 网络控制器之一。从研究和实验的角度，它最适合这种要求，并得到市场领先网络提供者的广泛支持。在支持未来移动云应用程序的过程中，本章对其架构愿景进行了分析。本章还介绍了 OpenDaylight 应用程序的实现，以便研究未来 SDN 网络中用户移动性的处理。

SDN 范例的一个重要方面是控制平面及其对整体网络性能的影响。大量工作集中在数据平面和网络虚拟化上。假设网络策略转换为网络设置和配置，SDN 控制器会立即在数据平面元素上强制执行。但是，多数情况是没有可靠性和延迟限制的理想控制网络。控制平面和数据平面有可能共享相同的网络基板，为实现其目的，这些基板可能被虚拟化和隔离。控制平面和数据平面之间的分离机制、相互依赖性、处理和资源分配机制，本身就是未来网络的研究课题。

参 考 文 献

[1] Cisco, Cisco visual networking index: Global mobile data traffic forecast update, 2014-2019 White Paper, technical report, Cisco VNI, pp. 1-3, May 2015.

[2] ONF Market Education Committee,et al. Software-defined networking: The new norm for networks, ONF White Paper, p. 7, 2012.

[3] ONF Market Education Committee, et al. SDN architecture overview, ONF White Paper, p. 3, 2013.

[4] I. F. Akyildiz, A. Lee, P. Wang, M.Luo, and W. Chou, A roadmap for traffic engineering in SDN OpenFlow networks, *Computer Networks*, Vol. 71, pp. 1-30, October 2014.

[5] F. Hu, Q. Hao, and K. Bao. A survey on software-defined network and OpenFlow: From concept to implementation. *Communications Surveys Tutorials, IEEE*, Vol. 16, No. 4, pp. 2181-2206, 2014.

[6] ISGNFV ETSI, Network functions virtualisation (NFV), Virtual Network Functions Architecture, v1, 1, 2014.

[7] K. K. Yap, R. Sherwood, M. Kobayashi, Te-Yuan Huang, M. Chan, N. Handigol, N. McKeown, and G. Parulkar. Blueprint for introducing innovation into wireless mobile networks, in the *Second ACM SIGCOMM Workshop on Virtualized Infrastructure Systems and Architectures, VISA '10, Proceedings*, pp. 25-32, New York, ACM, 2010.

[8] A. Shalimov, D. Zuikov, D. Zimarina, V. Pashkov, and R. Smeliansky. Advanced study of SDN/OpenFlow controllers, in the *9th Central & Eastern European Software Engineering Conference in Russia, Proceedings*, p. 1, ACM, 2013.

[9] R. Khondoker, A. Zaalouk, R. Marx, and K. Bayarou, Feature-based comparison and selection of software defined networking (SDN) controllers, *Computer Applications and Information Systems (WCCAIS), 2014 World Congress on*, pp. 1-7, IEEE, 2014.

[10] S.-Y. Wang, H.-W. Chiu, and C.-L. Chou, Comparisons of SDN OpenFlow controllers over estinet: Ryu vs. nox, *ICN 2015*, p. 256, 2015.

[11] R. Enns, M. Bjorklund, J. Schoenwaelder, and A. Bierman, Rfc 6241, network configuration protocol (netconf), 2011.

[12] OpenDaylight wiki, OpenDaylight Controller: MD-SAL architecture. https://wiki.opendaylight.org/view/OpenDaylight_Controller:MD-SAL:Architecture. (Accessed: 1 February 2016.)

[13] K. L. Scott and S. Burleigh, Bundle protocol specification, 2007.

[14] W. B. Pöttner, J. Morgenroth, S. Schildt, and L. Wolf, Performance comparison of DTN bundle protocol implementations, *the 6th ACM Workshop on Challenged Networks, Proceedings*, pp. 61-64, ACM, 2011.

[15] Van Jacobson, D. K. Smetters, J. D. Thornton, M. F. Plass, N. H. Briggs, and R. L. Braynard, Networking-named content, *the 5th International Conference on Emerging Networking Experiments and Technologies, Proceedings*, pp. 1-12. ACM, 2009.

[16] CCNx protocol. http://www.ccnx.org/releases/ccnx-0.8.2/doc/technical/CCNxProtocol.html. (Ac cessed: 1 February, 2016.)

第 9 章　自动网络管理

9.1　引　　言

移动技术的飞速发展推动了高速率数据对速率需求的增长和多样化应用的发展，这对网络内部结构提供商或移动运营商具有重大的影响。数据吞吐量的增长率和运营商收入的巨大不平衡说明资金支出和运营支出都需要减少。此外，由于现代移动通信系统的复杂性，移动通信技术前沿发展面临的挑战越来越严峻。由于运营商不断追求将异构接入技术融入现有的网络中以提升网络的性能,从而增加了网络管理的复杂性。因此，人们认为传统的(主要是人为控制的)网络管理模式需要向自组织和自我优化系统转变，这有助于减少运营的成本。自动(Self-X)网络管理的内在含义是使网络能够自己组织和优化其参数，尽量减少人为干预[1]。目前，大多数 Self-X 实现网络管理的方案都受到生物系统的启发，从而展现出其的自主行为，如自我修复、自我管理等，这都需要网络完全实现 Self-X 视觉的功能，且需要实施以下自主原则：①将业务目标转换为低级网络配置的能力；②实时感知网络的变化，并及时报告给正确的网络段；③感知情景变化时实现最优控制行为，确保系统功能能够适应不断变化的环境；④观察其扩展控制策略的影响并学习汇集最佳策略的能力。

根据运营商定义的政策，人们认为记录和控制一些高级别性能指标和网络配置参数是实现自组织网络(self-organizing network, SON)所必需的。本章对 Self-X 网络管理的需求和实现进行了深入的探讨，首先介绍了 Self-X 网络管理的愿景，然后简要讨论了其基本术语和背景信息。作为基本组成部分，实现了设想中的 Self-X 网络管理的基本要求，并对相关的活动，主要是欧盟的项目进行了评估，分析了他们的要点，并对这些组成模块进行了测量。本章也提供了一种解决方案的细节。

9.2　基本术语概述

本节简要介绍了 Self-X 的基本概念，并解释了有助于理解本节内容的基本术语。

9.2.1　自主网络

自主一词来源于希腊语中的自主工作，意思是“自主法规”。自主描述了在任何情况下都是自主的，在功能上独立，并且没有自愿控制的倾向[2]，进一步形成了自主学习这一术语的基础。受到 IBM 于 2001 年提出的"自主计算"概念的启发[3]，自主网络目标通过采用控制回路的新概念来实现复杂网络过程的自我管理。因此，自主网络的一般定义如下。

定义 9.1　电信网络机制在没有外部干预的情况下对于自身进行管理，在动态变化的环境中实现既定的目标。

9.2.2　认知网络

认知网络(cognitive networking, CN)与认知无线电相反，认知网络具有更大的范围，即覆盖了所有领域的七个开放系统互联层。不同的研究人员提出不同的 CN 定义，然而，他们中的大多数人[4,5]对定义的以下组成部分达成了一致：①知识平面；②决策机制；③环境感知；④范围定义等。这就导致了以下对认知网络的高级定义。

定义 9.2　一个具有认知过程的网络，目的在于通过感知环境，从经验中学习并相应地调整其方案(分项)来实现端到端目标。

9.2.3　自组织网络

SON 的情景是完全基于自我配置、自我优化和自我修复的概念。直观地讲，可以断定 SON 的情景是自主网络的专门案例，其范围仅限于蜂窝网络的管理和控制。以下就是 SON 的定义。

定义 9.3　具有自组织功能的网络，其目的在于通过自动化控制来降低 O&M 的成本。O&M 程序的自组织功能分为三个基本类别，即①自我配置；②自我优化；③自我修复。

9.2.4　基本代理术语和概念

代理技术在实现 Self-X 网络管理中发挥着至关重要的作用。代理使软件设计人员和开发人员能够围绕自主的、可通信的组件构建应用程序，从而构建支持设计所需的软件工具和基础架构[6]。代理技术被认为是应对未来网络管理挑战中的一种合适技术，从而在动态开放环境中解决异构网络技术，及扩展自组织网络边界。分布式代理计算可以帮助网络管理，以满足快速变化的环境和危险信息的增长，从而适应有效的计算。以下简要介绍了本章所涉及的一些与代理相关的术语。

(1) 智能代理：智能代理是通过传感器感知环境，并通过效应器作用于环境的事物，它具有实现目标的自助行为能力，能够执行自主行动来达到其目标。

(2) 代理环境：代理与其环境进行交互，环境驱动着代理的交互范围及方法。代理的环境可以被划分为①可访问/不可访问；②确定性/非确定性；③静态/动态；④连续/离散[7]。在此背景下，环境的不可访问性和动态性是代理位置特定的，即位于核心的代理所处的环境不同于位于网络扩展接入部分的环境。

(3) 代理功能：代理不断地执行三个阶段，如图 9.1 所示，并给出了这种控制循环的一般表示形式。

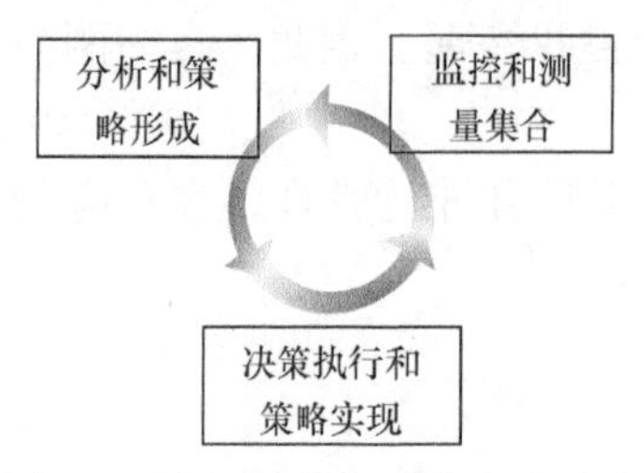

图 9.1　认知控制回路的三个阶段

第一阶段——监控和测量集合。这一阶段关注的是如何被代理人感知环境，代理捕捉给定环境的状态和事件，这一阶段受到执行方式的影响，在自主网络管理中，此阶段的代理可以捕捉 RAN 或核心层的网络状态、天线的 Tx 功率、拥塞级别等。

第二阶段——分析和策略形成。这个阶段根据策略的实现将感知映射到行动上，代理可能只对触发器做出反应，而触发器是第一阶段收集的感知和测量的结果。

第三阶段——决策执行和策略实现。该阶段实现决策阶段的控制结果，会影响控制回路的外部环境，这一阶段由执行器实现并触发其他动作。

9.3　Self-X 网络管理设置阶段

为了实现网络管理的自主原则，在自主管理网络中，仔细选择是实现这项工作目标必不可少的过程，这里的目的是收集网络需求和核心属性，有助于构建 Self-X 网络管理框架。应该注意的是，本节中主要提供了整体的解决方案，并且融合了目前研究文献的成果。相反，这些要求通过识别其核心功能和组件来设定，作者认为，这是实现任何 Self-X 模型的先决条件。这就要求在 self-X 网络管理中，必须开发其相应的解决方案。在 9.3.1～9.3.6 小节中，将简要讨论了这些构建模块。

1. 动态政策的制定

Self-X 网络管理应发挥其核心作用，即实现更广泛的网络视野并允许集中式的策略描述。这里的“策略”是指业务级别的策略，然后将其转换为低级网络配置策略，并为高级策略的动态提供不同网络的配置。

2. 端到端的重新配置

端到端的重新配置相当于在网络所有部分中强制执行 Self-X 决策的能力。鉴于使得用户体验质量最大化是运营商的全球目标，用户必须与网络签订服务级别的协议(SLAs)。只要满足 SLA，用户满意度就不会降低，这就可以从管理框架中提供持续的控制和监控[8]，因此需要对所有网络段进行自主管理。然而，网络工作监视和控制参数随网络段的变化而变化。直观地讲，不同部分可以提供独立的网络管理来进行有效的分布式控制，这就需要这些分布式管理系统紧密交互，以保证端到端 SLA 系统的传输。

3. 认知

Self-X 管理框架只有及时地提供检测和控制所需的所有测量信息，才能实现其目标。另外，如果管理检测到环境，则 Self-X 管理是有效的。然而，面对不熟悉的环境和技术挑战，Self-X 管理系统可能会导致次优决策。在面向所有环境展现自主行为的解决方案中，Self-X 管理系统应该提供一种机制，从而将重新设计/重新配置功能集成为系统的一部分。一个值得注意的解决方案是通过认知控制环来实现系统过程，这对应于包含多个阶段的循环(类似于在 9.2 节中讨论的那些阶段)，在这些阶段中执行的功能是由应用控制其周期。

4. 递归和冲突管理

递归网络管理也是值得考虑的，同时也要考虑自主管理的突出特性[8]。如果设想的框架是实现所有网络自主管理的方法，那么应该递归地应用自主管理功能。然而，在预想的异构无线网络范例中，一些自我管理的功能可能会在执行时导致一些混乱，这些冲突会使系统的稳定性降低，且导致欠佳的次优解决方案。因此，在决策中应该仔细制定其控制周期，以便于自我管理网络获得全球认可。

5. 知识管理

知识管理的定义[9]：知识管理是一种包含综合干预的概念，其中涉及了塑造组织知识库的可能性。这是实现 Self-X 网络管理时要处理的另一个方面。该模块从环境中收到所有数据，这些数据是基于接收/存储的，并用来进一步推进知识的体制，这些数据通过以下方法实现：数据挖掘、数据聚合、过滤、数据抽象等。

6. 测量和数据收集

测量和数据收集是指从环境中收集所需数据/信息，并将其呈现给决策机制而实施的方法。高效的监控和测量采集技术在实现 Self-X 网络管理中发挥着至关重要的作用。监控什么？在哪里监控？什么时候监控？是该解决方案中最关键的问题。此部分内容的关键是在正确的时间提供正确的信息，而不会增加系统开销。

在定义了上述内容后，以下提供了作者对认知网络管理的理解。

定义 9.4　一种使用控制回路进行分布式决策的机制，是从具体的测量中获得合理的知识结构，从而实现更高的目标。

9.4　相关方法评估

本节调查了与本节内容相关的欧盟项目。表 9.1 首先简要的讨论了每个项目的组件描述，该表根据提议的 Self-X 控制和管理框架定义的构建模块。表中的每个单元格都突出显示了组件中相关项目的重点，根据对项目的分析，使用三个级别对每个项目的不同组成部分的贡献进行评级：分别表示为明显的焦点(在表 9.2 中用亮灰色表示)、中度的焦点(在表 9.2 中用浅灰色表示)及简要的讨论部分(在表 9.2 中的用深灰色表示)。表 9.2 列出了人们对不同项目组成模块的关注。

表 9.1　本节内容相关的欧盟项目及其组件描述

参考项目	控制回路	测量	冲突管理
FOCALE	调整——当必须执行一个或多个重新配置操作时触发； 维护——当检测到异常时触发； 每次运行调整循环时，都遵循维护循环； 域是不确定的	FOCALE 依赖 SNMP-like 的度量，但是度量和数据收集的侧重是有限的，也就是说，通常假定供应商特定的数据是可用的	FOCALE 没有明确阐述冲突管理，但是可将单循环与多重循环移出自助管理器实现解决方案
E^3	层次的多重循环，即内、中、外循环。内环的范围仅限于 RATs；中环对应内算子作用域；外环覆盖了间算子作用域	E^3 确定了各种场景和它们的生成实体的度量需求。例如，在 CDMA 负载均衡中，从用户终端中收集的干扰测量被转换成链路质量。E^3 虽然讨论了度量的基础知识，但并没有详细描述具体的度量指标	由于项目使用多个控制循环，因此可以推断冲突管理已经得到了处理。然而，在具体讨论其针对异构无线网络的解决方案时，该方案的研究方向相对滞后
Self-Net	具有多重和分层控制循环的三层体系结构。 两种知识主体，即 NECM 和 NDCM。NECM 实现了两种控制循环：①灵活型；②增强型。前者应对众所周知的网络问题；后者则需要事件反应和共振	Self-Net 使用现有的标准监测手段，但是该项目在为不同的用例制定一些具体的度量收集方法/指标方面的侧重仍然较低	Self-Net 强调了抽象层面上的冲突管理。例如，有研究者认为，要解决描述 CAs 和状态之间关联的冲突是必要的
SOCRATES	三种类型的决策域：①分布式；②集中式；③混合式。 控制循环没有被明确提到	SOCRATES 特别专注于 LTE，项目重点强调了大部分的参数、测量和它们之间相互依赖的关系，以做出不同的决策等	该项目强调了两种类型的冲突，即①参数值；②度量值。为了实现这种冲突管理，该项目提出了算法开发的三个阶段：①个体机制的自优化；②多个机制的自优化；③总体自优化
EFIPSANS	该项目提出了四个层次控制循环，即①协议内在性；②功能块；③节点；④网络级循环。所有的循环都分配给指定的任务	EFIPSANS 提出了一种测量采集的监测回路。该循环是一个功能特定的控制循环，其中的监视功能主要由协议和网络级函数驱动。然而，具体的方法或具体的测量参数没有讨论	该项目通过定义控制回路的设计需求来解决冲突管理，也就是说，必须注意避免交互控制循环之间的冲突。但是，具体场景和冲突情况没有列出

表 9.2　从本节内容的角度来观察 EU 项目的相关组件

参考项目	范围	控制回路	测量	知识管理	冲突管理
FOCALE	自主网络控制和管理				
Self-Net	通用未来互联网 Self-X 网络元素				
SOCRATES	自组织网络(第四代)				
E^3	认知网络(异构 WN)				
EFIPSANS	自主网络控制(异构)				

9.4.1　FOCALE

2006 年，Strassner 等在书籍的章节[10,11]和一系列论文[7,12,13]中介绍了他们的自主网络系统模型，该模型称为 FOCALE(指基础观察比较行为、学习、推理过程)。摩托罗拉自主计算研究实验室开发了一款 FOCALE 的原型机器，但该实验室在 2008 年因为某些原因倒闭了。

FOCALE 自主架构的目标是通过将自主管理器引入传统网络设备来简化网络管理的复杂任务。为实现这一目标，FOCALE 创建了一个“通用语言”，将传统设备的供应商和技术特定功能映射到一个通用平台。在该通用平台上，根据变化的策略，FOCALE 先后引入了多个自主循环来实现自适应控制。FOCALE 架构由几个组件组成，它们共同构成了一个自主管理元素(AME)。AME 具有多个用于不同类型知识的存储库，包括策略的存储库、对象模型存储库和语义丰富的有限状态机存储库，这些都存储在网络下一代信息模型中。

9.4.2　自主网络

自主网络(认知未来互联网的自主管理)[14]是第 7 个框架计划(FP7)的研究项目(STREP)，已于 2010 年 10 月完成。自主网络的目的在于引入未来互联网的自主管理元素、设计和验证范例。因此，自主网络的设计原则是实现网络元素的高度自治、自我意识、自我管理和自我优化，从而实现分布式网络管理。为了实现这一目标，自主网络管理者提出了一种用于系统和网络管理(DC-SNM)的分布式认知周期[15]，以便以分层方式促进网络管理的分发。DC-SNM 包括三个管理和(重新)配置级别，通过这些级别，作者从网络管理领域的功能定义，即网络管理层、认知代理层、最低级别的技术层。在这些级别上执行的过程如下。

(1) 最低级别：在单个网络元素(如路由器)的范围内，本地代理(LA)实现一个简单的、反应性的认知周期，它由以下部分组成：①监控——通过利用特定于供应商的传感器，从网络元件中收集数据并通过与当前网络状态的其他 LA 交换消息来感知其内部和环境条件；②决策制定——LAs 是没有学习能力的反应性因素，决定了众所周知的情况，其他决策则传播到中间层；③执行——涉及(自我)重新配置、软件组件替换或重组和优化操作。

(2) 在网络域的范围内，域代理(DA)编排属于同一网络隔离专区的 LA。与 LAs 相反的是，DAs 利用学习技术来扩展 MDE 周期，以解决网络异常问题，这需要比 LAs 更广泛的网络视角。因此，DAs 无法应用学习机制来解决特定问题，这个学习过程的输出常用来更新 LAs 的知识库，巩固和改进其决策过程，DAs 还可以与同行交换它们所学的知识，以丰富它们的知识基础。

(3) 最高级别：在网络管理级别的范围内，运营商定义一组高级目标，这些目标以策略和规则的形式合并到框架中。本地代理和全局代理从网络管理的角度接受它们的目标。另一方面，代理向网络报告已知的情况。

因此，DC-SNM 环以多重代理的方式实现，其中包含两种特殊的代理，分别是运行在网络元素上的网络元素认知管理器 (NECM，实现 LA 功能)以及与具有同样单元相连的 NECMs 相关的网络域认知管理器(NDCM，实现 DA 功能)。Self-Net 的目的是在演进认知未来因特网的基础上，促进对于知识获取、干扰环境感知、动态协议配置、自管理、动态单元形成和决策策略的研究。

9.4.3 SOCRATES

2010 年 12 月，欧盟 FP7 项目完成了无线网络的自我优化和自我配置(SOCRATES)项目[16]，SOCRATES 项目的目标是在 LTE 范围内开发自组织解决方案，以考虑系统的所有元素。操作人员只需要为系统提供所需行为的策略，并管理无法自动解决的故障。SON 功能的预期收益包括 OPEX 和 CAPEX 的减少，以及优化的网络效率和改善的服务质量。

为了实现这一目标，SOCRATES 确定了 LTE 中对自组织功能的需求，并列出 25 个例子[17]，这些例子分为自主配置、自主优化和自主修复。通过自主配置，新添加的基站以“即插即用”的方式配置资源。根据不同变化的优化条件，现有的基站不断进行优化。最后，在蜂窝小区站点故障的情况下应用自主修复以减轻由此产生的覆盖/容量差距。为了实现这些功能，SOCRATES 采取了自上而下的方法，在查看由集成 SON 用例之间的冲突导致的问题之前，在参考模拟场景中开发和模拟了每个用例的算法。在文献[18]中描述了将无线电参数(由自组织算法调整)聚类成所谓的功能组以及用例之间的相互关系和依赖关系的指南。

为了体现该例子的整个框架，我们也选择了类似的方法，首先，在决定最终的系统设计之前，分析每个用例的首选架构。然后，对于每个用例，考虑了三种潜在的架构形式，即集中式、分布式和混合式[19,20]。最后，在工作的范围内实现了一部分用例，但是，相应的项目不可用于公共领域。

9.4.4 端到端的效率项目

欧盟 FP7 的端到端的效率(E^3)项目[21]持续了两年时间，直到 2009 年 12 月才完成。E^3 项目的主要目标是将无线认知系统引入到 B3G 通信网络场景中，以便将当前的异构无线基础设施发展为集成、可扩展、高效管理的 B3G 认知系统框架。

为了克服未来网络的复杂性，E^3 联盟制定了四个顶级目标[22]。

(1) 为了适应动态变化环境，利用网络的可重构能力和自适应能力设计认知无线系统。

(2) 使现有的无线网络按用户要求逐步、无干扰地发展。

(3) 从运营商和用户的角度，定义一种提高无线网络效率的方法，特别是利用异构无线传播的多样性。

(4) 根据认知系统和自组织原则的基础，提高运营及重配置等系统管理效率。

E^3 的目标是在通过开展业务和系统研究、开发认知系统的管理功能以及进行广泛的原型设计和验证工作来实现其目标。E^3 的功能架构/系统架构被列为该项目的主要成就之一。E^3 架构的组件可以分为六个支柱：①自主无线电实体管理；②认知促成因素；③重新配置管理；④灵活的频谱管理；⑤SON；⑥无线电资源管理。

在文献[23]中提供了关于 E^3 系统架构的概述，以及提出的场景和提供主要信息概念及其相互关系的信息模型。系统场景根据其关键技术分为三类，即频谱管理、认知无线电和自主管理。基于这些系统的场景，已经导出了用例，其要求作为 E^3 系统体系结构规范的基础，应包括主要构建模块的定义以及它们之间的接口。

9.4.5 EFIPSANS

IP 版本六个协议中的功能可以被利用或扩展成为用于设计或构建自主网络和服务(EFIPSANS)的项目[24]，该项目引入了一个可自由组网和自主管理的可标准化参考模型，称为一般自动网络(GANA)参考模型。GANA 参考模型在不同的抽象层定义了决策因素(DEs)，其功能涵盖了从单设备到整个网络架构。DEs 实现了自动管理，控制相关的管理实体 MEs，并且协作整个网络的自主管理功能的实现。在 EFIPSANS 术语中，MEs 是由 DEs 启动、配置、监测和动态控制的，DEs 以控制环的方式来控制相关的 MEs。GANA 模型定义了一个分层控制回路的框架，该框架在四个层次上具有相关的 DEs，分别是协议层、抽象函数的水平、节点级别和网络水平。

在这些控制循环的帮助下，EFIPSANS 开发了所谓的自主行为，实现了自主管理功能(从这个角度来看，GANA 提供了一个设计和设计自主行为的模型)。自主行为被定义为驱动网络实体，以达到最终期望目标的行为或子行为的集合。这些行为由网络实体管理，并在此过程中创建自主管理网络。

EFIPSANS 考虑的自主行为来自于 7 类自主功能[25]：①自主路由和转发；②自动发现和自动配置；③移动性和自主性；④QoS 和自主性；⑤恢复力和生存能力；⑥自主监控；⑦自主故障管理。

EFIPSANS 项目[25]定义了要达到的 7 个总体目标：①在不同的网络环境中所实现的一些自主行为的抽象，如核心网中的自适应路由；②可以用于自组织行为发展，与 IPV6 协议相关的已有特性的检查和识别；③研究和扩展 IPV6 协议，该扩展对实现不同的自主行为是必要的；④制定互为补充的网络组件和算法框架，从而协助实现其自主行为；⑤实现不同的自主行为所必需的网络组件和算法范例；⑥在已定义的行为中选择自主行为，以便在试验场景中实现和演示；⑦在标准化机构的帮助下，自主行为规范(ABs)的产业化和标准化。

9.4.6　基于代理的方法

关于代理在计算、节能和网络环境中应用的研究活动引起了研究界的极大关注，如文献[26]～[31]。但是，本节重点介绍了在网络环境中部署多工具执行网络维护和修复的方法。Gerard 等提出了对自主网络的解释和基于位置的知识平面的描述[32]。作者将所提出的概念应用于 IP 军事网络中的资源监管。据称，知识平面是唯一负责向系统的所有其他组件提供必要信息的信息中心。基于前述声明，作者强调了知识平面的基本要求。

(1) 知识层面信息应该是有用的、丰富的，且与不同的机制相关。

(2) 知识层面应能够预先计算数据，将它们关联起来，并将其保存在特定的格式中。

(3) 知识层面应将信息传播到需要的地方。

本节所提出的知识层面是基于多智能体系统的。作者提出了一种基于微积分的近似算法来确定必要的知识块，所提出的近似算法由两个因素驱动，即①拓扑中每个节点的接口数量；②共享信息的最大距离。分析表明，网络中共享知识的成本随着跳数的增加呈指数增长。例如，整个网络的广播信息成本约为半径为 4 跳的范围内的广播信息成本的 1000 倍。在分布式知识平面中，作者提出了代理人扮演的两个基本角色：①资源诊断代理，在该角色中，指定代理的目标；②资源管理代理，在这个角色中，代理人可以从同行的信息中建立它们的知识库，并在必要时采取行动。但是，本节只能作为知识平面/信息管理方向的贡献，没有详细说明不同代理之间的交互以及可能的冲突情况。

Xie 等[33]讨论了无线电网络工程中的分布式约束优化问题(特别关注 WLANS 中的资源分配)。作者用多代理方法解决了资源分配问题，提出了一种基于第三方的分资源管理体系结构，其中有一个中间实体(即在通信系统 UMTS 或全球移动通信系统 GSM 接入网中)，以类似于基站控制器控制节点或基站收发站的方式控制若干 WLAN 无线接入点。虽然本节提出了一种基于代理的解决方案，但是对于代理的交互、知识管理和冲突管理都没有进行详细的阐述。此外，解决方案、场景和解决方法都是有限的。

文献[34]和[35]讨论了多代理解决方案在网络管理中的应用，作者提出了一种由任务优先级及其相互依赖性驱动的任务分解方法。为了在网络管理配置中实现其任务调度和分解方法，作者表明所提出的调度算法通常会处理冲突问题。本节提出了两种代理类型，即调度和公共代理。调度是执行所提出的调度算法的类型，用于在代理组之间分发各种子任务。文献总体上提出了一个多代理网络管理框架，然而，各方面的问题仍未得到解决。例如，在自主网络中，如何分配优先级(静态/动态)，或者在动态优先级分配的情况下，是什么因素驱动这些以及如何在多种环境中处理相互作用、知识管理和冲突？Ana 等[36]提出了一种解决此类问题的方法，重点关注多认知无线电环境中基于学习的多智能体干扰减少的解决方案。

9.5　Self-X 网络管理框架的提出

本节详细介绍了实现 Self-X 网络管理框架的概念和组件，提出了一种合适的通信体系结构，有助于为分布式决策部署管理控制周期，同时，仍然支持端到端网络扩展的自动重新配置。为了改进 Self-X 的功能，提出了控制通信、知识管理和学习的方法。在接下来的内容中，作者将提供更多概念的细节。

9.5.1　自主控制代理

基于智能软件代理在实现 Self-X 网络管理解决方案方面发挥了关键作用。本节提出在不同的网络段中部署智能代理，以实现分布式网络管理。所提出的代理人赋予了以下基本特征：①沟通；②自主；③合作；④响应性；⑤学习。为了实现这些特征，本节设计并开发了认知控制代理。图 9.2 给出了一个认知代理的内部体系架构。该节点代理体系结构的功能组件包括上述特征，如图 9.2 所示。

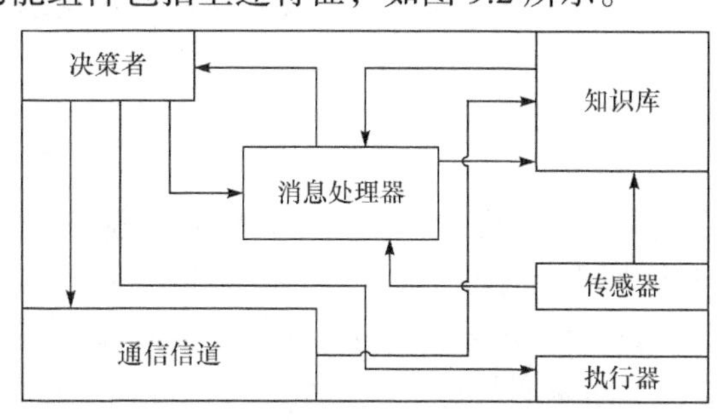

图 9.2　认知代理的内部体系架构

1. 决策者组件

决策者组件支持代理的自主性，通过对环境的状态感应，为代理提供可控制的操作。基于从环境中通过传感器观察到的不同参数的值，该决策来自知识库的数据模式/聚合数据或来自其他代理，然后这个决定被传递到执行器执行。

2. 消息处理器组件

消息处理器组件包含多个功能，即①缓冲区；②iter；③中断处理程序。在代理中对缓冲区功能的需求是显而易见的，因为其数据可能是周期性的，并且间隔时间非常短，所以需要对这些数据进行缓冲，以便进一步采取行动。当中断处理程序的功能组件时，作者的想法是，消息处理程序包含操作/阈值不同的参数值，这些值可以由运营商政策或优化算法(决策执行组件导致调优参数阈值)调整。因此，一旦数据超过了所设定的参数阈值，就会产生一个中断，从而产生决策机制。应该注意的是，无论采用什么方法(如基于事件或周期性的方法)感知数据收集，消息处理程序和决策者之间的通信仍然基于中断。组件的滤波功能用于执行代理通信任务，当其他代理人需要来自该代理的信息时，信息请求被过滤并发送到代理的知识库组件。但是，如果代理通信要求代理商不考虑决策机制，那么消息处理程序则是将消息转发给决策者(更高级别的保单实现可以是这样一个场景的一个例子)。

3. 传感器和执行器组件

从传感器和执行器的名称中可以明显看出，这些组件分别负责收集测量和执行决策。代理可以有任意数量的这样的部件，驻留在核心网络中的代理可能需要从核心实体和底层的无线电访问技术中收集信息。

4. 通信信道组件

通信信道组件使代理能够与其他代理进行通信，在本节中，作者对网络的不同部分进行定位，而这些代理需要通过通信来实现网络策略。因此，实现分布式代理之间的有效通信是必要的。作者提出的认知代理主要利用通信信道组件来实现所需的通信能力。

5. 知识库组件

我们必须接受的事实是，移动网络表现出一种动态的特性，即在网络扩展过程中，不同区段的动态水平各不相同。例如，无线特性参数的变化比隐藏在网络层的参数变化更加频繁。因此，为了达到网络管理的最佳决策，需要基于各种参数实现决策，其中，至关重要的输入来自于知识库组件。该组件不仅包含通过传感器收集的环境数据，还实现了用各种方法形成数据模式/聚合可用数据。需要注意的是，本部分介绍了学习方面的内容。表 9.3 对这些组件及其功能进行了总结。应当指出，所提出代理的设计受到 Self-X 网络管理框架中执行操作地推动，提出的代理通过执行类似于图 9.3 所示的认知控制循环来实现认知。

表 9.3　所提出的组件及其功能的总结

组件	描述
消息处理器	每个接收到的消息都存储在内存中，消息处理器会定期执行，并给出其执行周期。执行频率可以调整，其检查内存中的消息，并可以根据一个阈值启动决策者
决策者	决策者访问内存中存储的数据，以便做出正确的决策
知识库	知识库保存所有知识存储的内存，可以访问消息和其他类型的存储知识
传感器	传感器是一个被动适配器，用来感知外部世界的数据，并将其存储在内存中以供将来使用
执行器	执行器是一个主动适配器，可以改变设置、写日志或执行任何之前决定的事情
通信信道	通信信道组织与其他代理进行通信，可以调用发送操作、包消息，并将某些(自定义的)消息通知到内存中，以便立即做出响应

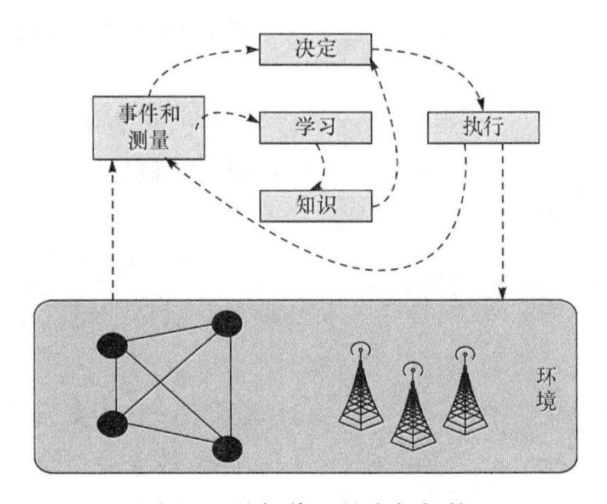

图 9.3　认知代理的内部架构

在第一阶段，代理通过传感器感知周围环境。然后，在第二阶段对环境参数值进行分析和处理。决策机制提供了不同的参数类型，包括处理原始数据。数据处理过程可能包括数据抽象和将学习视觉引入感知数据，便于预先估计参数值，这些决策是由代理商通过他们的执行机构执行的。

9.5.2　代理架构的实现

为了实现所提出的代理体系结构，作者采用了研究开发的 JIAC(基于 Java 的智能代理组件)[37]。JIAC 基于面向组件的体系结构，允许从不同的软件组件创建软件代理[38]。每个所需的能力，如理解不同的通信协议、知识处理和动作管理，以及调度都可以在特殊组件中找到。JIAC 代理使用 Jadl ++ (JIAC 代理描述语言)编程，允许根据服务的前提条件和效果对其进行语义描述。JIAC 的主要关注点仍然是①引入稳定性、可伸缩性、模块化和可扩展性；②在运行时动态添加和删除服务、代理和节点。代理与面向服务的体系结构的集成是 JIAC 的核心。由于使用了强大的发现和消息传递基础架构，JIAC 代理可以通过网络透明地分发，甚至可以超出网络边界。分布式代理平台中的 JIAC 代理可以通过服务调用向各个代理或多播通道发送消息，以及通过复杂的交互协议来彼此交互，每个代理的知识都存储在基于元组空间的内存中。最后，可以通过 Java Management Extension Standard 在运行时远程监视和控制 JIAC 代理。每个代理都包含许多默认组件，如执行周期、本地内存和通信适配器。代理的行为和能力在许多 AgentBeans 中实现。AgentBeans 支持非常灵活的激活方案：Bean，可以定期执行或根据生命周期更改(如初始化或启动)执行。此外，每个代理的结构包含许多标准组件，如执行周期、本地存储器和通信适配器。为便于参考，JIAC 代理的功能组件如图 9.4 所示。

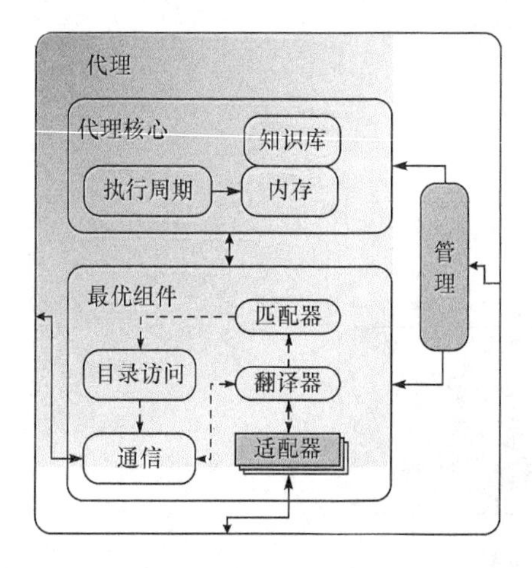

图 9.4 本节提出的代理与 JIAC 代理的功能组件的映射

接下来，本节简要介绍了 JIAC 代理所涉及的功能组件。

(1) 内存：它为代理的解释提供了内容，用于管理对服务的调用，还可以监视当前的执行状态。

(2) 知识库：促进了代理的推理和推断，其基本上是一个语义记忆，而不是一个简单的对象存储。

(3) 适配器：它们对应于代理与外界的连接，是一个传感器/效应器概念，其中所有代理的操作都由操作声明表示。

为了实现本书提出的代理功能，作者使用 JIAC 代理的功能，该组件用于实现提出代理所需的功能。图 9.5 给出了本节所提代理与 JIAC 代理的功能组件的映射，这些功能的组件与作者提出的代理组件相对应。

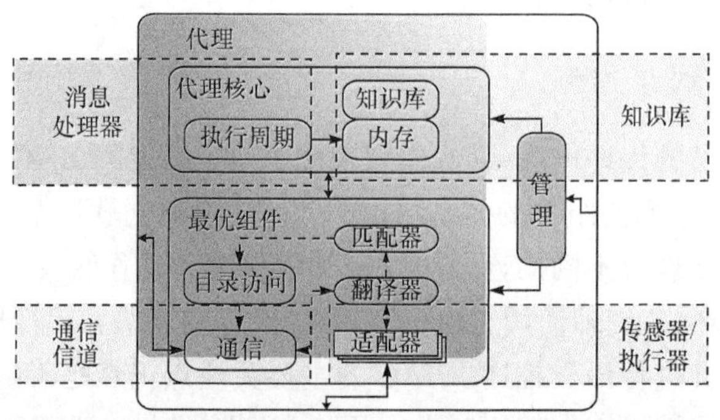

图 9.5 本节所提代理与 JIAC 代理的功能组件的映射

9.5.3　分层的电信网络架构

目前认为，分层式的蜂窝小区架构是能够满足未来网络需求的架构，它有助于分解网络功能，并定义控制步骤。反过来，可以通过在网络的扩展中分布控制逻辑来简化网络管理。作者提出了一种分层的参考体系结构，其对应于连接各种网络段的相互连接的电信链路。如图 9.6 所示，提出了基于通信链路的分层结构，将其分解为策略层、集群层、单元层和用户层。提出的分层命名是受到这些分层级别的主要网络实体或利益相关者的启发。这些级别可以控制多种网络运营，操作组合在一起可以完成 E2E 的服务需求。这决定了这些级别操作的优化并自动化增加了整体自主网络管理，从而获得了全局目标函数。电信市场的演变和以用户为中心的做法迫使运营商偏离传统目标函数的假设，即吞吐量最大化、资源利用率和呼叫阻塞最小化，并将重点放在用户满意度上。因此，利用本节所提出的层次结构设置全局目标函数，可以将全局目标函数定义为各种局部目标函数的集合，其中，局部目标可以在不同分级层上负责特定网络运营。在图 9.6 中，作者以图形方式呈现了所提出的分层体系结构，可以看出，在每个分层上，作者提出的认知代理都实现了认知控制循环。

接下来，作者将详细讨论这些代理在体系结构中的功能信息。

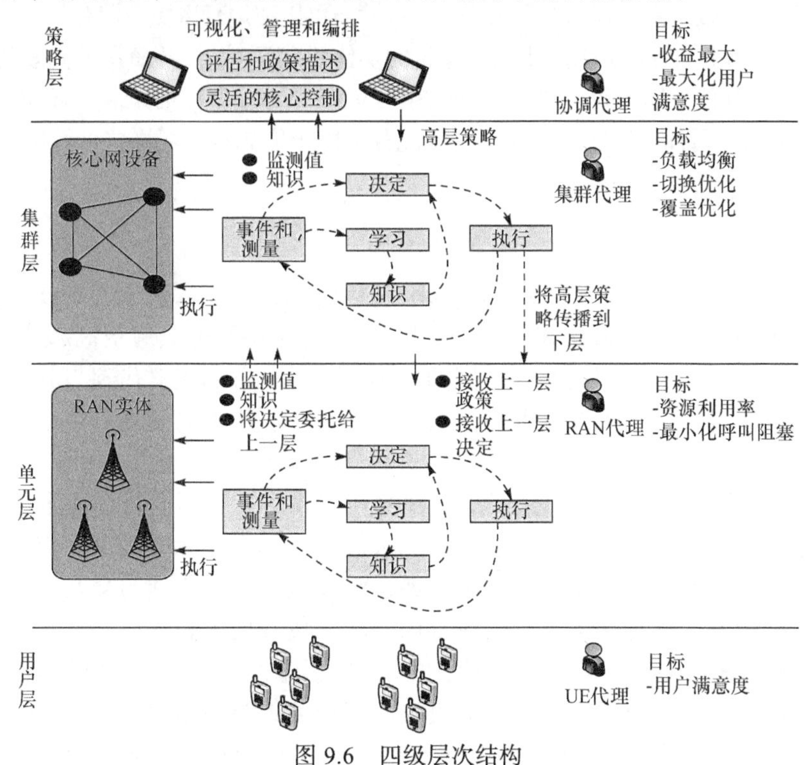

图 9.6　四级层次结构

1. 协调代理

协调代理负责捕获运营商的政策并将其转化为局部目标函数，其具有全局网络视野，还负责运营商的 SLA 协商和资源共享。协调代理还与集群代理进行交互，实现策略传播、网络管理以及协助从较低级别升级的决策实例。例如，协调代理给出了实现基于网络的拥塞避免/负载卸载方法的潜在技术，也就是说，通过①同时使用 RAN 将服务扩展到最终用户；②在不同 RAN 上优先考虑不同的服务和用户类型；③不足的 RAN 与重载的 RAN 共享资源。协调代理还可以实现运营商之间的资源共享。例如，运营商 1 拥有 WLAN，运营商 2 拥有 LTE，则运营商可以通过资源共享实现相互交互，基础设施则利用协议和 SLA 协调代理执行。但是，应注意与运营商资源共享需求的相关信息是从集群代理[39]聚合而来的。

2. 集群代理

集群代理驻留在核心网络中。在下游(即从服务器到最终用户)，集群代理关联并控制多个接入点的通信活动。直观地，所有小区覆盖的地理区域是集群代理的占用空间，并且所有小区聚集的无线电资源可以被称为集群无线电资源。集群可以由同构或异构 RAN 技术组成；集群内的访问技术数量由运营商的策略决定。运营商可以在地理区域中拥有各种集群实体，实现集群级认知并且控制其周期。此外，集群间实体的交互可以实现资源的高效利用、拥塞避免和实现许多其他目标函数(这些目标函数在第 9.6.1 小节中将详细介绍)。还应该指出，集群实体参与不同的目标函数完全取决于系统配置和用于集成不同网络技术的集成方法以及技术的所有权。

3. 小区代理

小区代理的实体可以是接入点 eNodeB 或 NodeB，具体取决于基础技术规范。此外，通过控制该小区而接入认知系统，小区代理也参与垂直(具有更高/更低水平的代理)和水平(与同等代理)之间的交互。例如，小区通过上游的集群代理与其核心网络相关联，并负责通过下游的无线电资源向用户扩展服务。代理的位置可由以下三个交互实例表示。

(1) 小区代理与集群代理的交互：这种交互主要是针对不同目标函数的事件。例如，如果单元间交互的负载均衡不能在单元级进行，那么单元间代理的交互将用于集群级的负载均衡。同样，对于 eNodeB 传递，涉及集群小区代理的交互。根据单操作符和多操作符设置，这种交互主要关注资源分配、负载均衡和切换。

(2) 小区代理与 UE 的交互：主要集中在物理层测量扩展到更高层的实体，用于不同决策。该层的交互对于网络选择的决策起着至关重要的作用。

(3) 小区代理与对等实体在水平层的交互：基于单个和多个运营商设置，该级别的交互基本上用于无线电资源共享和切换优化。

4. UE 代理

UE 代理是最终的用户设备，具有类似于当前智能手机的功能。通过在实体上部署 UE 代理来引入所需的智能模块，其中，UE 代理负责实现用户级目标函数，并为不同的目标函数执行 UE 小区代理间的交互。应该注意的是，大多数所提到的交互涉及用于测量值扩展的 UE 代理，UE 代理可以参与智能网络/传输频率/数据速率选择的决策，有助于优化问题，使其更快地收敛到平衡状态。由于在不同实体之间引入了智能的分配，并将一些决策委托给 UE 代理，这将有效减少控制信息，并且需要更少的信息来进行决策，这一事实证实了上述说法。

9.6 转换函数

在转换函数的工作中，提出了目标函数转换的概念。如第 9.5.3 小节所述，在所提出的体系结构中，多种的网络运营是具有不同层次级别的。因此，可以通过局部目标函数来实现在已定义的网络范围内对这些运营的优化。运营商的策略可能包含单个或多个这样的局部目标函数。因此，当涉及实现政策的制定和执行时，提出目标函数转换的概念是至关重要的。例如，当运营商通过配置各种高级参数来制定策略时，可以根据网络状态和网络部署来选择，此策略的转换因时间和地理区域而有所不同。政策转换函数确保了全局目标函数(高级目标/运营商政策)可以以最佳的方式转换为局部目标函数。作者认为，转换函数由空间因子(l)和时间因子(t)，以及动态网络状态(ρ)、运营商偏好(ψ)和网络技术偏好(ω)等参数组成。这些参数是由策略制定者配置的。然后，转换函数选择一组最符合全局目标函数期望的局部目标函数。图 9.7 给出了全局目标函数转换为各种局部目标函数的示例。可以看出，用户满意度函数(全局目标函数)被转换为负载均衡、切换优化等性能指标。作者将局部目标函数关系作为加权和，其中，每个局部目标函数的系数都是该局部目标函数的相关权重，表示为

$$G := \omega_1\left(t,\psi,\rho,l,\omega\right),\cdots,\omega_n\left(t,\psi,\rho,l,\omega\right) \tag{9.1}$$

这样，

$$\sum_{i=0}^{n}\omega_i = 1$$

为了将这些值赋给相关权重，本节建议使用本体论。因此，权重的计算极大地受到函数参数的影响。为了更好地解释权重计算，如图 9.8 所示，在开发的演示程序中简要地讨论了它的计算过程。

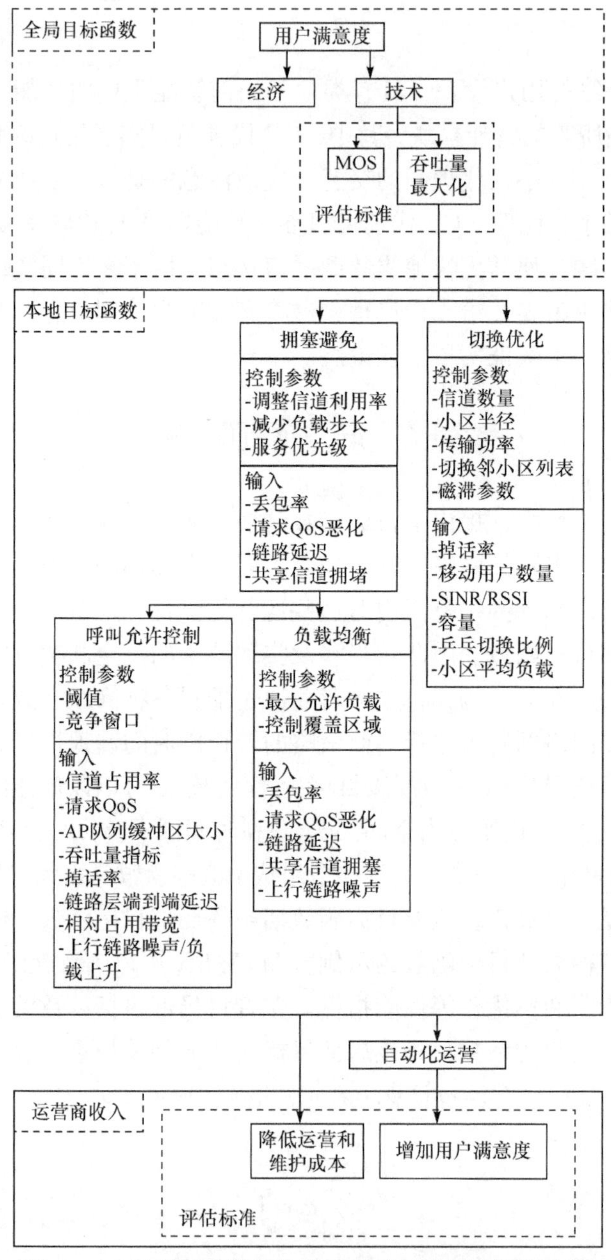

图 9.7　全局目标函数转换为各种局部目标函数的示例

从图 9.8 中可以看出，运营商的高级策略是在开发的网络管理和可视化框架中配置的。然后，目标函数收集相关的参数值(如从运营商那里获取的参数和仿真环境)，将这些参数值传递给函数，在实现本体的帮助下，计算函数的结果。更多关于目标函数和它们的关系，请参见第 9.6.1 小节。

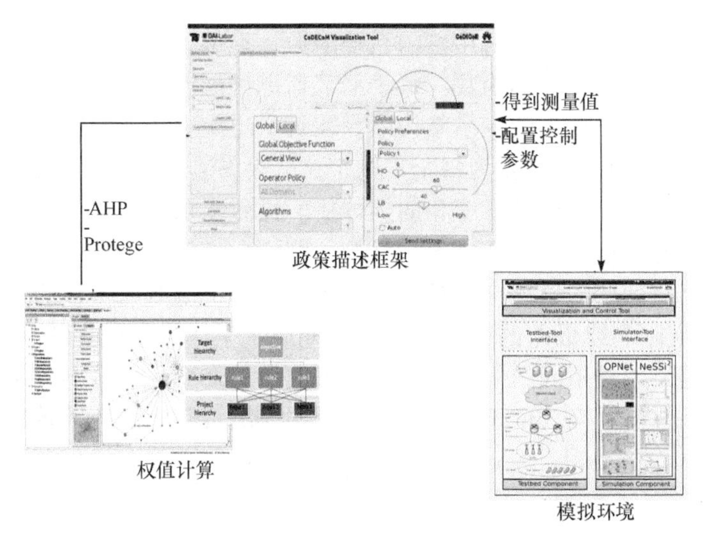

图 9.8　在开发的演示程序中的关联权重计算过程

9.6.1　不同目标函数关系概述

不同目标函数之间的关系将全局目标转化为各种局部目标。一个全局目标可能根据其转化为局部目标函数的不同而转换为不同的控制参数。进一步指出，这些关系是基于以下问题定义的：目标函数如何影响其他目标函数，即考虑到这个特定的目标函数可能对其他目标函数产生积极或消极的影响？消极影响表明目标函数(可能影响或被影响)的优化参数相互冲突。这些影响可能被转换成依赖关系，其中，可通过将权重与每个关系相关联来获取依赖关系。因此，将上述权重之间的关系重新匹配，从而使得目标函数形成一个层次化的结构，并为实现全局功能定义不同的路径。如图 9.7 所示，其中，吞吐量/用户的 QoE 可以通过①负载均衡 → 拥塞避免 → 吞吐量最大化或②呼叫接入控制 → 拥塞避免—吞吐量最大化来实现。应该注意的是，实现全局目标的步骤并不能表明优化问题的成本/复杂性。相反，局部目标函数对实现系统范围目标(全局目标)的贡献水平是由可访问的信息和特定于局部目标函数的控制参数驱动的。作者还认为，对于不同局部目标函数的选取，对运营商部署相关的基础设施、时间和空间指标等参数是非常敏感的。因此，将目标函数转换为局部目标函数主要依赖于运营商的策略。直观地讲，全局目标函数和局部目标函数之间存在着一种关系，这种关系可以用运营商的偏好和本体来实现，这些偏好和本体是不同地理区域和用户群的函数。前面的内容提出了运营商根据策略设置的权值，或者这些权值的设置可能使用本体函数来实现，而本体代表不同地理区域和用户群的函数，如本节所述。在接下来的内容中，作者将讨论常见的目标函数和它们存在的潜在关系。

9.6.2　全局目标函数

虽然可以考虑任何数量的全局目标函数，但是作者只考虑了两个主要的全局目标函数，即用户满意度和运营商收入。所谓的全局目标函数，在本节中指的是在不同的系统设置中能够评估可选操作适用性的系统函数。在该工作的背景下，全局目标函数被转化成各种各样的局部目标函数。每个局部目标可能涉及不同利益相关者之间的交互，可以明显看出，所提出的体系结构中，在每个层次上，利益相关者的决策都取决于各种参数(标准)。因此有必要为每个准则定义一个符合条件的适应性值(值范围)，以便根据多准则决策理论进行满意度和期望分析。这就要求，如果某个准则满足某些要求，则对标准的替代行为必须是令人满意的，同样，如果某个所考虑的标准达到了一定的期望值，则对标准的替代操作必须是理想的。每个准则所提供的信息必须包含适当的取值(满意度限制或最差的允许值，以及期望水平或理想值)。进一步规定了，将全局目标函数定义为对不同的同步或顺序决策实例的几个单独准则的集合。进一步说明，全局目标函数被定义为用于不同的同步或顺序决策实例的若干单独准则的集合。

1. 用户满意度函数

下一代无线网络和智能手机的发展为用户提供了新的移动服务机会。资源虚拟化和云计算的概念正在推动信息通信技术基础设施的重新设计。当与移动终端、“始终在线”设备和“始终在线”服务相结合时，这些概念将对无线接入网的容量、可用性和可靠性提出更高的要求。当用户在使用智能手机、平板电脑、上网本和笔记本时，无论他们的物理位置和活动情况(如步行、开车等行为)如何，都需要无缝地访问云端的虚拟资源和服务。移动通信网络的不同部分(从无线接入到回程和传输)都将深受这些无处不在的无线接入云服务场景的影响，这些场景又显著增加了传统服务(电子邮件、浏览、视频下载以及音频和视频流)的业务量[40]。

目前，移动电信运营商的商业模式是基于围墙花园的概念：运营商运行的基础环境设施是严格封闭的，并将其盈利模式建立在如何留住现有客户、吸纳新客户并有效制定技术和经济策略，以防止用户使用其他运营商提供的服务和资源。无线电频谱资源由运营商静态拥有，运营商之间的这种资源交换只能通过长期协议(如移动虚拟网络运营商与拥有无线电资源的传统运营商之间的协议)来实现。作者认为这种方法不适合支持所设想的电信业务的发展。

在逐步接受了未来电信服务将以用户为中心的观点后，运营商有兴趣扩展不同服务用户的满意度。作者将服务大致分为实时业务和非实时业务，提出了一种基于通用的度量方法来衡量实时业务和非实时业务的用户满意度。直观地讲，这些服务的特征在于不同应用服务的质量。接下来，作者将简要讨论实时和非实时服务业务的要求。有关这方面的更多细节可以在作者的早期论文中找到[40]。表 9.4 总结了不同应用程序的质量指标。

表 9.4　实时业务和非实时业务应用程序的用户感知质量指标

MOS	实时业务感知质量	非实时业务感知质量
5	优秀	无法感知
4	良好	能感知到，但是不令人讨厌
3	一般	有点令人讨厌

续表

MOS	实时业务感知质量	非实时业务感知质量
2	差	令人讨厌
1	极差	非常令人讨厌

2. 运营商利润函数

当涉及运营商定义的 prot 函数时，它可能是一个类似于凹函数形状的函数，也就是说，它可能由增益和成本组件组成。这些组件可能是不同参数的函数，其中，参数可能是技术参数和非技术参数。例如，当对运营商的利润函数进行建模时，运营商在增加用户满意度的同时增加利润，同时最佳地利用其资源并减少产生的费用。这就要求用户满意度与技术(服务质量)和经济(服务成本)参数相关。但是，也应注意其他影响参数，包括市场动态和运营商政策等。

在这项工作中，作者的讨论仅限于对技术指标中的用户满意度进行建模。从运营商的角度来看，该系统运营商的目标是通过优化各种局部目标函数来提高用户满意度，如切换优化、负载均衡、资源调度、实现跨层优化等方法。在图 9.8 中，作者将一个全局目标函数转换为局部目标函数。

应该注意的是，将 QoE 全局目标函数转换为局部目标函数，很大程度上是基于运营商的策略，而这些策略又进一步受到时空动态的驱动。例如，运营商可以在不同的地理区域实施不同的政策；类似地，运营商也可以根据不同的资源需求调整不同时间段的策略等。作者可以将全局目标函数转化为局部目标函数作为端到端优化的解决方案。进一步，考虑到网络已经建立并运行，一方面运营商感兴趣的是最优地利用可用资源；另一方面也在努力降低运营和维护成本。因此，降低运营和维护成本的一种可能方式是在网络中实现自主地控制和管理。

9.6.3　局部目标函数

本节概述了局部目标函数，有助于优化全局目标函数。

1. 负载均衡

虽然文献中没有关于负载均衡一词的正式定义，但研究界以不同的方式对其进行了定义。显然，术语“负载平衡”的主要组成部分是“负载”，因此，通过对术语“负载”给出的任何定义，会导致负载均衡被具体定义。

从本节的角度来看，将“负载”定义为所需资源与总资源的比率。如果连接到 AP 的所有用户的所需资源量大于或等于其总资源，则认为该 AP 过载，这进一步提供了所需资源的具体定义。与此相关，作者提出了用户类型，即对于不同的应用程序类型分别定义了优秀、较好和一般的用户(如弹性和刚性应用程序的不同)。每个用户的特征都由他/她所偏好的 QoS 来描述，作者将其转化为用户满意度函数。设 AP(A)的负载为 L，由下式给出：

$$L=\frac{1}{B}\sum u_{c,k}, \forall c\in\{\text{app.classes}\}\ \&\ k\in\{\text{user types}\} \tag{9.2}$$

其中，指数 k 代表用户类型；c 代表应用程序类集合中的一个元素；B 代表 AP 总的可用容量。

在本节中，作者将负载均衡定义为可用(同构/异构)系统基础架构和无线电资源上的负载分配过程。实现这一目标的动机来自于这样一个事实，即相对于某些选定的度量指标，用负载均衡的方法获得了总体上更好的性能。一般来说，负载均衡可以被看作是任务迁移，以便将任务放在正确的资源中，实现了系统特定复杂性的负载均衡算法(集中式或分布式)这一目标。

2. 无线链路自适应算法

广义上讲，术语“链路自适应”表示匹配的调制、编码和其他信号/协调参数来调节无线电链路。该任务可以由自适应调制方案来执行，其中，信道质量指标是从接收机获得的信干噪比测量得出的。存在各种自适应方法：①固定链路自适应；②差分链路自适应；③快速链路自适应；④基于窗口的链路自适应。在本节中，作者考虑了链路自适应定义的扩展版本，即链路自适应局部目标函数不限于物理层特性，而应该将信道条件和网络条件放在一起。此外，对于在多个接口上实现同时连接的解决方案，在这种情况下，所提出的链路自适应结合了网络端的负载均衡(在同构/异构无线接入网和核心网络中)并保持了用户满意度。

3. 切换优化

切换优化基本上提供了利用系统域的子域实现不同优化问题的能力。因此，切换优化是指动态的基于策略的垂直和水平切换优化，如图 9.9 所示。本节旨在实现切换优化的以下目标：①减少切换失败的次数；②减少不必要的切换次数；③降低初始切换的绝对值；④减少切换的时延；⑤增加用户与最近小区连接的总时间；⑥减少切换对于系统及服务性能带来的影响。

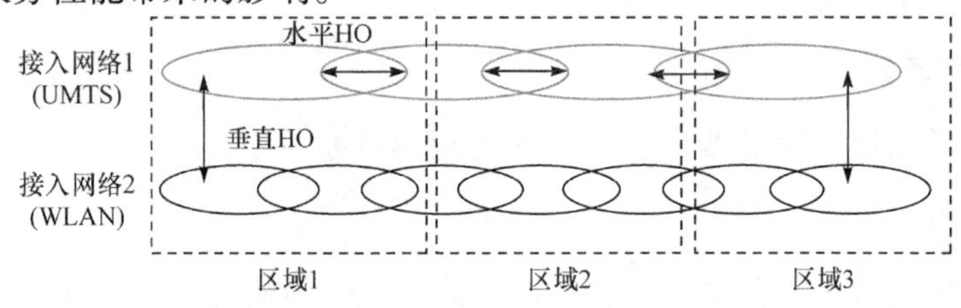

图 9.9　局部目标函数的切换优化

这些目标是通过代理间的交互来实现的，作者将这种局部目标函数设想为全局目标函数包中的一个元素。例如，提出的代理彼此交互，以最小限度地移动用户端到端的延迟，反过来又会影响用户接收的吞吐量并增加用户满意度。

4. 拥塞避免

根据定义，拥塞避免与所使用的技术相对应，这些技术主要通过监视网络流量负载，以预测和避免常见网络瓶颈上发生的拥塞。文献中有多种拥塞避免的机制，如随机早期检测(random early detection，RED)、加权随机早期检测(weighted random early detection，WRED)、分布式 WRED (distributed WRED，DWRED)等。作者将拥塞避免转化为负载均衡、呼叫接纳控制、切换优化等。

9.7　代理间 Self-X 网络管理的交互

本节重点阐述了不同认知代理之间的交互，以实现 Self-X 网络管理和跨网络执行运营商的策略，针对不同的全局目标函数或局部目标函数提出了详细的中间体交互策略。

9.7.1　代理间 QoE/吞吐量最大化的交互

考虑到用户感知的 QoE 是一个全局目标函数，它可以转换成许多局部目标函数(细节详见第 9.6.1 小节)，当涉及书中所提体系结构中交互的功能时，大多数提出的代理参与交互，且具体交互过程取决于配置，大多数提议的代理是根据配置参与交互的。相关实体之间的交互由图 9.10 所示的时序图给出。可以看出，用户 QoE/吞吐量最大化的触发由 UE 代理生成，即根据小区间 UE 代理交互所获得的 MOS 值触发。在接收到触发器时，小区代理执行小区间代理的交互，这取决于运营商的策略(这里所提的运营商的策略是将全局目标转化为局部目标)，从而达到不同的局部目标。假设小区间代理的交互可能无法解决最佳的发射功率或传输速率设置问题，在这种情况下，交互就会被扩展，并且引入了集群代理(如图 9.10 给出的时序图和表 9.5 所示)。集群代理对

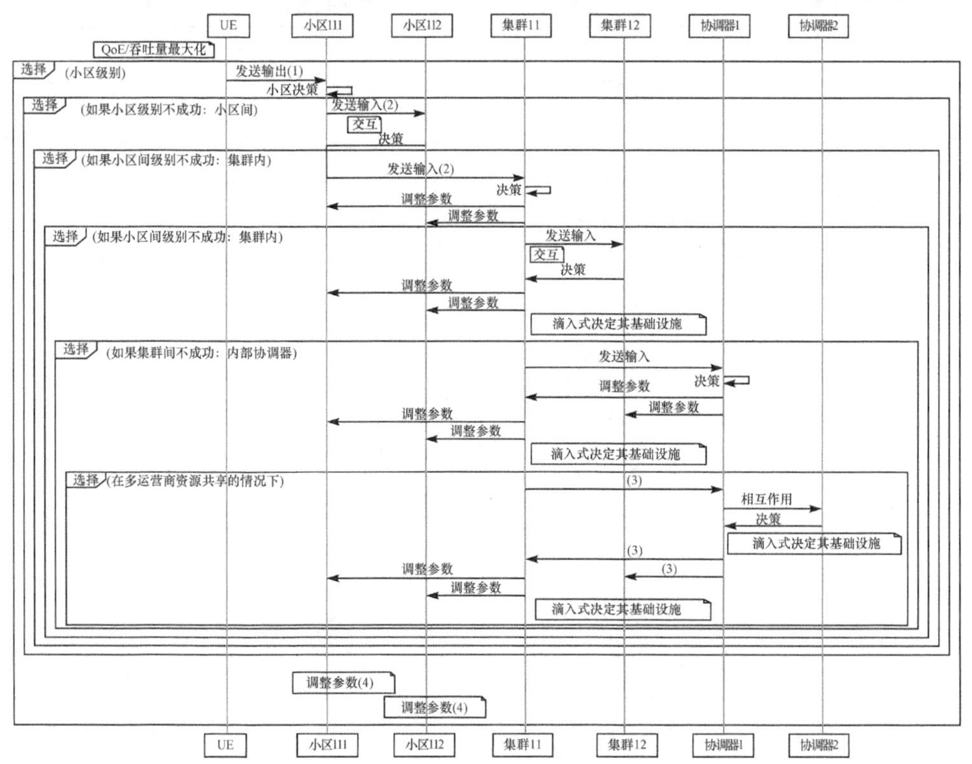

图 9.10　用户 QoE/吞吐量最大化时序图

其小区具有更广泛的认识，因此，可以更好地调整集群内不同小区的控制参数。沿着类似的方向，如果仍然需要优化目标函数，则会发生集群内的集群间交互。这样就完成了书中所提出的分层交互，实现了完全分布式和自主集中式的决策。除了集群间交互之外，在多运营商共享资源的场景下，协调代理也会发挥作用。为了使得用户的 QoE 最大化，代理之间的交互还需要进一步地细化，如图 9.10 所示的时序图和流程图。

表 9.5　用于吞吐量优化的输入与控制参数

输入	输入代理	控制参数	控制参数代理
MOS	用户终端	发射功率	小区(集群、协调器)
BER	用户终端和小区	发射速率	小区(集群、协调器)
SNR	用户终端	—	—

9.7.2　代理间切换优化的交互

在本节中，借助表 9.6 和图 9.11 详细介绍书中所提出的代理在实现切换优化目标函数之间的相互作用。

表 9.6　用于切换优化的输入与控制参数

输入	输入代理	控制参数	控制参数代理
掉话率	小区	信道数量	小区
移动用户数量	小区	发射功率	小区
SNR/RSSI	用户终端	切换邻小区列表	小区
容量	小区	小区半径	小区
乒乓切换率	集群	滞后	小区
小区平均负载	用户终端	—	—

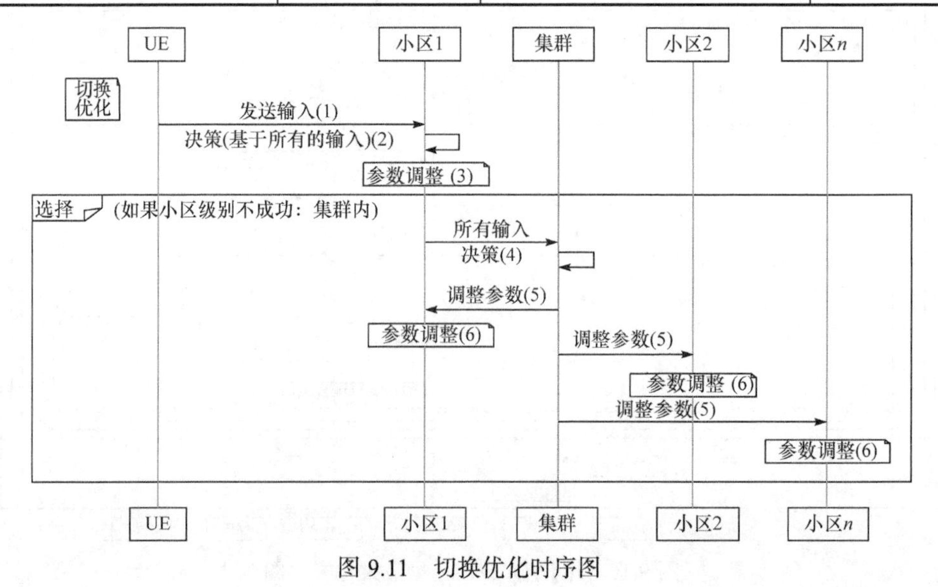

图 9.11　切换优化时序图

9.7.3　代理间链路自适应的交互

在本节中，借助图 9.12 和表 9.7 详细介绍书中所提出的代理在实现链路自适应目标函数之间的相互作用。

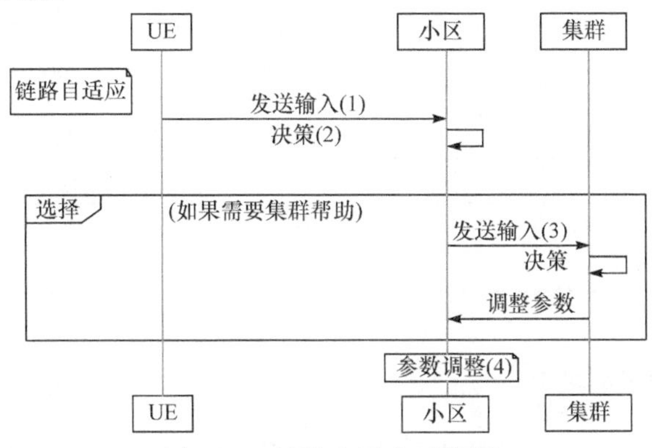

图 9.12　链路自适应时序图

表 9.7　用于链路自适应的输入与控制参数

输入	输入代理	控制参数	控制参数代理
接收帧的 RSSI	用户终端	阈值	小区
应用 QoS 恶化率	用户终端	传输频率	小区
资源利用率恶化率	小区	调制和编码速率	小区
—	小区	调度权重	小区
—	—	资源保留	小区

9.7.4　代理间呼叫接入控制的交互

在本节中，借助图 9.13 和表 9.8 详细介绍书中所提出的代理在实现呼叫接入控制目标函数之间的相互作用。

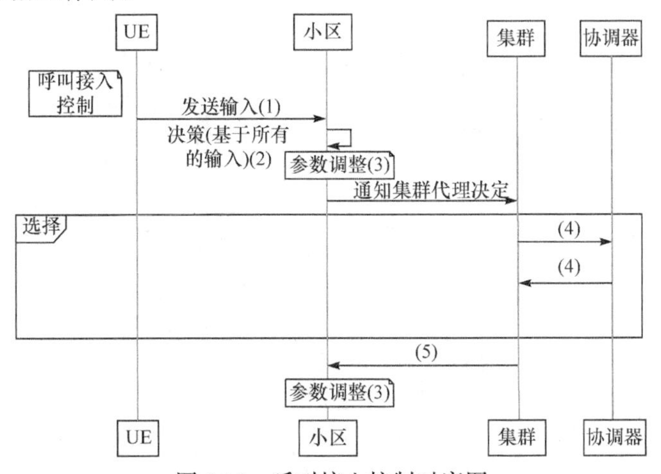

图 9.13　呼叫接入控制时序图

表 9.8　用于呼叫接入控制的输入与控制参数

输入	输入代理	控制参数	控制参数代理
信道占用率	小区	阈值	小区
请求 QoS	用户终端	竞争窗口	小区
吞吐量指标	小区	—	—
掉话率	小区	—	—
L2 层端到端延迟	小区	—	—
相对占用 b/w	小区	—	—
上行链路噪声/负载	小区	—	—
共享信道利用率	小区	—	—

9.7.5　代理间负载均衡的交互

在本节中，借助图 9.14 和表 9.9 详细介绍书中所提出的代理在实现负载均衡目标函数之间的相互作用。

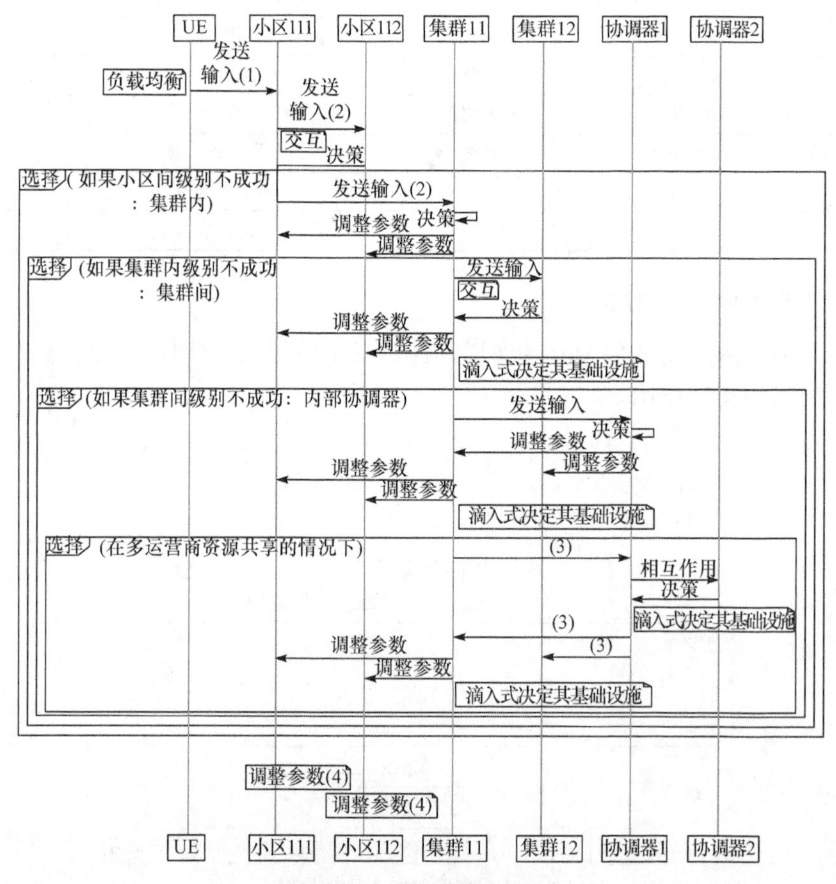

图 9.14　负载均衡时序图

表 9.9　用于负载均衡的输入与控制参数

输入	输入代理	控制参数	控制参数代理
丢包率	小区/用户终端	最大化允许负载	小区
请求 QoS	用户终端	控制覆盖区域	小区
链路延迟值	小区	—	—
共享信道拥塞	小区	—	—
上行链路噪声	小区	—	—

9.7.6　代理间拥塞避免的交互

在本节中，借助表 9.10 和图 9.15 详细介绍书中所提出的代理在实现拥塞避免目标函数之间的相互作用。

表 9.10　用于拥塞避免的输入与控制参数

输入	输入代理	控制参数	控制参数代理
丢包率	小区	调整信道利用率	小区
请求 QoS	用户终端	降低负载的步长	小区
链路延迟值	小区	服务优先级	小区
共享信道拥塞	小区	—	—

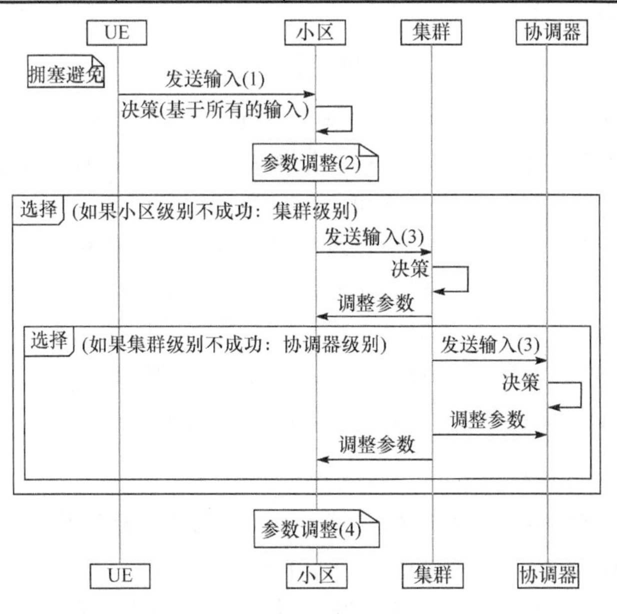

图 9.15　拥塞避免时序图

9.8　用户案例——拥塞地区运营商的用户策略

如图 9.8 所示，在这个用例中，全局目标函数是用户满意度，用 G 表示这个函数。可以注意到，本节将 G 转化为运营商的收益。假设运营商在一个地理区域中获取的收益为 G，且运营商拥有多个异构无线接入技术。在该区域内，移动设备和其用户终端设备都装配有多个接口。当运营商面临定义策略时，需要考虑在繁忙时段内达到地理区域中的 G(可以解释为子域)。一个直观的策略如图 9.8 所示，其中 G 被转化为一个局部目标函数的两个级别。

作者用 $L_{x,y}$ 表示这些级别，其中指标 x 表示级别，指标 y 表示任意级别的局部目标函数的数量。在这种情况下：

$$G = L_{1,1}, L_{1,2} \tag{9.3}$$

其中，$L_{1,1}$ 表示拥塞避免；$L_{1,2}$ 表示切换优化。

这种目标函数转化的选择是由场景描述决定的，即运营商的目的是拥塞避免和切换优化，以便维持用户首选的 QoS 感知服务。在图 9.9 中，可以观察到首先是对第一级局部目标函数的进一步分解，即 $L_{1,1} = L_{2,1}, L_{2,2}$，其中 $L_{2,1}$ 表示负载均衡，$L_{2,2}$ 表示呼叫接入控制，即拥塞避免=(负载均衡，呼叫接入控制)。通过各种方法可以获得局部目标函数(即拥塞避免)，这一事实证明了第一级局部目标函数的分解是合理的。直观的方法包括在可用的基础设施资源上进行负载均衡/共享，并且实现呼叫接入控制。这就要求为了获得 G 做如下操作：

$$G = \left(L_{2,1}, L_{2,2}\right), L_{1,2} \tag{9.4}$$

还可以注意到，G 包含两个组件：第一个组件表示第二级的多个局部目标；第二个组件表示第一级的局部目标函数。这些组件的元素可能具有不同的优先级，而这些优先级由运营商根据偏好设置的。例如，运营商优先考虑负载均衡而不是切换优化，在考虑的情景下，呼叫接入控制的优先级是最低的。运营商对于不同的局部目标函数的优先级是由每个局部目标函数相关联的权重定义，这进一步提供了局部目标函数之间的明确关系。从此角度出发，提出了将目标函数之间的关系作为加权和的方法，其中每个局部目标函数的系数是与局部目标函数相关联的权重：

$$G = \omega_1\left(t,\psi,\rho,l,\omega\right)L_{2,1} + \omega_2\left(t,\psi,\rho,l,\omega\right)L_{2,2} + \omega_3\left(t,\psi,\rho,l,\omega\right)L_{1,2} \tag{9.5}$$

这样，

$$\omega_1\left(t,\psi,\rho,l,\omega\right) + \omega_2\left(t,\psi,\rho,l,\omega\right) + \omega_3\left(t,\psi,\rho,l,\omega\right) = 1 \tag{9.6}$$

可以看出，$\omega_1(t,\psi,\rho,l,\omega)$ 是时间 t、运营商偏好简介 ψ、动态网络状态 ρ、地理位置 l 和网络接入技术 ω 参数的函数。这就意味着目标函数的优先级随着上述参数的变化而变化，即对于所考虑的地理区域，运营商的策略可能随时间变化而变化。相关权重的值可以用各种方法计算，包括层次分析法、格雷关系分析等。

9.8.1　基于用例的触发器的生成

如上所述，决策实例是由触发机制初始化并遵循运营商的偏好，即根据运营商的策略对触发机制的每个输入进行加权。任何决策实例的触发机制可以接收属于它的单个或多个目标函数的多个输入。在本节给出的情况下，生成触发器的决策很简单，即当任何输入的值超过预定义的阈值时，则触发决策机制。当涉及触发机制时，这些函数被输入到多个目标函数，在这种情况下，它是特定局部目标函数的输入。为了说明这一点，根据图 9.16 所示的场景可以看出，有两个决策实例驻留在蜂窝和集群级别，因此有两个触发机制。这些触发机制分别包含四个层次级别，即用户终端、小区、集群和协调代理。不同局部目标的测量输入可以是相同的或不同的。对于异构无线网络场景，表 9.11 中总结了所考虑场景中的各种输入。此外，每个决策实例控制各种控制参数。决策者的决策实例可以通过测量单个局部目标函数/多目标函数来触发。在这种情况下，决策实例是由多目标函数触发的，并且它可能导致协作或冲突的情况。所谓协作，是指调整控制参数对所有涉及的目标函数具有相同的影响，而冲突情况则与协调情况相反，即目标函数可能需要调整其控制参数，从而使其不同于其他局部目标函数。在上述两种情况下，与测量相关的权重是解决冲突的决定性因素。冲突解决基本上是通过对目标函数的优先级来实现的(如图 9.7 所示)。

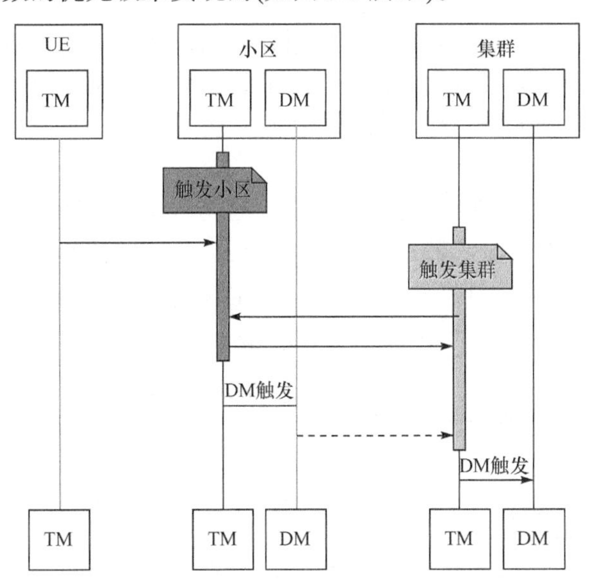

图 9.16　显示触发和决策机制概念时序图

表 9.11　所考虑场景的测量和控制参数的说明

本地	权重	度量	存在点	控制参数
负载均衡	0.5	平均小区用户数	小区	① 最大化允许负载 ② 小区覆盖区域 ③ 界面选择
		丢包率	E2E	
		请求 QoE 恶化	用户终端	
		延迟	小区、集群	
		共享信道拥塞	用户终端	
		技术偏好	协调器	
切换优化	0.3	掉话率	小区	① 最大化允许负载 ② 小区覆盖区域 ③ HO 邻小区列表 ④ 界面选择 ⑤ 磁带参数
		平均小区用户数	小区	
		SINR/RSSI	用户终端	
		可用容量	小区	
		技术偏好	协调器	
呼叫接入控制	0.2	用户偏好改变	用户终端	① 阈值 ② 拥塞阈值 ③ 界面选择
		信道占用率	小区	
		吞吐量度量	用户终端、小区	
		延迟	E2E	
		技术偏好	协调器	

9.8.2　基于用例的跨实体间的交互

需要注意的是，任何局部目标函数的触发器可以随时产生。在本书中讨论了基于用例场景下所提出的认知代理之间的交互。假设运营商定义了政策，且假设权重计算函数的参数值产生以下局部目标函数的权重值：负载均衡= 0.5，切换优化= 0.3，呼叫接入控制= 0.2。

在表 9.11 中的最后一列给出了控制参数，这可能会实现整体全局目标函数。在表 9.12 中，按降序顺序对控制参数进行了重新排列。不同的控制函数值对不同的局部目标函数有不同的影响，也可以把全局目标函数解释为以下控制函数：

$$G=\omega_1(t,\psi,\rho,l,\omega)(C_1+C_2+C_3)+\omega_2(t,\psi,\rho,l,\omega)C_4+\omega_3(t,\psi,\rho,l,\omega)(C_5+C_6) \quad (9.7)$$

表 9.12　控制参数优先级列表

控制参数	优先级	相关权重
最大化允许负载	1	0.8
界面选择	1	0.8
小区覆盖区域	1	0.8
拥塞阈值	2	0.7
HO 邻小区列表	3	0.2
磁滞	3	0.2

9.9 结 论

在本章中，讨论了基于Self-X网络管理系统的框架，提出了一种基于IP的、简化的、核心的网络结构，其包括不同的组件、智能代理、功能实体以及它们在不同配置中的交互。本章详细研究了目标函数的构建,从而协助实现自主网络的管理和动态策略的制定,在表9.13中，总结了Self-X网络管理组件的结果。

表9.13 所提出的Self-X网络管理组件的总结

<table>
<tr><th>维度</th><th>提出的组件</th><th>提出的方法</th></tr>
<tr><td rowspan="3">端到端方法</td><td>分布式控制机制</td><td rowspan="2">通过使用各种学习和博弈的方法，自我调整控制和管理过程，包括最新技术在内的适用于异构无线网络的具体测量方法</td></tr>
<tr><td>环境感知与测量</td></tr>
<tr><td>知识建模与开发</td><td>以自组网的方法调整知识的生命周期，该工作旨在通过引入基于学习的本体方法来实现冲突管理的知识管理</td></tr>
<tr><td rowspan="2">实际管理工作经验</td><td colspan="2">执行所有关于演示者的想法</td></tr>
<tr><td colspan="2">理论和实际研究的灵活组合</td></tr>
</table>

参 考 文 献

[1] Barth, U., and Kuehn, E., Self-organization in 4G mobile networks: Motivation and vision, *Wireless Communication Systems* (*ISWCS*), 2010 7th International Symposium, pp. 731-735, 2010.

[2] Gaiti, D., Pujolle, G., Al-Shaer, E., Calvert, K., Doboson, S., Leduc, G., and Martikainen, O., editors, *Autonomic Networking, First International IFIP TC6 Conference* (*AN* 2006), Paris, pp. 27-29 September, Springer.

[3] IBM. (2001). Autonomic manifesto. www.research.ibm.com/autonomic/manifesto.

[4] Balamuralidhar, P., and Prasad, R., A context driven architecture for cognitive radio nodes. *Wireless Personal Communications*, Vol. 45, No. 3, pp. 423-434, 2008.

[5] Thomas, R. W., DaSilva, L. A., and MacKenzie, A. B., Cognitive networks, *First IEEE International Symposium on New Frontiers in Dynamic Spectrum Access Network*s, 2005, pp. 352-360, 2005.

[6] Luck, M., McBurney, P., and O.S.S.W., *Agent Technology, Computing as Interaction*: *A Roadmap for Agent-Based Computing*. University of Southampton Department of Electronics & Computer Science; illustrated edition, September 2005.

[7] Strassner, J., OFoghlu, M., Donnelly, W., and Agoulmine, N., Beyond the knowledge plane: An inference plane to support the next generation Internet, *Global Information Infrastructure Symposium*, 2007. *GIIS* 2007. First International, pp. 112-119, 2007.

[8] Johnsson, M., Jennings, B., and Botvich, D., Inherently self-managed networks: Requirements, properties and an initial model, *Integrated Network Management* (*IM*), 2011 *IFIP/IEEE Intern- ational Symposium*, pp. 1200-1207, 2011.

[9] Schmitz, C., *Self-Organized Collaborative Knowledge Management*, Kassel, University Press GmbH,

2007.

[10] John Strassner, N., and Agoulmine, E. L., Focale: A novel autonomic networking architecture, Latin American Autonomic Computing Symposium (LAACS), Campo Grande, Mato Grosso, Brazil, 2006.

[11] Agoulmine, N., editor, *Autonomic Network Management Principles from Concepts to Applications*, Burlington, MA: Academic Press, 2011.

[12] Jennings, B., van der Meer, S., Balasubramaniam, S., Botvich, D., O Foghlu, M., Donnelly, W., and Strassner, J., Towards autonomic management of communications networks, *Communications Magazine*, *IEEE*, Vol. 45 No. 10, pp. 112-121, 2007.

[13] Raymer, D., Meer, S. v. d., and Strassner, J., From autonomic computing to autonomic networking: An architectural perspective, *Engineering of Autonomic and Autonomous Systems*, 2008. *EASE* 2008. *Fifth IEEE Workshop*, IEEE Computer Society, pp. 174–183, 2008.

[14] Self-net EU Project.

[15] Self-net deliverable 2.3, Final report on self-aware network management artefacts.

[16] Socrates EU FP7 project homepage: http://www.fp7-socrates.org/.

[17] Socrates Project, D2.1: Use cases for self-organizing networks. http://www. fp7-socrates. eu/files / Deliverables/SOCRATES_D2.1%20Use%20cases%20for%20self-organising%20networks.pdf.

[18] Socrates Project, D2.4: Framework for the development of self-organization methods. http:// www. fp7-socrates.eu/files/Deliverables/SOCRATES_D2.4%20Framework%20for%20self-organ-ising%20net-works.pdf.

[19] Socrates Project, D2.5: Review of use cases and framework. http://www.fp7-socrates. eu/files/Deliverables/SOCRATES_D2.5%20Review%20of%20use%20cases%20and%20framework %20(Public%20version).pdf.

[20] Socrates Project, D2.6: review of use cases and framework ii. http://www.fp7-socrates.eu/files/ Deliverables/SOCRATES_D2.6%20Review%20of%20use%20cases%20and%20frame-work%20II. pdf.

[21] End-to-end efficiency (e3), eu fp7 project, https://ict-e3.eu/. http://www.fp7-socrates. eu/files/ Workshop1/SOCRATES%20workshop%20Santander_Wolfgang%20Konig.pdf.

[22] E3. Project approach. In www.ict-e3.eu/project/approach/approach.html. http://cordis.europa. eu/pub/fp7/ict/docs/future-networks/projects-e3-factsheet_en.pdf.

[23] E3, P., D2.3: Architecture, information model and reference points, assessment framework, platform independent programmable interfaces, deliverable.

[24] EFIPSANS, EU FP7 project, http://www.efipsans.org/.

[25] Chaparadza, R. EFIPSANS: Spirit and vision. http://secan-lab.uni.lu/efipsans-web/images/stories/ EFIPSANS%20Spirit%20and%20Vision.pdf.

[26] Gavalas, D., Greenwood, D., Ghanbari, M., and O'Mahony, M., An infrastructure for distributed and dynamic network management based on mobile agent technology, *Communications*, 1999, *ICC* '99, 1999 *IEEE International Conference*, Elsevier, Vol. 2, pp. 1362-1366, 1999.

[27] Nicklisch, J., Quittek, J., Kind, A., and Arao, S., Inca: An agent-based network control archit-ecture, the *2nd International Workshop on Intelligent Agents for Telecommunication Applications* (*IATA*'98), *LNCS*, *Proceedings*, pp. 143-155. Springer, 1998.

[28] Nagata, T., and Sasaki, H., A multi-agent approach to power system restoration, *Power Systems*, *IEEE*

Transactions on, Vol. 17 No. 2, pp. 457-462, 2002.

[29] Chavez, A., Moukas, R., and Maes, P., A multi-agent system for distributed resource allocation, *Proceedings of the First International Conference on Autonomous Agents*, *Challenger: A Multi-agent System for Distributed Resource Allocation*, ACM Press, pp. 323-331, 1997.

[30] Cao, J., Jarvis, S. A., Saini, S., Kerbyson, D. J., and Nudd, G. R., ARMS: An agent-based resource management system for grid computing, *Scientific Programming*, Vol. 10, No. 2, pp. 135-148, 2002.

[31] Lee, G., Faratin, P., Bauer, S., and Wroclawski, J., A user-guided cognitive agent for network service selection in pervasive computing environments, Pervasive Computing and Commu- nications, 2004, PerCom 2004, *Proceedings of the Second IEEE Annual Conference*, pp. 219-228, 2004.

[32] Nguengang, G., Bullot, T., Gaiti, D., Hugues, L., and Pujolle, G., Advanced autonomic netw-orking and communication, chapter autonomic resource regulation, *IP Military Networks: A Situatedness Based Knowledge Plane*, pp. 81–100, Birkhäuser Basel, Basel, 2008.

[33] Xie, J., Howitt, I., and Raja, A., Cognitive radio resource management using multi-agent systems, *Consumer Communications and Networking Conference*, 2007, *CCNC* 2007, 4*th IEEE*, pp. 1123-1127, 2007.

[34] Bo, L., Junzhou, L., and Wei, L. Multi-agent based network management task decomposition and scheduling, 2013, *IEEE* 27*th International Conference on Advanced Information Netwo king and Applications* (*AINA*), pp. 41-46, 2005.

[35] Liu, B., Li, W., and Luo, J., Agent cooperation in multi-agent based network management, *Computer Supported Cooperative Work in Design*, 2004, *The* 8*th International Conference on*, *Proceedings*, Vol. 2, pp. 283-287, 2004.

[36] Galindo-Serrano, A. and Giupponi, L., Aggregated interference control for cognitive radio networks based on multi-agent learning, *Cognitive Radio Oriented Wireless Networks and Communications*, 2009, *CROWNCOM* '09, 4*th International Conference on*, pp. 1-6, 2009.

[37] JIAC, Java-based intelligent agent componentware, DAI Labor, Technical University Berlin, Germany, http://www.jiac.de/, 2014.

[38] Sesseler, R., Keiblinger, A., and Varone, N., Software agent technology in mobile service environments, Workshop on M-Services at the 13th International Symposium on Methodologies for Intelligent Systems (ISMIS), 2002.

[39] Khan, M. A., Toker, A. C., Troung, C., Sivrikaya, F., and Albayrak, S., Cooperative game theoretic approach to integrated bandwidth sharing and allocation, IEEE, 2010.

[40] Manzoor Ahmed Khan, U. T., User utility function as QOE, 10th International Conference on Networks, ICN 2011, St. Maarten, the Netherlands Antilles, 2011.

第 10 章　分布式数据聚合、压缩与传统式压缩应用于 5G 虚拟 RAN IoT 传感器

10.1　引　　言

伴随着连接到互联网的设备以惊人的速度增长，物联网(internet of things, IoT)和机器到机器(machine to machine, M2M)的通信技术[1]正在迅速普及采用。2006 年，有 20 亿件物品连接到互联网，预计到 2020 年，连接到物联网的物品数量将达到 500 亿件，其主要目标是通过特别的方案来实现大规模智能设备的无线(或有线)连接。物联网涵盖了如智能城市、智能健康、智能监控和智能移动性的广泛应用。例如，智能城市是整合及利用了多元化的城市发展愿景并以安全的方式来管理城市资产信息的通信技术，如地方部门的信息系统、运输系统、医院、供水网络、废物管理和执法系统等。智慧城市的主要目标是提高城市竞争力、保持可持续发展、经济增长、能源效率、改善公民的医疗保健以及从总体上提高他们的生活质量。智能城市的成功部署需要统一的 ICT 基础设施来支持城市发展的各种应用。绝大多数的设备都采用了基于 IEEE 802.15.4 标准的无线传感器和驱动网络(WSAN)技术。但是，基于物联网的应用需要采用更先进的通信技术，如 4G /LTE，从而提供更高质量的服务。

10.1.1　背景和研究目的

最近有关机器到机器之间通信[2,3]的研究，以及利用 IPV6 在低功率无线个人局域网上支持网络层[4,5]，使无线传感网络与通用网络结构进行集成，需要包含新数据的传感与聚合机制来增加这种网络的效率。特别是最近在 5G 的云虚拟无线接入网架构形式上，这种机制利用绿色能效策略来有效增加系统容量。

由于 C-RAN 能使多样化异构设备的频谱资源接入达到最优化，因此在物联网方面它能显著提升通信效果。C-RAM 能够根据用户设备的请求，以集中式或分布式的方式来划分网络的资源，从而使用户优先获取网络资源。因此能够加速本地远程单元之间的信息交换，并减少使用不同通信技术的设备之间的信令。此外，由于 C-RAN 集中式的管理和操作，新的远程单元的安装可以通过简单的 SDR 设备和所需的软件来完成，这使得 C-RAN 架构可以显著降低过多的硬件成本。最后，随着作为物联网基础技术支柱的 5G 出现[6]，C-RAN 可以有效地整合物联网所涉及的异构设备并使其有效共存，这是由于 C-RAN 可以以沟通管理的角色更容易与现有的物联网中间键平台

集成。

无线传感器网络(wireless sensor networks,WSNs)在能量资源、计算能力和可用带宽[7]方面严格受限的情况下工作。许多 WSN 的应用程序(如温度或湿度监测、无线可视传感器)涉及了特定的无线环境中的高密集传感器部署场景，因此传感器的读数精度非常重要。为了尽量减少传感器传输的信息(节省 5G 网络容量)，这种冗余需要通过具有低计算需求的有效数据压缩机制来移除。另外，由于信息是通过易出错的无线信道发送的[即 LTE、LTE-advanced (LTE-A)和 5G]，因此需要有效的数据保护机制来提供可靠的通信。

这种情况下，分布式源编码(DSC)被看作是无线传感器网络的关键技术[8]。DSC 的设计思想源于 Slepian 和 Wolf[9]的无损压缩的信息理论以及 Wyner 和 Ziv [10]在解码器上有限压缩与边信息的研究成果。多端源编码理论[11]将这些结果扩展到任意数量的相关源[12]。DSC 利用解码传感器读数之间的相关性进行设计[8,13,14]，即基站或汇聚节点。通过这种方法，将复杂度转移到能量较大的节点，并且使传感器的计算能力和能耗保持在最低，由此来获得高效的压缩效率。另外，也避免了因传感器之间由于交换数据而带来的能耗。此外，由于 Slepian-Wolf 编码是通过信道编码实现的(如 Turbo[15]、低密度奇偶校验[16]或 Raptor[17]代码)，分布式联合源信道编码(distributed joint-source channel coding，DJSCC)[18]的设计提供了对通信信道错误的抵御能力[18]。因此，人们意识到在通过能量受限的无线传感器网络收集的相关数据中，与在编码器处应用复杂自适应预测和熵编码的预测编码系统相比，DSC 方案具有明显优势[8,19,20]。

10.1.2　本章贡献

本章主要解决高效数据聚合的问题，这些数据收集于 C-RAN 中的异构传感设备；回顾了 C-RAN 结构的背景并且提出了一种将无线传感网络和 C-RAN 结合的新方案。本章的贡献在于提出了一种采用低复杂度传感器的方案，不仅获得了较高的压缩性能，也给信道传输带来更少、更稳定的误码率。本章在两个不同应用领域上做了相关评估：①从分布式的传感器上收集温度测量数据；②通过低分辨率传感器进行隐私保护监控。本章所提出的编码是基于 DSC 理论，因此提供了额外的基础性贡献。特别的，本章研究了 Wyner-Ziv 的编码问题，设法使资源、二进制的边信息以及 Z 信道具有可靠性且达到零损率。

10.1.3　章节概述

本章内容安排：10.2 节概述了 C-RAN 结构的细节，并提供相关发展历史简介；10.3 节提出了一种集中式 C-RAN 架构与无线传感器网络耦合的方案；10.4 节描述了后续介绍的分布式压缩的基本原理，并提出了在本领域具有创新性的信息理论；10.5 和 10.6 节分别对温度测量传感器和视觉传感器提出分布式数据压缩与传输的方案；10.7 节为本章的结论。

10.2　C-RAN的背景

10.2.1　工业发展历史

C-RAN或虚拟无线接入网(V-RAN)被认为是基于云计算蜂窝网络结构[1,21]的增强型无线技术与物联网技术的合理结合。该技术将会是未来5G移动网络基础设施的理想选择，并且它完全兼容全球移动系统中现有的所有蜂窝演进技术，如移动通信/通用分组无线服务(GSM/GPRS)、宽带码分多址的全球系统的蜂窝演进接入/高速分组分析(WCDMA/HSPA)、LTE[22]等。在考虑未来的5G部署网络基础设施结构时，运营商已经提出了基于C-RAN的部署方案，其结合了现有的3G和4G拓扑结构，并可以降低预期的成本投资。这是由于4G网络在服务和能力方面已经成熟，能推动更多的投资和网络扩展。而实际上，根据文献[23]，运营商网络现在仍然面临许多挑战。

C-RAN的历史可以追溯到2010年，在2010年4月21日由中国移动研究院在北京举办的第一届C-RAN国际研讨会上第一次提出了C-RAN的概念。之后，为开发和实施C-RAN这一新兴技术，中兴、华为、IBM、英特尔初步签署了协议，用于多边合作和研究。2010年12月，在第四届国际移动互联网大会期间，越来越多的电信组织也参与了进来，如Orange、爱立信、诺基亚、西门子和阿尔卡特–朗讯。但是当时所有的想法只在论文层面上而还没有在软件上实现。在第四十届国际电信联盟(ITU)的电信展览上，中国移动与其他合作伙伴(中兴、华为、IBM、Orange在北京的实验室及北京邮电大学)一起，提出了一种基于开放和专有平台的四种不同的C-RAN系统。2011年4月，下一代移动网络(next generation mobile networks，NGMN)联盟成立了一个名为面向项目集中式的无线接入网(project centralized RAN，P-CRAN)的工作组，来进一步研究并提出有关C-RAN解决方案的要求和标准。此后，一些会议和标准化大会也在开放平台解决方案上提出了一些基于ARM和ASOCS技术的C-RAN模块和部件。

10.2.2　C-RAN架构概述

主流市场移动技术厂商(爱立信、诺基亚、华为)通过努力，于2010年末推动了国际电信联盟(ITU)和第三代合作伙伴计划(3GPP)，将这种新型分布式固件基站(distributed firmware base station，DBS)架构纳入标准。在这种新架构中，无线电基站单元(radio remote unit，RRU)与主机柜数字处理BBU是分开的。RRU以背对背天线的方式安装在天线塔顶部，这样能够有效减少射频(RF)室外应用的馈线损耗，如图10.1所示。

光纤链路对现有城区的基础设施使用单模式远距离光纤电缆与密集波分复用技术(dense wavelength division multiplexing，DWDM)，从而给网络/传输提供了更大的灵活性以及更优先高效的部署方式，其通信距离通常可以达到几公里。另一种部署解决方案是在室内场景中将RRU封装在一个具有低发送功率天线的盒子中，再将其安装在走廊、地板、天花板等，并要求其与室内建筑的结构相协调。BBU 单元可以安装在建筑物的地下室，用短程光纤链路(塑料光学纤维或 POF)与 RRU 进行连接，如图 10.2 所示。

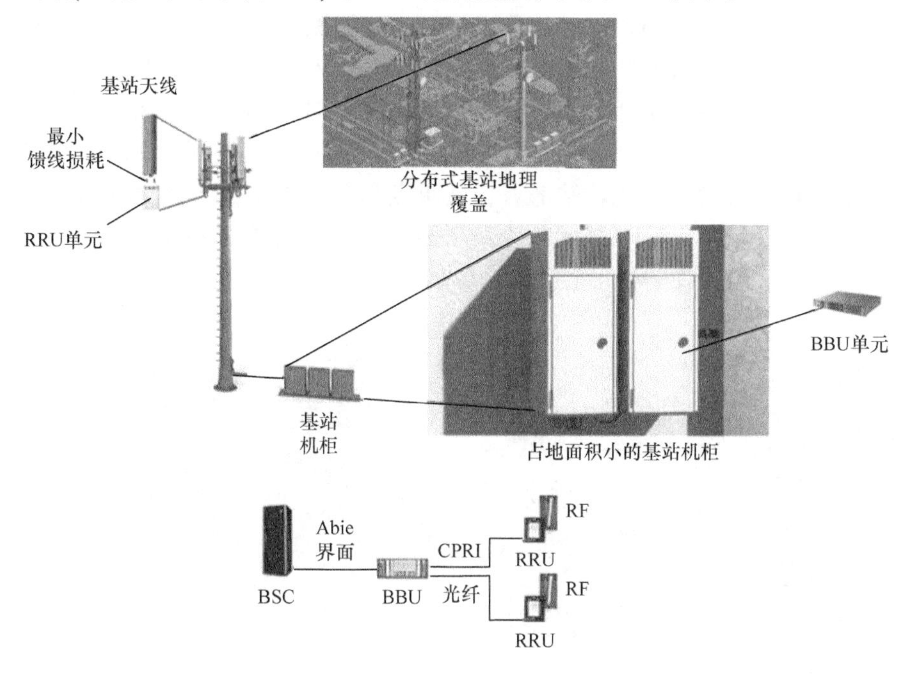

图 10.1　室外覆盖的分布式基站解决方案

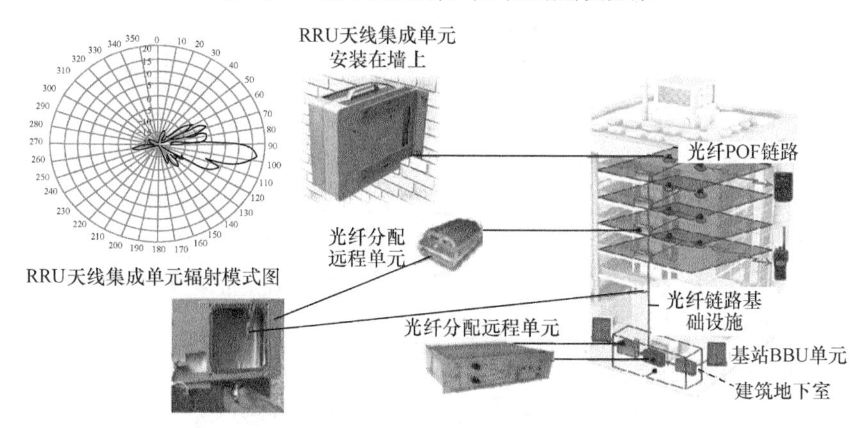

图 10.2　室内覆盖的分布式基站解决方案

基于 RRU 和 BBU 的现有理念，C-RAN 将会是未来的演进方向，并领先于 DBS 步骤。然而，它引入了先进的无线技术，将处理负载功能转移到小区边缘设备(移动边缘计算解决方案)，并应用了光网络技术进行 RAN 传输和回程网络拓扑[24]，这种解决方案被称为 C-RAN 部分集中式解决方案，如图 10.3 所示。

考虑到无线增强功能，RRU 不再只是具有组合器/滤波器的简单无线放大器，而是变得更加复杂和智能化，其引入了数据压缩功能以减少传输网络容量，并应用了基于快速傅里叶变换/快速傅里叶反变换(FFT/IFFT)的正交频分复用作为无线接口网络(LTE-A)功能，以达到减少 BBU 上的负载以及干扰协调功能[23]。然而，最重要的是远端射频头(RRH)单元与 RRU 一起为波束成形和多输入多输出功能提供了更智能和灵活的天线解决方案。另一方面，RRH/RRU 和 BBU 基于最新的通用公共无线电干扰(CPRI)标准，通过光纤技术互连，采用低成本粗波分复用/密集波分复用(CWDM/DWDM)光纤网络来实现大规模集中化基站部署，其重点是资本支出/运营支出(CAPEX/OPEX)的优化，如图 10.3 所示。BBU 技术基于最新的 IT 和切片服务器技术，这些技术将实时虚拟化云计算与云上的共享和冗余计算资源结合起来。

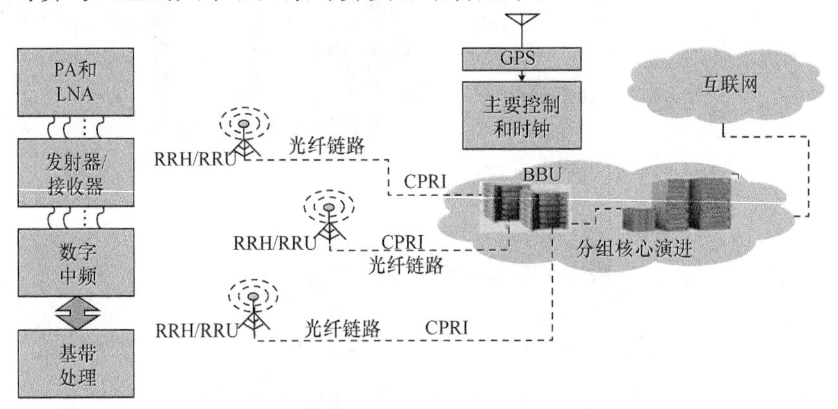

图 10.3　C-RAN 部分集中式解决方案

在国际上有关网络架构部署的文献中，有许多不同的提案。该架构的部署主要取决于应用、网络拓扑结构以及现有的移动网络基础设施。如果想对不同建筑的部署进行分类，作者认为以下三种方案将在市场上占有主导地位。第一种方案被称为大规模集中部署，其中在大部分区域中部署大量远程的 RRH/RRU，并通过光纤链路在其所连接云服务器的集中池(BBU)中进行集中部署。对于 LTE-A 方案，标准的范围是 15～20km，而 3G 和 2G 光纤链路的标准范围则分别为 30～40km 和 60～80km。这对于密集和异构多层网络来说是一个很好的解决方案，从而可以有效减少部署室内和室外层的成本。第二种方案是协作无线电技术支持，它允许由云端汇集的不同 BBU 使用 Gbps 链路来实现相互连接，以改善流动性和可扩展性。第三种方案是最新提出的实时虚拟化方案，它要求 RRU 和 BBU 由不同的供应商提供，此外，BBU 基于云端的开放平台。

10.3　集中式 C-RAN 与 WSNs 相结合的解决方案

选择一个网络体系结构，并且要求其实现大量不同种类的设备能够高效、安全的互通，因为各种通信技术和协议之间有很大的差异，如载频、带宽、调制和编码方案、数据包的结构以及数据包大小，所以这是一个具有挑战性的研究课题。一个简单的例子：具有 3G 接入制式的智能手机只能通过第三方设备与传感器设备交换信息(通信协议基于 ZigBee 协议)，此第三方设备可以翻译所有必要的协议并返回所测数据。在城市环境中，由大量的感知设备所产生的过量的无线交互通信会严重影响网络性能。并且考虑到工业、科学和医疗无线频带本来就受到来自除无线网络之外的其他干扰源的干扰，且 WSANs 对其他无线传输非常敏感，那么实际情况将会更糟糕。因此，关键的挑战是要创新压缩、聚合以及由以上所述的 IoT 装置发送信息的优先级等方法，这些也是由于冲突与干扰导致产生鲁棒性传输错误。

本节提出了一种能够充分利用无线传感器和网络移动云计算优点的架构体系。与现有的工作主题相反，如文献[25]，本节采用了一种面向云的集中式 C-RAN 以及一种基于 DSL 理论的新型分布式数据压缩和聚合框架。

通过结合集成认知无线电[26]和 C-RAN 架构[1,21]的各自优势，能够实现一种连接异构 IoT 网络的可靠框架。C-RAN 体系架构包括下列部分：

(1) 云端包含集中式的服务单元来管理基站资源；

(2) 分布式无线单元分布于远程站点；

(3) 集中式单元和远程区域之间的无线链路具有高带宽低延时的特点。

与 LTE 所提出的 C-RAN 结构的标准形式相比，所提出的结构能够利用远程区域的无线单元，从而具备处理各种同时连接远程站点的通信技术。由于每个站点只需要安装一个无线单元，因此减少了为各种通信技术安装多个单元的成本。此外，网络管理决策(即频谱分配、路由、调度等)不仅可以在每个本地射频单元上产生(当每个无线单元与每个蜂窝用户相关时)，也可以当集中式服务单元在需要与邻近单元相互作用或用于优化本地决策时产生。无线单元可以重新编程，因此有关通信协议的更新、附加技术的装配或实施新网络标准的部署都可以轻松完成，从而节省大量硬件成本。更为重要的是，因为 SDR 可以同时处理不同的通信技术，如 IEEE 802.11、3G、4G/LTE 或 IEEE 802.15.4，所以远程单元可充当不同的虚拟基站(virtual base stations，VBS)[22]。

因为云平台对每个射频单元上的可用资源都有全局视图，所以云平台拥有一批能够对可用网络资源执行优化管理的集中式服务器单元，它可以在运行时很容易地重新配置资源，从而平衡潜在单元过载或改变频带宽度受到干扰的影响。此外，通过基站分布式池的负载平衡能力，该架构可轻松解决流量不均匀的问题。这个分布池可以通过共享活动用户的信令、业务量和信道占用信息来优化无线资源管理决策。由于利用认知无线电机制可提高频谱效率，因此可以结合 RSU，并通过联合处理和调度来实现资源智能化管理。

因此，本节采用实时虚拟化解决方案并考虑 C-RAN 完全集中式的方法，其基带信号处理单元部署在基带处理单元池，如图 10.4 所示。在基带和射频部署时这种方法给运营商选择供应商的问题上提供了更好的灵活性，并且在云服务器基带处理单元的负载平衡问题上，与 2G\3G\LET\LET-A 时代有很大的不同，同时每天需要考虑不同的服务供应商。然而，这种方法的主要的缺点是在光纤链路上，RRH / RRU 与 BBU 之间需要传输大量数据。

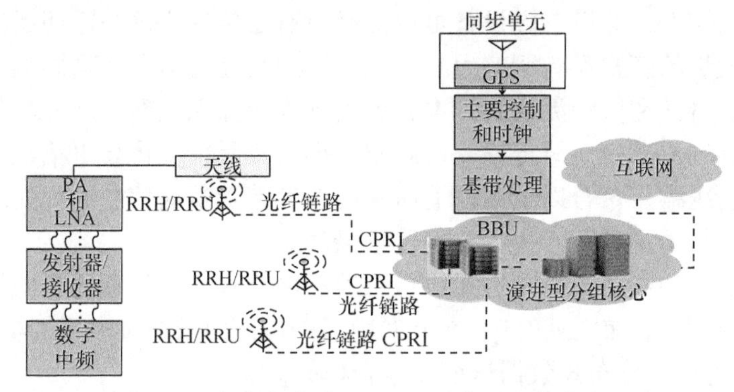

图 10.4　完全集中式 C-RAN 的实时虚拟化实现

通过 C-RAN 完全集中的处理方式，在 5G 室内全面部署传感器网络可以将其分成邻近传感节点所组成的簇。每个簇都包括一个协调簇头(cluster head，CH)和外围节点，如图 10.5 所示。

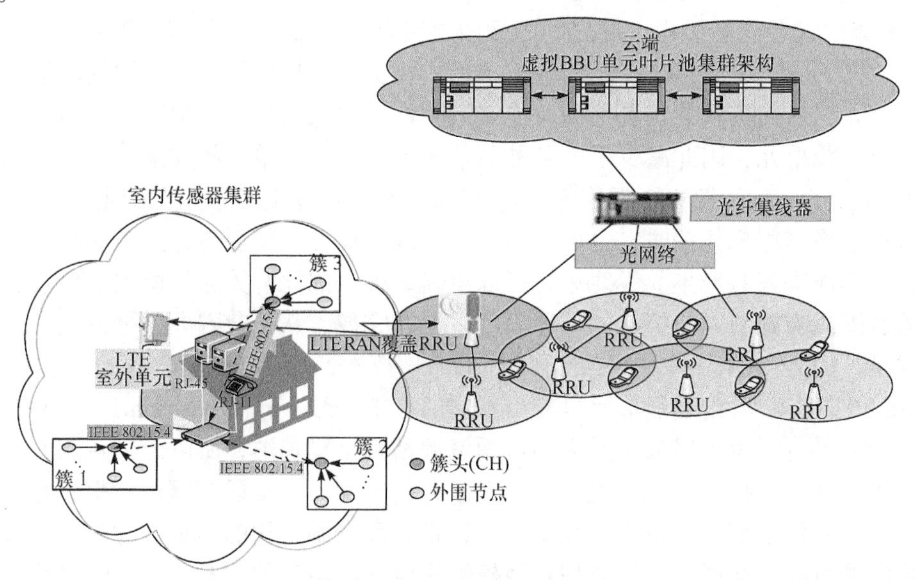

图 10.5　基于集群的网络模型

外围节点采用压缩和差错保护机制来测量各种数据(如温度或视觉数据)，通过其相应的 CH 将所得到的数据包发送到所属基站。CH 是组协调器，其组织协调数据的传输、睡眠周期、每个组的数据聚合以及将编码数据传送到基站。此外，每个 CH 测量并发送它自己的数据。每个外围节点都具备 CH 所需的处理能力。为了防止 CH 的电量耗尽，根据能量的标准，CH 会周期性地变化[27]。当 CH 的剩余电量变得很低时，则会在外围节点之间选择新的 CH。以这种方式，可以平衡簇内的能量消耗并且增加该网络的生命周期[27]。簇的形成遵循 WSN 中基于 IEEE 802.15.4 的媒体接入控制协议中的簇树形的解决方案，如 IEEE 802.15.4GTS[28]。同样的，本节考虑了分布式信道协调技术的 MAC 层解决方案，其采用了交叉信道同步的方法，并通过脉冲耦合振荡器的方法来使信道内部失步[29,30]。

IEEE 802.15.4 路由器(路由池)收集所有传感器数据，并且将它们转发到室外 LTE 单元。室外 LTE 单元会将数据转发到 LTE RRU，之后再转发至 C-RAN，以进行进一步的数据分析，如图 10.5 所示。

无线传感器设备计算资源有限，并且其在有限能源预算下进行工作。通常，无线传感器设备由电池供电和(或)其配备有能量获取模块[7]。此外，从传感器到主干网络以及主干网络自身的无线链路，在带宽方面都有限制。考虑到随着节点数量的增加(根据的 IoT 网络应用)以及该应用程序的数据速率变快(如视觉传感器网络应用)，这些问题将会变得更加突出。许多 WSN 应用(如温度和湿度的监测或无线视觉传感器)在特定的无线环境中采用了众多的传感器。因此，传感器之间的读数是高度相关的。为了最小化传感器发送的信息量(考虑到 5G 网络的容量)，可以通过降低对计算能力的要求且使用有效的数据压缩机制来移除冗余信息。另外，当信息被发送到误码率较高的无线信道上时(即 LTE、LTE-A 和 5G)，为保证可靠的通信，需要提供有效的数据保护机制。

接下来，本节首先会提出基于分布式压缩的基础理论和对网络架构有深刻影响的新理论成果。之后，本节提出了应用网络架构的两种应用场景：

(1) 用于采集温度数据的分布式联合信源–信道编码系统；

(2) 用于视觉传感器网络上的一种低成本的分布式视频编码系统。

10.4　分布式信源编码基础与新成果

DSC 的理论起源于两篇具有里程碑意义的信息论文章：第一篇是文献[9]，Slepian 和 Wolf 在 1973 年发表；第二篇是文献[10]，Wyner 和 Ziv 在 1976 年发表。

10.4.1　Slepian-Wolf 编码

本节考虑对两个相关、离散、独立同分布的随机信源 X 和 Y 进行压缩。在传统(预)编码中，编码器和解码器都可以获取随机信源的统计误差。根据香农的源编码理论[31]，在分布式编码场景中对信源可以进行独立编码，并且利用解码器侧信源间的相关性可以进行联合解码。

图 10.6 所示为对信源 X 和 Y 由单独的编码器分别以速率 R_X 和 R_Y 进行编码，由一组链接的解码器进行联合解码来产生重建信号 $\hat{X}$ 和 $\hat{Y}$。DSC 的场景首先由 Slepian 和 Wolf[9]研究提出。当压缩是无损压缩时，Slepian-Wolf 定理给出了在任意小的误差概率的前提下，解码 X 和 Y 所能达到的速率范围为

$$\begin{aligned}
&R_X \geqslant H(X|Y)\\
&R_Y \geqslant H(Y|X)\\
&R_X + R_Y \geqslant H(X,Y)
\end{aligned} \tag{10.1}$$

其中，$H(X|Y)$是 Y 给定时 X 的条件熵；$H(Y|X)$是 X 给定时 Y 的条件熵。式(10.1)中的不等式表明：即使相关信源被独立编码，只要各信源速率之和大于等于联合熵的总速率就可以实现无损压缩。因此，根据信息论，与联合编码相比，独立同分布、相关信源的无损分布式编码确实没有损失任何压缩率。需要重点说明的是，Slepian 和 Wolf [9]证明了分布式压缩方案有效地解决了独立同分布相关信源的可实现性问题。然而，他们的结果被扩展到满足渐近均分属性的任意相关信源，如用于任何联合遍历源过程[12]。功能性的 Slepian-Wolf 编码通过在代数分箱[32]的基础上使用编码得到。在文献中已经阐述了实现代数分箱的两个主要方法。第一种方法是由 Wyner[33]所提出的伴随式的方案，该方案具有里程碑意义；第二种方法为基于奇偶校验的方案。

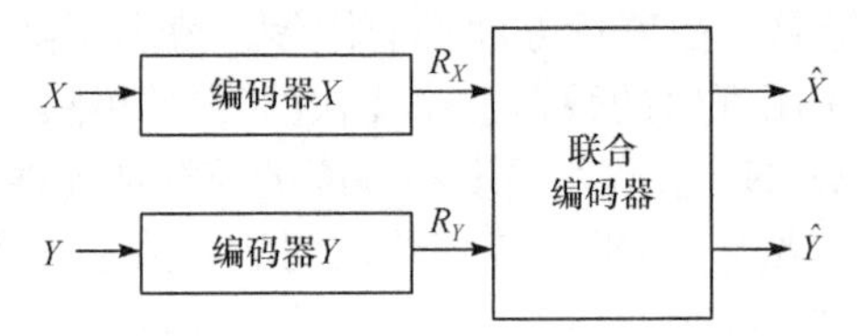

图 10.6 分布式压缩两个相关的独立同分布离散随机序列 X 和 Y

1. 伴随式方法

在文献[33]中，类似于调整后的适用于线性信道码特定的相关模型，Wyner 把源字母表分割成不相交的集合，并对压缩信源引入伴随式方法。特别地，假设本节有二进制信源 X 和 Y，以及相关噪声 N 且 $N \sim B(p_{\mathrm{c}})$。也就是说，相关信道是交叉概率为 p_{c} 的二进制对称信道(binary symmetric channel，BSC)。BSC 的概率分布函数由下式给出：

$$p(x \mid y)=\begin{cases}(1-p_{\mathrm{c}})\delta(x)+p_{\mathrm{c}}\delta(x-1), & y=0 \\ p_{\mathrm{c}}\delta(x)+(1-p_{\mathrm{c}})\delta(x-1), & y=1\end{cases} \tag{10.2}$$

其中，$\delta(x)$是狄拉克 δ 函数。

为了压缩二进制 n 维元组 X，Wyner 基于校正编码器采用了一种由生成矩阵 $G_{k\times n}=\left[I_k \middle| P_{k\times(n-k)}\right]^*$ 构成的(n,k)线性信道码 C，其中 I 和 P 分别代表单位矩阵和奇偶校验矩阵。对应的，线性信道码 C 的 $(n-k)\times n$ 奇偶检验矩阵为 $H_{(n-k)\times n}=\left[P_{k\times(n-k)}^{\mathrm{T}} \middle| I_{n-k}\right]$。该编码器生成伴随式$(n-k)$元组为 $s=xH^{\mathrm{T}}$，并且将其发送给解码器。然后，将解码器应用伴随式和边信息的解码功能来导出误差矢量 e。最后，编码的源序列被重构为 $\hat{x}=e\oplus y$，其中$\oplus$是异或算子[33]。

在文献[13]中，为设计实用的基于传统信道编码的 Slepian-Wolf 编码，引用了 Wyner 的方法，如块编码和格码。另外，Liveris 等[16]采用了源于低密度奇偶校验(low-density parity-check，LDPC)码原理的基于综合编码验证的设计，它的压缩性能几乎能达到 Slepian-Wolf 的极限。此外，Varodayan 等[34]开发了一种基于综合编码验证的速率自适应 LDPC，实现了各种穿孔率，同时也保持了良好的性能。

2. 奇偶校验方法

在奇偶驱动编码方法中，被用于索引的 Slepian-Wolf 箱系统信道码是奇偶校验位而不是校正子位。具体而言，为二进制 n 维元组的 x 进行编码，基于奇偶的 Slepian-Wolf 编码器部署了 $(n+r,n)$，并由生成的矩阵 $G'_{n\times(n+r)}=[I_n \mid P'_{n\times r}]$ 来定义系统的信道码 C'。编码器开发了奇偶校验位(r 维元组 $p=xP'$)，其构成了压缩信息并且将其发送给解码器。然后，通过附加的边信息 n 维元组 $y_{1\times n}$ 来接收奇偶校验位的 r 维元组，并通过解码器生成一个 $(n+r)$ 维元组 $g=[y_{1\times n} \mid p]$。通过信道码 C' 对 g 进行解码，其所设计的基于奇偶 Slepian-Wolf 解码器产生的解码码字为 $\hat{c}=\hat{x}G'_{n\times(n+r)}$。抽取所述部分系统，并构成编码的源阵列[18]重建 $\hat{x}$ 组。

已经设计出来了基于奇偶校验方法的 Slepian-Wolf 编码，其原理旨在使其容量接近二进制线性代码，如 Turbo 码[15]和 LDPC 码[18]。这些代码的设计展现出了极好的性能，即非常接近 Slepian-Wolf 码的极限。此外，接下来还会做出进一步解释，对于传输错误问题，上述的设计保证了健壮性，并基于修正打孔模式提供速率保证。

在无噪声传输场景下，基于伴随式 Slepian-Wolf 的分布式压缩方案是最佳的，这是由于它可以以最短信道码字长度来实现理论上界。尽管如此，为了在有噪声的传输场景中实现分布式压缩，基于奇偶校验的 Slepian-Wolf 方案是最优的选择，这是由于它可以达到一个 DJSCC 方案[17,18]。具体而言，假定信道容量为 $C\leqslant 1$，并假定基于奇偶校验的 Slepian-Wolf 发送的奇偶校验位增加到 $R_X > H(X\mid Y)/C$。按照 DJSCC 理论，额外的奇偶校验冗余位可以用于保证在通信中不发生错误。

10.4.2　Wyner-Ziv 编码

图 10.7 展示出了含解码边信息的 Wyner-Ziv 编码及有损压缩的一般框架结构。假设 X 和 Y 是两个统计相关独立同分布随机序列，用 Y 作为辅助信息对 X 进行独立编码和联合解码以形成一个重建序列 $\hat{X}$，得到预期的失真 $D=E[d(X,\hat{X})]$。

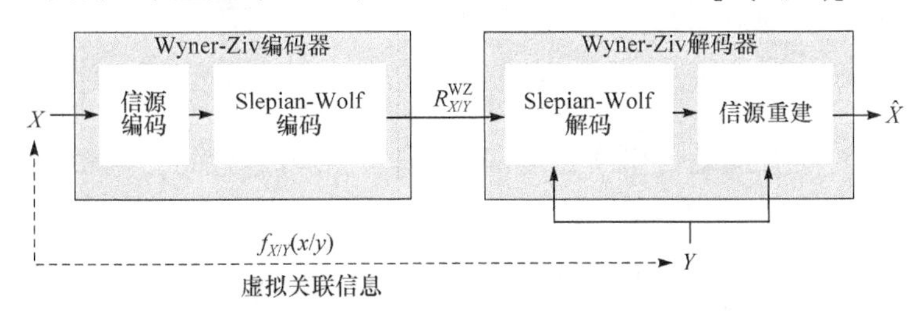

图 10.7　在解码器中使用附加信息进行有损压缩(Wyner-Ziv 问题)
信源和附加信息之间的相关性通过虚拟通信信道表达

Wyner-Ziv 编码问题定义[10]：对于一个特定的失真矩阵 $d(x^n,\hat{x}^n)$，即 $d: A_{X^n} \times A_{\hat{X}^n} \to \mathbb{R}^+$。一个 Wyner-Ziv 码 $(R_{X|Y}^{\mathrm{WZ}},D)$ 由式(10.3)定义[10]其编码功能：

$$f_n^{\mathrm{WZ}}: A_{X^n} \to \left\{1,2,\cdots,2^{nR_{X|Y}^{\mathrm{WZ}}}\right\} \tag{10.3}$$

并利用边信息功能来进行解码：

$$g_n^{\mathrm{WZ}}: A_{Y^n} \times \left\{1,2,\cdots,2^{nR_{X|Y}^{\mathrm{WZ}}}\right\} \to A_{\hat{X}^n} \tag{10.4}$$

其中，A_{Y^n} 表示对应于边信息的随机变量。对 Wyner-Ziv $(R_{X|Y}^{\mathrm{WZ}},D)$ 的失真由式(10.5)给出：

$$D = E\left[d\left(\hat{X}^n, g_n^{\mathrm{WZ}}\left(Y^n, f_n^{\mathrm{WZ}}\left(X^n\right)\right)\right)\right] \tag{10.5}$$

其中，$\hat{X}^n = g_n^{\mathrm{WZ}}(Y^n, f_n^{\mathrm{WZ}}(X^n))$ 是重建序列。

由 Wyner-Ziv 理论可以推出，具有解码边信息的速率失真函数如下：

$$R_{X|Y}^{\mathrm{WZ}}(D) = \inf_{f(u|x)}\left\{I(X;U) - I(Y;U)\right\} \tag{10.6}$$

其中，下界考虑到所有重建函数 φ：$A_{Y^n} \times A_{U^n} \to A_{\hat{X}^n}$ 及条件概率密度函数 $f(u|x)$，如下：

$$\iiint_{y,x,u} f(x,y) f(u\,|\,x) d\left(x,\varphi(y,u)\right)\mathrm{d}x\mathrm{d}y\mathrm{d}u \leqslant D \tag{10.7}$$

注：U 是满足马尔科夫链[10]的辅助随机变量：

$$U \leftrightarrow X \leftrightarrow Y \tag{10.8}$$

$$X \leftrightarrow (U,Y) \leftrightarrow \hat{X} \tag{10.9}$$

第一个马尔可夫链，即式(10.8)，表明在 Wyner-Ziv 编码中，辅助码本 U 的选择与边信息 Y 无关；第二个马尔可夫链由式(10.9)给出，指定了在式(10.7)中的重构函数 $\varphi(y,u)$ 独立于信源信息 X。

如果边信息也可用于编码器，则预测编码速率失真函数如下：

$$R_{X|Y}(D) = \inf_{f(\hat{x}|x,y)}\left\{I\left(X;\hat{X}\right) - I\left(Y;\hat{X}\right)\right\} \tag{10.10}$$

其中，最小化是对所有的条件概率密度函数 $f = (\hat{x}\,|\,x,y)$ 进行的，且联合概率密度函数满足失真约束，即

$$\iiint_{x,y,\hat{x}} f(x,y) f(\hat{x}\,|\,x,y) d(x,\hat{x})\mathrm{d}x\mathrm{d}y\mathrm{d}\hat{x} \leqslant D \tag{10.11}$$

由 Wyner-Ziv 编码[10]得出的理论证明，当编码器不能访问边信息时，与传统的预测编码相比，损失率是不变的，即

$$R_{X|Y}^{\mathrm{WZ}}(D)-R_{X|Y}(D)\geqslant 0 \tag{10.12}$$

然而，Wyner-Ziv 编码[10]进一步证明了，式(10.12)中的等号只有在二次高斯情况下成立，即 X 和 Y 服从联合高斯分布并使用了均方失真度量 $d(x,\hat{x})$。后来，Pradhan 等[20]也归纳出 Wyner-Ziv 等式包括由任意分布的辅助信息 Y 和独立高斯噪声 N 一起定义的信源，也就是 $X=Y+N$。更重要的是，假定使用通用源统计信息，Zamir[35]证明了由于仅在解码器侧利用边信息导致的数据速率损失，因此在每个样本中，速率损失的上界可达到 0.5bit，即

$$0\leqslant R_{X|Y}^{\mathrm{WZ}}(D)-R_{X|Y}(D)\leqslant\frac{1}{2} \tag{10.13}$$

1. 实用的 Wyner-Ziv 编码

从本质上，使用的 Wyner-Ziv 编码结合了量化的过程，而量化则采用了 Slepian-Wolf 编码的量化指标。实际上，Wyner-Ziv 编码是一个联合信源-信道编码的问题。为了在应用过程中达到 Wyner-Ziv 上界，人们需要同时使用信源编码和复杂的信道编码。例如，网格编码量化(TCQ)可以最小化信源编码损失，而 Turbo 码和 LDPC 码均可以接近 Slepian-Wolf 编码的极限。除了信道解码，边信息还可在解码器处使用来重建源数据，通过这种方式，边信息减少了重构信源信息 $\hat{X}$ 时发生失真的概率。

更详细地，在最初使用的 Wyner-Ziv 编码的设计中，重点放在寻找适合二次高斯分布的具有格状码特征的良好嵌套码设计。Zamir 等[32]引入了嵌套格型码并证明了其在很大范围的应用中具有较好的性能。受到嵌套格型码理论方案的启发，针对高度相关场景下的相似格型码设计问题，Servetto[36]提出了特定的嵌套格型码结构。研究结果表明，基于网格嵌套码可以实现高维嵌套格型码。在伴随式 DSC 中，Wyner-Ziv 编码应用于标量量化或 TCQ。在标量量化中，Wyner-Ziv 编码需结合标量陪集码或基于网格的陪集码生成源码。

然而随着维数的增加，相对于网格信道编码，网格源编码接近源编码极限的速度要快许多。因此，为了达到 Wyner-Ziv 的极限，本节更需要比源编码具有更高维数的信道编码。此次研究引发了第二波 Wyner-Ziv 编码设计潮，这种设计是基于嵌套格型码且随后分级，并将其命名为 Slepian-Wolf 编码嵌套量化(slepian-Wolf coded nested quantization，SWC-NQ)[37]。假设在高速率的情况下，SWC-NQ 渐近性能达到极限[37]，表明在理想的情况下，Slepian-Wolf 编码一维/二维(1-D/2-D)嵌套格型量化要比 Wyner-Ziv 编码极限函数性能相差 1.53/1.36dB(概率几乎为 1)。

获取 Wyner-Ziv 编码的第三个可行方法是考虑通过高维信道编码来实现非嵌套量化，并随后完成高效分级。在该方法中，关于 Wyner-Ziv 编码的性能损失仅仅是由于在编码器端未能识别边信息所导致的。考虑到理想的 Slepian-Wolf 编码及在高速率的假设条件[38]，其已经证明了标量量化与理想的 Slepian-Wolf 编码相结合会导致量化结

果与 Wyner-Ziv 编码极限相差 1.53dB。在非分布式情况[39]下对条件熵进行标量量化同样可产生这种差距。Yang 等[40]已证明了在高速率的情况下，具有理想 Slepian-Wolf 编码的 TCQ 与 Wyner-Ziv 极限相差 0.2 dB(概率几乎为 1)。

10.4.3 对 Wyner-Ziv 码关于无速率损失性能扩展的新结论

尽管 Wyner 和 Ziv 已研究了双重对称二进制源编码的情况，但是到目前为止，在相关性由非对称信道表示的情况下，目前的研究结论仍然不充分。但是 Wyner-Ziv 视频编码的最新进展已经证实了这种采用非对称相关信道模型的优点，与使用对称信道模型[41]相比，这种非对称相关信道模型可进一步提高性能。文献[34]中，在最广泛研究的非对称相关信道模型下，即 Z 信道，Varodayan 等通过解码边信息提出了实用的具有低密度奇偶校验累加码性能的 Slepian-Wolf 编码[9]。

在这些研究进展的启发下，当相关性由 Z 信道表示且 Hamming 距离用作失真度量时，Deligiannis 等[42]研究了含边信息的二进制源编码的失真率。对于编码器和解码器都可用边信息进行编码，在文献[43]中推导出了失真率。但是，对于 Wyner-Ziv 编码，这个功能的设置是未知的。在基于前面设置的情况下，本节已经导出了 Wyner-Ziv 编码的失真率函数，并且也已经证明了与可应用于编码器和解码器的含边信息的源编码相比，Wyner-Ziv 编码没有失真率损失。

由以上结论可以归纳出以下定理。

定理 10.1[42] 在含边信息的情况下，考虑使用二进制源编码，其中 Hamming 距离作为失真度量。当由 Z 信道表示源编码和边信息之间的相关性时，与含有可用于编码器和解码器处的边信息的源编码相比，Wyner-Ziv 编码不会有失真率损失：

$$R_{\mathrm{WZ}}^{Z}(D)=R_{(X|Y)}^{Z}(D)=(1-q+qp_0)\left[h\left(\frac{qp_0}{1-q+qp_0}\right)-h\left(\frac{D}{1-q+qp_0}\right)\right] \tag{10.14}$$

其中，对二进制源码的概率分布使用 $q=\Pr[X=1]$ 进行代换，$h(\cdot)$ 是二进制熵函数，$h(p)=-p\log_2 p-(1-p)\log_2(1-p)$，$p\in[0,1]$，该源编码与边信息 Y 之间的相关性用 Z 信道表示，其交叉概率为

$$p(y\,|\,x)=\begin{cases}0, & x=0\text{且}y=1\\ p_0, & x=1\text{且}y=0\end{cases}$$

为了验证此定理，本节使用了 Blahut-Arimoto 算法来解决带有双边状态信息的 R-D 问题[44]，使其在 Z 信道相关条件下为含有解码器边信息的二进制源编码生成 R-D 点。本节通过修改 $q=\Pr[0,1]$ 来改变源 X 的分布，通过修改 p_0 来改变 Z 信道的交叉概率。图 10.8(a)针对 Z 信道中具有不同交叉概率的均匀源，给出了其 Wyner- Ziv R-D 性能状况，图 10.8(b)描述了当相关信道保持恒定且源分布动态变化时的 R-D 点。

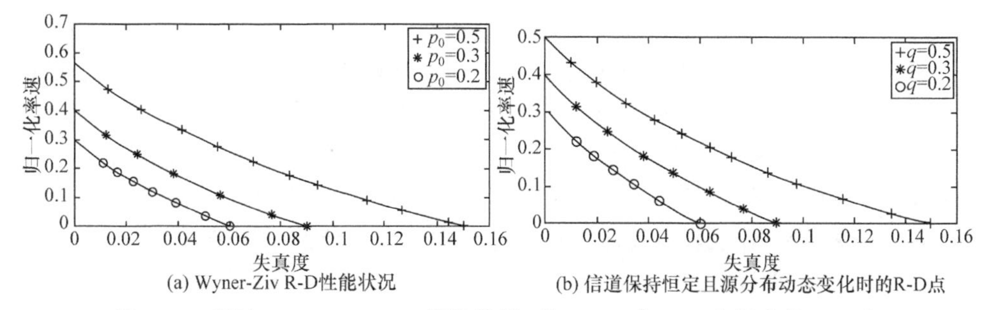

(a) Wyner-Ziv R-D性能状况　(b) 信道保持恒定且源分布动态变化时的R-D点

图 10.8　通过 Blahut-Arimoto 算法推导 $R_{\mathrm{WZ}}^{Z}(D)=R_{(X|Y)}^{Z}(D)$ 和相应的 R-D 点

(a) $p_0=0.5, p_0=0.3, p_0=0.2$ 及 $q=0.3$; (b) $p_0=0.3$ 及 $q=0.5, q=0.3, q=0.2$

图 10.8 证实了本节理论上的 R-D 函数与通过 Blahut-Arimoto 算法得到的实验 R-D 点具有一致性，前者用实线表示，后者用离散值表示。此外，如图 10.9 所示，针对两种不同 p_0 和 q 值的情况，使用 Blahut-Arimoto 算法得到了 $p(U|X)$ 随失真度的变化情况。由此可以观察到 $p(U|X)$ 表现出了不对称的特点。特别值得注意的是，当 $p(U|X)=(0.3,0.3)$ 时，对于任何 $D\in[0,0.09]$，X 与 U 的倒数之间的信道近似于 Z 信道($a\approx 1$)。

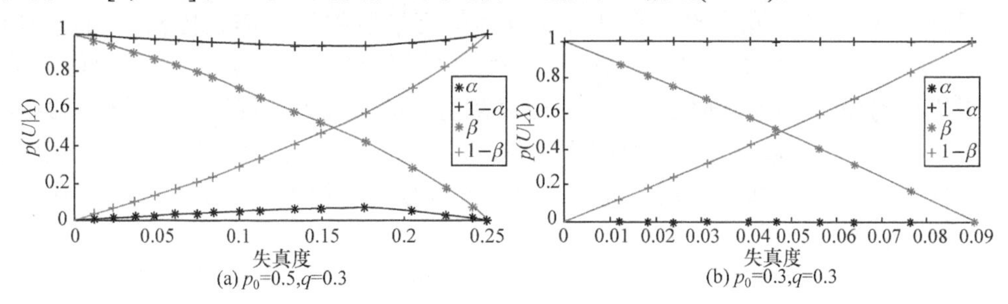

(a) p_0=0.5,q=0.3　(b) p_0=0.3,q=0.3

图 10.9　通过 Blahut-Arimoto 算法计算 $p(U|X)$

10.5　用于温度监测的分布式联合源信道编码系统

针对用于监测温度的无线传感器，一些研究已经提出了使用 DSC 结构传感器的建议。在文献[45]中，提出一种为用于测量室内温度的两个传感器实现 Slepian-Wolf(SW)编码的方案。通过对 DSC 与媒体访问控制(MAC)层[46]之间的相互作用进行建模，将文献[45]的构建进一步扩展到跨层设计中。在文献[47]中提出 Wyner-Ziv 编码的设计包括量化及量化后进行的二进制化和 LDPC 编码。考虑到多感知的情景，文献[48]提出了一种多终端代码设计，用熵编码代替 SW 编码，并在解码器端使用高斯过程回归实现联合源重构。文献[49]研究了热扩散物理模型下的多端源编码，聚焦了固体中的热传导(铁路温度监测应用)。

针对传感器收集温度数据的现有编码方案，如文献[47]、[48]、[50]～[53]，其仅关注数据压缩。本节的设计为其解决了联合压缩和错误数据传输的问题。由于使用

MAC 协议，因此在一组并行信道上进行传输。在此设置中，本节的 DJSCC 设计可减轻信道损失，而无需在 MAC 层进行数据包重传，从而为每个终端设备节省大量能源。

本节方案使用了由 Raptor 编码实现的非对称 SW 编码[54]，这是一种最新的无速率信道码。本节的设计是专门针对无线传感器网络的温度监测要求而定制的，因为它基于非系统性 Raptor 编码，所以可实现短代码的良好性能。使用专有 WSN 部署的实验结果表明，与采用数据算术熵编码的基线方案相比，本节的系统带来了显著的压缩增益(降低率高达 30.08%)。

10.5.1 DJSCC 系统架构

在所提出的体系结构中，如图 10.10 所示，通过采用 Slepian-Wolf 编码的方法来利用每个集群内的传感器收集数据之间的相关性。特别地，设 N 是簇内传感器节点的总个数，第 N 个节点指定为 CH。根据所提出的编码方案，CH 对其收集的离散数据进行编码，用 $\tilde{X}_2$ 表示，且速率 $R_{\widetilde{Xn}} \geqslant H(\widetilde{X_N})$ 对簇中的 N–1 个外围节点使用非对称 SW 编码对收集的离散数据进行编码。也就是说，相关的编码率是 $\tilde{X}_4$，n=1，2,⋯，N。因为信息是通过无线链路传输的，所以需要对其进行信道编码。信息传输是通过 IEEE 802.15.4 物理层上的第 16 个信道来进行传输，并利用 MAC 层簇间协调[28]使得传感器间的干扰得到缓解。由于 MAC 协议，使多路访问信道成为并行信道的系统。通过信道编码对 CH 的编码数据实施常规错误保护(如图 10.10 所示)，而在外围节点采用所提出的 DJSCC 方案，搭建一个用于统计各个簇温度数据的相关性模型，基站使用从 CH 收集的解码温度数据作为边信息来解码外围节点的信息。

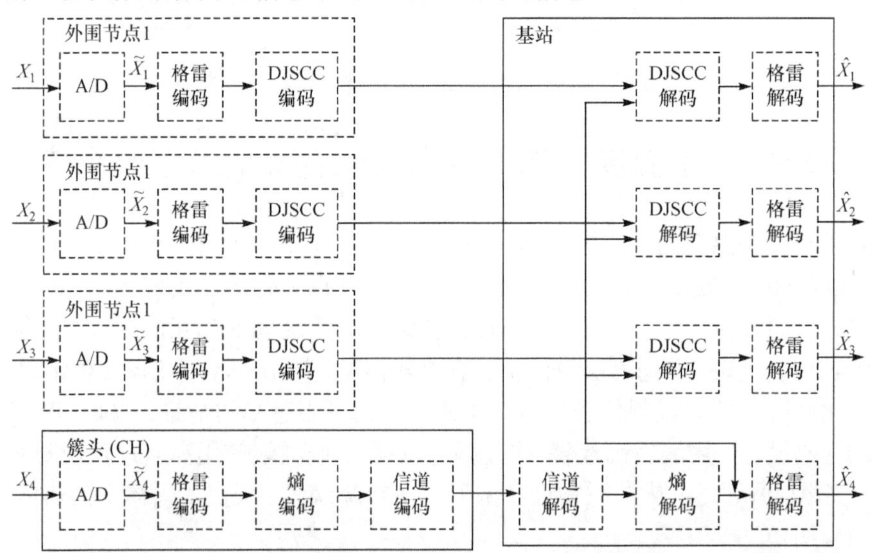

图 10.10　基于非对称的 Slepian-Wolf 编码的分布式联合源信道编码体系结构

10.5.2　相关建模

通常将传感器的温度读数建模为联合高斯，即空间相关性的特点是多元高斯分布[45,47,48]。在信息理论研究中[19]，代码设计[40]和相关估计工作[55]中也经常遇到这种假设。

本节现已提出了一种新颖的传感器空间相关性建模方法[56]。与传统的基于多元高斯模型相反[45,47,48,55]，本节使用核心密度估计对数据的边际分布进行建模，并使用 Copula 函数来表示其相关性[57]。通过这种方式，本节的方法比传统的多变量高斯模型能够提供更高的建模精度，但这对代码要进行很大程度的改进。

实际上，通过本节无线传感器网络(wireless sensor network，WSN)部署的结果表明，在使用传统的多变量高斯模型时，相对于基线系统，本节所提出的 DJSCC 系统使传感器节点的系统节能增加了 17.49%。当在 DJSCC 系统中使用基于 Copula 函数时，与基线系统相比，节能增加了 24.36%。

10.5.3　压缩性能的实验结果

在室内办公室环境中，本节部署了一个 WSN，其中包括 16 个用来收集温度数据的节点。传感器和基站所使用的硬件(汇聚节点)如表 10.1 所示。

表 10.1　WSN 中不同节点的硬件规格

节点	硬件规格
外围或簇头节点	Atmel ATmega 1281 单片机
	AT86RF230 发射机
	双芯片天线
	MCP9700AT 微芯片温度传感器(–40～150℃)
	TSL250R TAOS 光度传感器
	锂聚合物电池–3.7V
	带有 USB 端口的电池充电器
	尺寸规格：60mm×33mm
基站(汇聚节点)	Atmel ATmega 1281 单片机
	AT86RF230 发射机
	双芯片天线
	USB-UART 桥接器，用于连接 PC、USB 端口
	尺寸规格：48mm×21mm

在网络架构的每个簇内，传感器节点的数量 N=4，并且它们被放置在同一位置。其中三个是外围节点，第四个是为 CH。将汇聚节点连接到台式计算机，在台式计算机上进行数据收集和解码处理。IEEE 802.15.4 确保时隙(guaranteed time slot，GTS)[28]用于集群内超帧信标和分组传输的调度。通过默认的物理层保护或所提出的 DJSCC 方案减轻了来自外部源的所有残余传输损失(如来自共同定位的IEEE 802.15.4或Wi-Fi网络的干扰)。

本节聚合 $m=40$ 次连续测量的结果来构建大小为 $k=m\times b=640$ bits 的数据块，其中 $b=16$ 位，是每个传感器内 A/D 转换器的位深度。

在训练阶段，使用运行 WSN 三天获得的数据来推导基于 Copula 函数相关模型的参数。为了评估所提出的系统的压缩性能和错误恢复性能，本节在 30 天的系统运作期间还收集了额外的数据(与训练数据不同)。

本节已经将所提出的系统与基线系统在压缩性能方面进行了比较，基线系统对每个传感器读数进行算术熵编码。在这两种情况下，均可实现无损编码，即每个节点的解码温度值与相应的测量值匹配。在表 10.2 中列出了基准系统和所提出的系统实现的平均编码速率(每个编码数据块的比特数)。结果表明，当使用传统的多变量高斯模型时，与基线系统相比，提出的系统将所需的压缩率降低了 30.08%；当使用基于 Copula 函数的模型时，与基准系统相比，此模型在速率降低方面的改进可达到 41.81%。

表 10.2　平均编码速率的比较

类型	$\tilde{X}_1$	$\tilde{X}_2$	$\tilde{X}_3$	$\tilde{X}_4$
熵编码	452	496	512	471
提出 MG	319	356	358	—
获得与熵编码相关的信息/%	29.43	28.23	30.08	—
提出 CF	263	312	303	—
获得与熵编码相关的信息/%	41.81	37.10	40.82	—
获得与 MG 模型相关的信/%	17.56	12.36	15.36	—

10.6　低分辨率视觉传感器的分布式视频编码

尽管可以使用低成本制造的具有中等帧分辨率的低功耗视觉传感器，但这样的低分辨率视频仍然难以满足常规的视频处理任务。文献[58]提出的视觉传感器捕获单位为 30 像素×30 像素的视频，这些视频可有效地应用于边缘检测、背景去除和人脸检测。低成本、低功耗特性与视频处理能力为具有高级功能的基于工程视频的应用程序提供了合理的价格范围。例如，在文献[59]中构建了给单个房间安装四个低分辨率视觉传感器覆盖解决方案的占比图。根据以 64 像素×48 像素拍摄的视频，最多可以跟踪四个人[59]。文献[58]和[60]提出，在网络中，低分辨率视觉传感器可用于模式识别。

此外，自主供电的无线传感器可以通过避免安装电缆来简化其安装设置，并且这样也减少了对自然界的外在破坏。另外，由于低分辨率的特性，记录数据时可能可以避免与隐私相关的约束。

高性能压缩系统是无线视频应用中的重要组成部分，其通过显著降低的速率使得记录装置的无线传输功耗得到显著降低，从而延长了电池寿命。在同样发射功率成本的情况下，对捕获视频的高效编码可以增加传输序列的帧速率。另外，在最小计算复杂度方面，高效的压缩系统具有明显的优势。减少编码期间的操作数量也就减少了其对应的功耗，从而延长了电池寿命。但是不足是，目前的视频编码标准 H.264/AVC[61]或 H.264/AVC[62]主要关注其高标准的压缩性能。虽然压缩性能得到了显著提高，但在功率受限条件下，编码期间计算负载却成为很严重的问题。用于无线视觉传输传感器的可用编码只能选择有限的资源，这主要是由当前标准的低复杂度特性所导致的。例如，H.264/AVC Intra[61]或 JPEG 压缩等高性能图像编解码器。

与普通的采用预定编码标准的视频编码标准[61,62]不同，分布式视频编码(distributed video coding，DVC)提供了视频编码体系结构的替代方案。DVC 系统经过特别设计，旨在以较低的编码复杂度实现较好的压缩性能。将 Wyner-Ziv 编码原理应用于视频上处理。根据对任务处理时间预测的结果，将所需计算量较大的任务从编码器转移到解码器。

本节描述了一种新颖的变换域 Wyner-Ziv 视频编码结构，其设计主要用于处理由视觉传感器(如文献[58]中的 1K 像素传感器)捕获的具有极低分辨率的视频，所提出的系统在离散余弦变换(discrete cosine transform，GOP)域中量化原始帧之后，使用强大的信道码对量化索引进行编码。在本节中提出了适用于极低分辨率帧的新码字形成技术，现有方法能够产生非常短的码字，这严重削弱了信道代码的性能。采用 DVC 实现较强压缩性能的第二个关键要素是在解码器处生成高质量的短时预测。在这方面，所提出的系统具有高效的开关电流生成技术，其适用于低分辨率的数据，该系统是对从鼠标相机微尘获得的数据进行评估[58]。实验结果表明，所提出的 DVC 的结构要优于具有低复杂度结构的 H.264/AVC Intra。

10.6.1　变换域 DVC 体系结构

图 10.11 给出了所提出的用于 1K 像素视觉传感器的 Wyner-Ziv 视频编解码器的示意图。

1. 编码器

本节提出的系统在变换域中运行时采用 4 像素×4 像素 DCT。因此，为适应每个维度的整数数据块，将传感器中采集的数据[58]实现从 30 像素×30 像素到 32 像素×32 像素的像素填充。然后，填充序列被组成图像组(groups of pictures，GOP)并被分解成关键帧，即 GOP 中的第一帧以及 Wyner-Ziv(WZ)帧。由 K 表示的关键帧在主配置文件中使用 H.264/AVC Intra[61]进行编码，其配置了上下文自适应的可变长编码(context adaptive variable length coding，CAVLC)。WZ 帧用 W 表示，使用 4 像素×4 像素整数进行 DCT 近似变换并将推导出的 DCT 系数划分为 16 个组系数频带，然后进行量化。使用均匀量化和盲区标量量化来对 DC 和 AC 的系数分别进行量化，之后将得到的索引值分成位平面。然后，属于不同频带的多个比特平面被分组以形成码字，它们被反馈到低密度奇偶校验累加编码器[34](low-density parity-check accumulate，LDPCA)，使用位平面组来创建足够大的码字，这有利于优化 Slepian-Wolf 编码的性能。最后，根据文献[38]的设计，每个码字派生的校正子位根据解码器使用反馈信道的请求被分开传送。

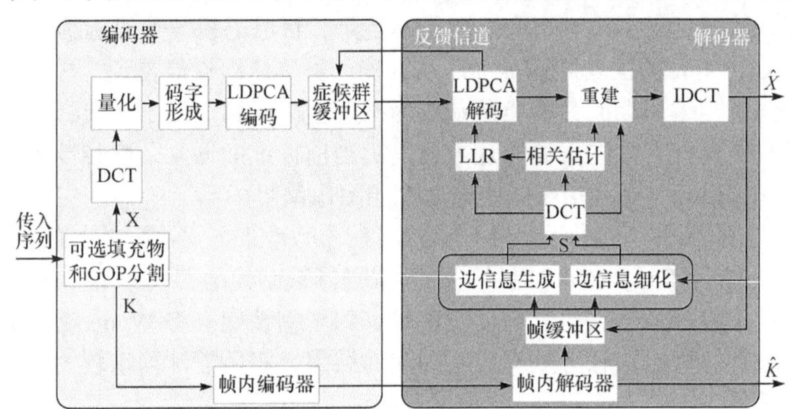

图 10.11　1K 像素的视觉传感器设计的 Wyner-Ziv 视频编解码器框图

2. 解码器

在解码器侧，关键的帧被内编码，并存储在参考帧缓冲器中。首先解码器对 WZ 帧产生运动补偿预测，用来作为 DCT 域中的初始边信息。随后应用相关信道估计(correlation channel estimation，CCE)，如文献[63]中所述，来表示原始 WZ 帧与其边信息之间的统计相关性，所获得的相关模型将所需的先验信息导出到 LDPCA，并解码一个来自 WZ 帧的初始码字集合。属于解码码字的位平面被分为量化索引并且基于最小均方差(MMSE)重建原则[64]来产生 WZ 帧系数的解码版本。边信息细化是利用每一个经过解码的 WZ 帧与来自缓冲器的参考帧之间的运动补偿预测实现的。由此产生精确的边信息，然后将其重新进行 CCE 和形成对数似然比(LLR)组，具体方法可参见文献[63]。将更新的 LLR 用于 LDPCA 解码一组额外的码字，从而进一步改善部分解码 WZ 帧的重构。边信息递归地执行细化和解码操作，直到所有信息都被解码出来。

文献[65]提供了详细的关于边信息的细化问题。经最后一轮细化之后，所有编码的 DCT 系数已经被解码，并且经逆 DCT 产生解码后的 WZ 帧，被显示并存储在参考帧缓冲器中以备将来参考。

10.6.2　码字的形成和量化

目前的 DVC 系统[38,66,67]考虑了预定义的量化矩阵(quantization matries，QMs)，其

是为具有 QCIF 分辨率或更高分辨率而设计的。每个频带 β 根据 2^{L_β} 的标准(L_β 为位平面)进行量化，其中层数由 QM 中每个频段的值给出。然后，对属于特定频带量化索引的每个位平面独立地形成码字。对于所考虑的填充帧分辨率(即 32 像素×32 像素)，每个频段包含 64 个系数。因此，遵循文献[38]、[66]和[67]的传统设计，LDPCA 码字长度也将是 64 位。但是，如此低的码字长度将大大削弱 LDPCA 代码的性能。

本节通过对属于不同波段的位平面进行分组来创建 LDPCA 码字。每个码字始终包含 2 个位平面，每个平面属于 4 个特定的频带，图 10.12 给出了 BG 的组成。码字的形成是受以下原因激发的：第一，这个分组的固定代码字长度为 512bits，其可以支持 LDPCA 码的良好性能[34]；第二，如文献[65]所提，这种频带分组仍然提供了足够的灵活性，通过边信息细化来提高压缩性能；第三，通过把每个频带连续 2 个位平面组装在一个码字中，保持了关于 LLR 计算和 CCE 细化的分层 WZ 编码[64]的益处。本节提出的由码字组成的设计对 QMs 提出了限制要求。而实际上，属于相同 BG_i 的每个频组均需要对 $i=\{0,1,2,3\}$ 使用相同数量电平数进行量化。换句话说，对于每个 $BG_i(i=\{0,1,2,3\})$，量化电平为 2^{L_β} [其中 $(\beta \mod 4)=i$]的数量必须相等。另外，每个频带的位平面数必须是 2 的倍数，即 $L_\beta \mod 2=0$ 必须适用于每个频带 $\beta=\{0,1,2,\cdots,15\}$ 。在这些限制下，设计了针对一个广域数据速率区域的可兼容集合(QMs)。

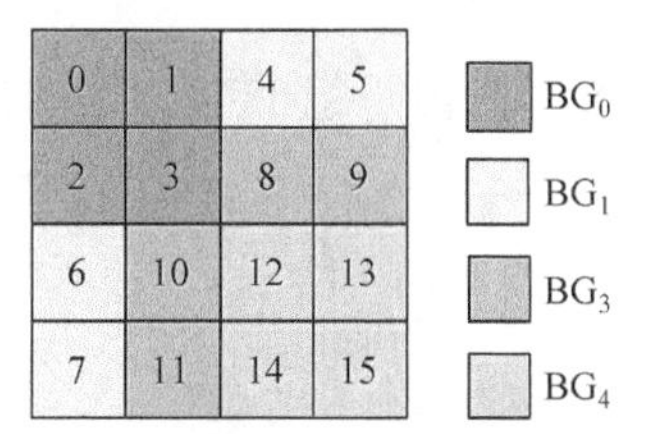

图 10.12　将单独的 DCT 频带 $\beta=\{0,1,\cdots,15\}$ 分组以形成频带组 BG_i，$i=\{0,1,2,3\}$，并依次码字，其中 $i=\beta \bmod 4$，mod 是模运算

10.6.3　边信息的生成和细化

在 Wyner-Ziv 视频编码系统的解码器中，应用运动补偿插值(motion-compensated interpolation，MCI)的目的是基于两个已解码的参考帧(即前一帧和后一帧)为 WZ 帧创建运动补偿预测。根据这个预测作为原 WZ 帧的边信息，如果其与后者的相似程度越高，那么所开发 Wyner-Ziv 视频编码系统的压缩性能也就越高。本小节总结了 DISCOVER[67]参考 DVC 系统中最先进的 MCI 方法的原理，其中包含 Deligiannis 等[66]提出的修改和扩展。

开发的 MCI 技术的原理图如图 10.13 所示。帧内插模块首先会在两个已经解码的参考帧(即前一个和后一个帧)之间执行基于块的运动估计，并且在当前帧中截取所得到的运动矢量。接下来，在当前帧的每个块中，最接近的交叉矢量被分成两部分并被视为双向运动矢量。然后，对矢量以半像素精度进行进一步细化，使用一个中值滤波器对随后的变化情况进行平滑处理。在 DISCOVER 的 MCI 方法中，使用简单的双向运动补偿来逐块地生成辅助信息帧。然而，在 Deligiannis 等[66]的研究工作中所采用的 MCI 技术，通过部署双向重叠块运动补偿其性能要优于后者。

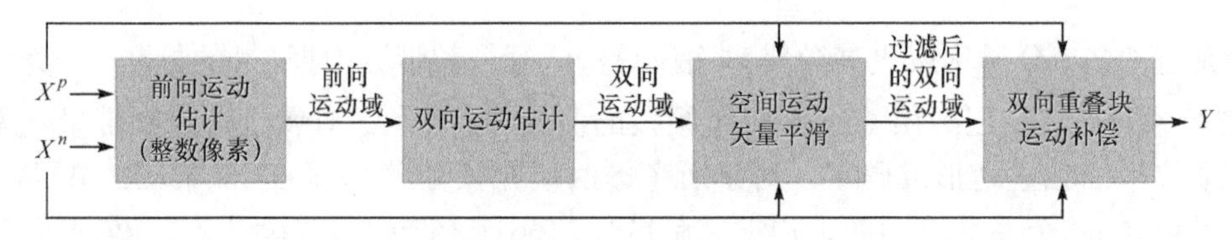

图 10.13　MCI 技术的原理图[66,67]

1. 前向运动估计

在第一阶段，每个 WZ 帧使用基于整数像素 X 前向块的运动估计来保证在前一个参考帧和下一个参考帧之间的准确性，分别由 X^p 和 X^n 表示。由于考虑了分层运动预测结构(如图 10.14 所示)，参考帧是已经解码的前一帧和后一帧(或)WZ 帧。

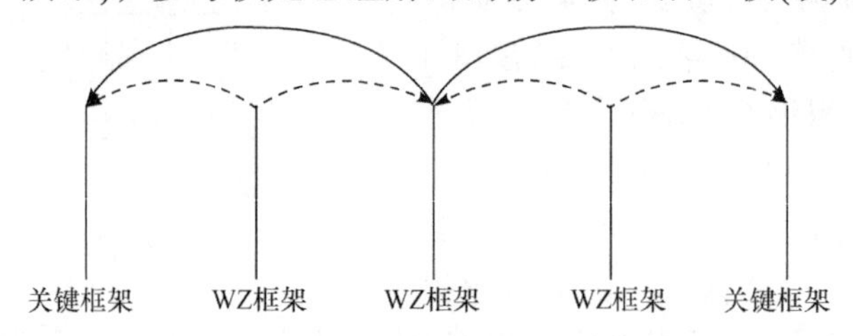

图 10.14　分层双向运动预测结构，如大小为 4 的 GOP 运动补偿插值方法所采用的结构

为了改善运动矢量的可靠性，参考帧首先要通过低通滤波(3 像素×3 像素的均值滤波器)。在此设置中，对于下一个参考帧中的每个块，前向块运动估计需要在一定的范围内搜索，从而在之前的参考帧中找到最佳匹配块帧，该操作过程如图 10.15 所示。类似于文献[67]，用于块匹配的误差度量(EM)是绝对差之和(SAD)度量的修改版本，其更支持较小的运动矢量[67]，即

$$\mathrm{EM}\left(x,y,\boldsymbol{v}=\left(v_x,v_y\right)\right)=\left(1+k\|\boldsymbol{v}\|\right)\cdot\sum_{j=0}^{N-1}\sum_{i=0}^{N-1}\left|X^n\left(Nx+i,Ny+j\right)-X^p\left(Nx+i+v_x,Ny+j+v_y\right)\right.$$

其中，x 和 y 分别代表执行运动估计的块的左上角坐标；N 表示块长度；i 和 j 分别表示块中像素的列、行坐标；$\boldsymbol{v}=(v_x,v_y)$ 表示候选运动矢量；k 为常数，设置为 k=0.05[67]。

与之前的技术方案一致[67]，在前向运动估计算法中，块大小设为 $N=16$，搜索范围 ρ 设为 32 像素。

2. 双向运动估计

用 $\mathrm{MF_F}$ 表示所引起的单向变化范围，之后用于导出内插帧和参考帧之间的双向变化范围 $\mathrm{MF_B}$，如图 10.16 所示。对于当前(即插补)帧中的每个块，找到最近的拦截向量，将其移到块的左上角，然后将其划分为双向运动矢量。

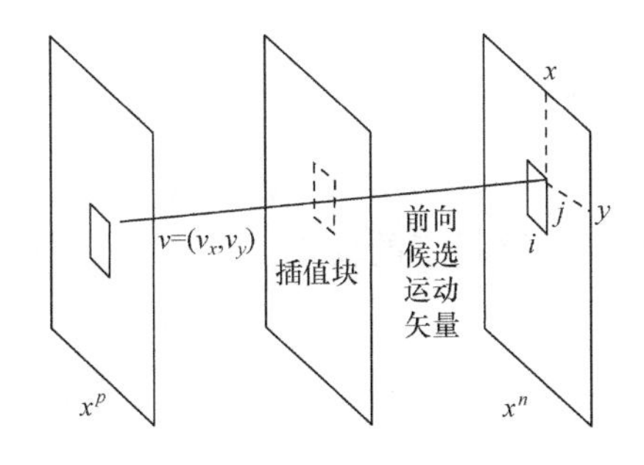

图 10.15　前向运动估计

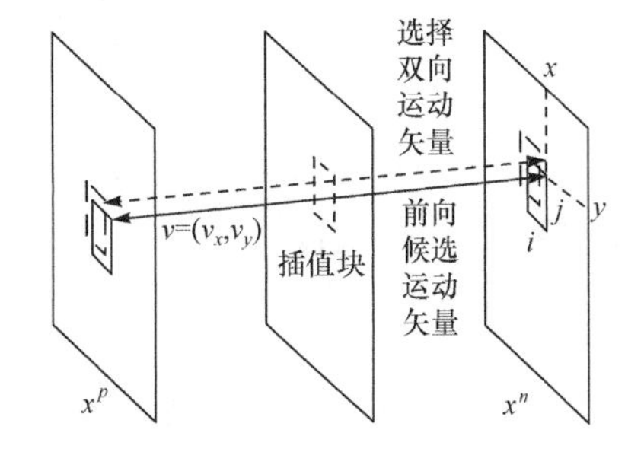

图 10.16　从单向运动方向外推的双向运动场

特别的，类似于文献[67]，MF_F 内插帧的运动矢量所截取的点首先会被确定。对于插值帧中的每个块,则选中最靠近块左上角运动截取点的运动矢量。这个运动矢量 v 会根据插值帧与参考帧之间的距离以及两个参考帧之间的距离的比值来缩放，从而为该块产生新的前向运动矢量。

需要注意的是，这个比值总是等于 1/2，这是由于使用了分层预测。类似地，内插块的后向运动矢量是通过缩放倒置运动矢量 $-v$ =1/2 来实现。此操作会在内插帧和两个参考帧之间产生初始双向变化范围。

随后，所获得的双向变化范围被进一步改善。对称运动矢量对的搜索算法(对应于其线性运动轨迹)围绕着初始确定的运动矢量对变化，这个操作如图 10.17 所示。该过程采用前一帧和下一参考帧中参考块之间的 SAD 作为误差度量,并可达到半像素运动估计精度。使用 H.264/AVC [68]的 6 抽头插值滤波器可实现半像素运动估计所需的插值。

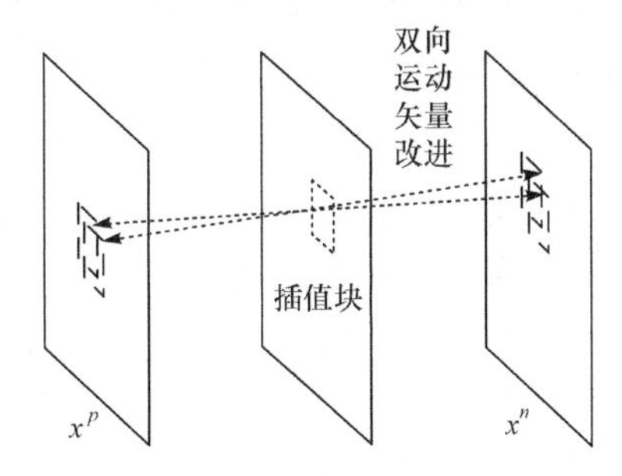

图 10.17　通过使用对称运动矢量对来改善初始获得的双向运动场

3. 空间运动矢量平滑

为了对双向运动场进行空间平滑，采用了加权矢量介质滤波器[67]。这样做是为了改善所获得的双向空间相关性。因此，为了去除异常值，即去除掉远离真实运动场的运动矢量，对于内插帧中的每个块 B_1(加权中值向量)，文献[67]中提出了加权中值矢量滤波器在相邻块中寻找候选运动矢量，此运动矢量可以更好地代表块中的运动。根据这种方法，内插块 B_l 的空间平滑运动矢量如下：

$$v = \arg\min_{vl} \left\{ \sum_{m=1}^{M} \omega_m \left\| v_l - v_m \right\| \right\} \tag{10.15}$$

其中，$v_{\{m=1\}}, v_{\{m=2\}}, \cdots, v_{\{m=m-1\}}, \cdots, v_{\{m=M\}}$，是所考虑块及和 M–1 个邻节点块中细化后得到的双向运动估计；$\omega_m, m=1,\cdots,M$，是决定中值滤波器强度的权重。这些权重因素如下：

$$\omega_m = \frac{1}{\text{SAD}\left(B_l, v_m\right)} \tag{10.16}$$

其中，SAD 用双向矢量 V_m 来补偿并度量评估每个块 B_l 与参考块之间的匹配误差。

值得一提的是，相对于四分之一 CIF(QCIF)序列，广泛的实验表明空间运动矢量的平滑主要有利于公共中间格式(CIF)。基于该评估，当使用编码 QCIF 序列时，在本节的 MCI 方法中不再执行后续的运动场平滑，其原因如文献[66]中所解释。

4. 运动补偿

一旦推导出最终双向运动场，就可以通过执行运动补偿来获得边信息帧。在为 DISCOVER 编解码器开发的 MCI 方法中，采用简单的双向运动补偿方法。特别是，对于块 B 像素的双向运动补偿定义如下：

$$Y_B\left(i,j\right) = \frac{1}{2}\left\{ X_B^P\left(i-v_x, j-v_y\right) + X_B^n\left(i+v_x, j+v_y\right) \right\} \tag{10.17}$$

其中，$Y_B(i,j)$对应于运动补偿帧中的块 B 的像素位置；$X_B^p(i-v_x, j-v_y)$，$X_B^n(i+v_x, j+v_y)$表示最佳匹配块中的相应像素，它们分别由推导出的对称双向运动矢量 $v=(v_x,v_y)$在前一个和下一个参考帧确定出。

与后一种方法相反，在 Deligiannis 等[66]提出的 MCI 算法中采用双向重叠块运动补偿(bidirectional overlapped block motion compensation，OBMC)。OBMC 不是通过使用每个块的单个对称运动矢量来预测，而是使用来自插入块的邻域块的运动矢量来预测。因此，通过引入 OBMC，所采用的 MCI 技术产生了内插帧，其在像素方面显示出较低的预测误差能量，并且反过来增加了 Wyner-Ziv 编码的性能。此外，通常出现在块边界处的块效应也大大减少了，从而提高了解码帧的视觉质量。

块晶格中的块用连续线表示，重叠窗用虚线表示，运动矢量用点虚线表示。为方便起见，块和它们对应的重叠窗口在右侧画出。属于黑块的像素 A 由四个运动矢量预测，即黑块的运动矢量和其三个相邻块的运动矢量

在所提出的 MCI 技术中，双向 OBMC 执行如下：基于先前获得的双向运动场，用所提出的方法推导出前向和后向重叠的块运动补偿帧，分别由 $\tilde{Y}^P$ 和 $\tilde{Y}^n$ 表示。通过使用相应的运动场(即向前或向后)，并应用 OBMC 来获得每一个帧。注意，OBMC 可能会使用自适应非线性预测器。然而，在固定线性预测器的设计方法中特地使用了一个升余弦窗口。这意味着 OBMC 实际上是作为窗口运动补偿方法实现的(图 10.18 所

示)。在这种情况下，转译后的代码块首先在窗口进行缩放，并且随后与其重叠的部分进行相加。这样，一个像素在前向重叠块运动补偿帧 $\tilde{Y}^P$ 中的块 B 中的位置 (i,j) 的情况预测如下：

$$\tilde{Y}_B^p(i,j)=\sum\nolimits_{m=1}^{M}w\left(i_m,j_m\right)X_{B_m}^p\left(i-v_{m,x},j-v_{m,y}\right) \tag{10.18}$$

其中，$m=1,\cdots,M$ 表示包含补偿像素的窗口块索引；$w(i_m,j_m)$ 表示第 m 个重叠窗口相应的比例因子；$X_{B_m}^p(i-v_{m,x},j-v_{m,y})$ 表示属于第 m 个重叠窗口中先前参考帧的候选预测器像素。

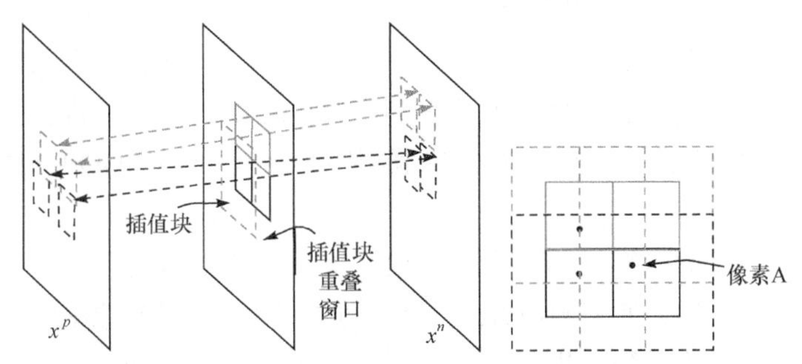

图 10.18　用固定线性预测器窗口运动补偿的例子

类似地，后向重叠的块运动补偿帧 $\tilde{Y}^P$ 可以表示为

$$\tilde{Y}_B^n(i,j)=\sum\nolimits_{m-1}^{M}w\left(i_m,j_m\right)X_{B_m}^n\left(i+v_{m,x},j+v_{m,y}\right) \tag{10.19}$$

最后，对推导出的前向和后向重叠块运动补偿帧相加进行取平均，得到最终的边信息像素值，即

$$Y_B(i,j)=\frac{1}{2}\left\{\tilde{Y}_B^p\left(i,j\right)+\tilde{Y}_B^n\left(i,j\right)\right\} \tag{10.20}$$

5. 运动细化

在对频带组的 BG_i 系数进行解码之后，解码器可对部分解码后的 WZ 帧进行访问，因此它具有更多关于原始 WZ 帧的信息。SI 用于解码后续频组的 BG_{i+1} 系数，这些信息可用来提高 SI 的质量。为此，解码器采用来自文献[65]中的连续细化 OBMEC 技术，其使用了部分解码的 WZ 帧和参考帧。

10.6.4　实验结果

用本节设计的系统对使用鼠标相机[58]微粒获得的四个序列进行评估，录制过程中，摄像机的位置保持不变并设置其各场景包含不同程度的运动。所有序列包含 30 像素×30 像素的 450 个帧，其中帧速率为 33Hz，每个像素的位深度为 6bit。所考虑的序列用大小为 2、4 和 8 的 GOP 进行组织，并且在 CAVLC 的主要配置文件中将所提出的系统与

H.264/AVC Intra[61]进行比较。H.264/AVC Intra 是最好的帧内编解码器之一，是 Wyner-Ziv 视频编码中的首要参考。实验评估期间，所提出的编解码器配置如下：MCI 和重叠块运动估计，且基于补偿(OBMEC)的 SI 生成模块都使用了大小为 4 像素×4 像素的块。所提出的 MCI 的前向运动估计步骤的搜索范围以及双向运动场细化操作期间的搜索范围被设置为 4。在边信息细化期间，OBME 的搜索范围也被设置为 4。

图 10.19 显示了镜像填充到 32 像素×32 像素后每个序列的快照，而压缩结果如图 10.20 所示。咖啡序列显示一个人坐着并悠闲地啜饮一杯咖啡，如图 10.19(a)所示，因此其运动程度非常低，可以通过图 10.20(a)中的结果反映出来，其中所提出的系统可以在很大程度上执行了 H.264/AVC Intra 标准。因为 MCI 的线性运动假设在低运动条件下性能良好，所以所采用的 SI 生成方法在利用解码器的时间相关性方面的性能十分突出。更重要的是，由于在更多帧上能有效地利用时间冗余，故 GOP 规格越大，其性能越好。

在杂耍序列中，运动内容增加。虽然杂耍图案的框架部分包含快速的复杂运动，但是该区域是相对受限的，如图 10.19(b)所示。图 10.20(b)中的结果表明，从整个速率区域来看，本节所提出的系统要优于 H.264/AVC Intra，其最大增益分布于低到中等速率。此外，由于在更长的 GOP 上不能利用其时间相关性，故针对不同规格的 GOP 所提出的编、解码器的性都能趋于收敛。

网球运动描绘了一个人挥动着球拍并做着夸张的腿部运动，如图 10.19(c)所示。因此，在整个框架中，该序列包含的运动程度较高。由 H.264/AVC Intra 的特点可知，这种运动条件对 H.264/AVC Intra 非常有利。尽管如此，在低到中等速率情况下所提出的编解码器的性能优于 H.264/AVC Intra，而 H.264/AVC Intra 在高速率的情况下略胜一筹，如图 10.20(c)所示。当运动模式复杂时，MCI 的线性运动假设不成立。因此，特别是对于大规格的 GOPs，最初基于 MCI 的 SI 在质量上有所下降。然而，由于使用了成功的 SI 细化方法，所提出的系统对于所有规格的 GOP 来说，其性能都是相近的。在每个细化阶段中，需要重建原始 WZ 帧的一部分，其作用是为超越线性运动模型而正确生成基于 OBME 的 SI 打下良好基础。这意味着从第一个细化阶段开始，在大规格 GOP 上利用时间冗余的效率在逐步增加。

最后一个序列 Sillywalks，表示 Sillywalks 作为 Monty Python 中的 Silly Walks 部分的一个成员正在通过该场景，如图 10.19(d)所示。本节所提出的编解码器的性能明显优于 H.264/AVC Intra，如图 10.20(d)所示。较大 GOP 的性能超过了 GOP=2 时的性能，这表明了基于 MCI 和 OBME 的时间预测能够提供高质量的 SI。然而与咖啡序列相比，其运动内容明显更高。这导致规格为 4 和 8 的 GOP 性能均收敛，其中 MCI 精度的损失通过规格较大 GOP 中 SI 的成功细化来补偿。

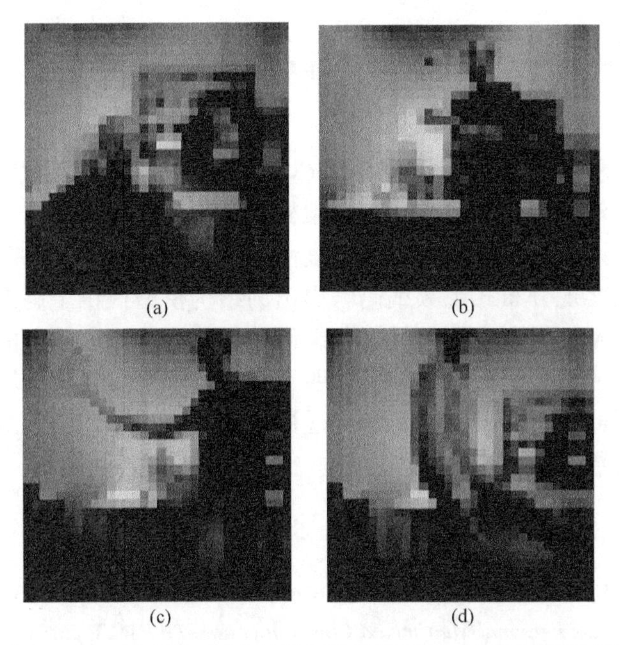

图 10.19　用文献[58]中的鼠标传感器捕获的视频序列快照

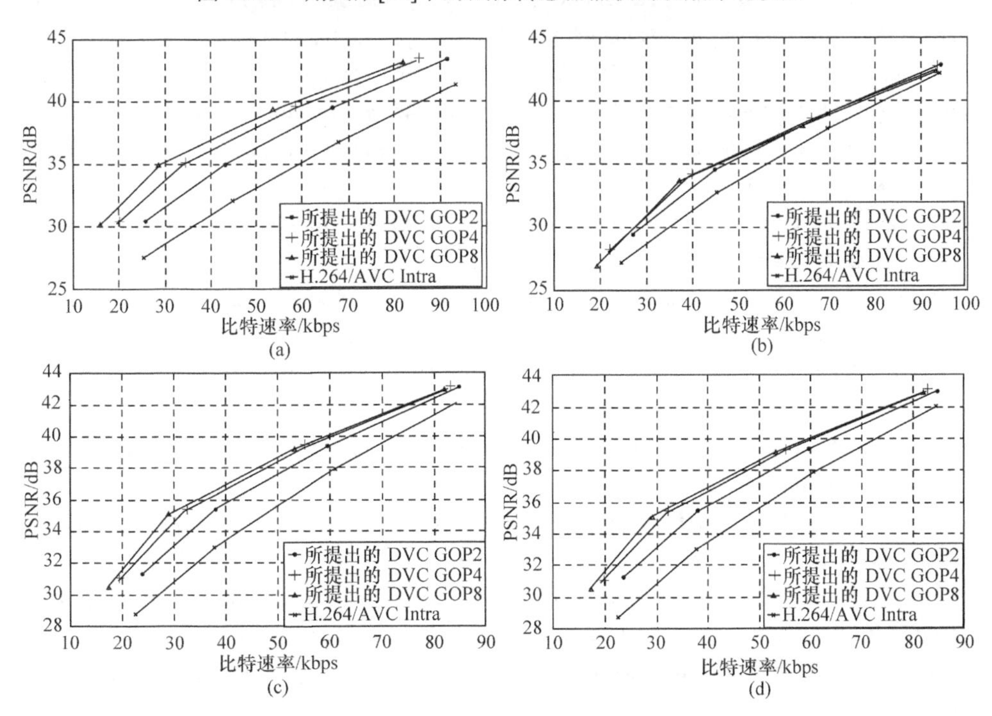

图 10.20　对比 H.264/AVC Intra 算法，所提出的 DVC 在 GOP 分别取 2、4、8 情况下的压缩结果其中四个测试序列是用来自文献[58]的鼠标相机微粒以 33Hz 的帧频的速率获得的，并且由 450 个帧组成

10.7 结 论

本章提出了一种从无线传感器网络到 C-RAN 获取分布式数据聚合的新方法，其方法结合了用于移动云的集中式 C-RAN 架构和基于分簇的无线传感器网络架构。展示了提出的方法在两个领域的应用：①温度测量的分布式聚合；②利用无线视觉传感器获得的视觉数据实现分布式视频编码。提出的结构模型提供了高效的压缩效率，因此考虑到了系统带宽的限制。面向低复杂编码的传感器节点，开发的工具较为节能并且能延长这些设备的运行寿命。此外，证明了提出的解决方案为传输介质提供了强大的抗差错能力。因此，所提出的结构形式适用于从无线传感器到云端聚合的多样化的数据，从而可以对数据进一步处理和分析。

参 考 文 献

[1] E. Z. Tragos, and V. Angelakis, Cognitive radio inspired M2M communications, 16*th International Symposium on Wireless Personal Multimedia Communications* (*WPMC*), pp. 1-5. IEEE, 2013.

[2] G. Wu, S. Talwar, K. Johnsson, N. Himayat, and K. D. Johnson, M2m: From mobile to embedded internet, *IEEE Communications Magazine*, Vol. 49, No. 4, pp. 36-43, 2011.

[3] Y. Zhang, R. Yu, S. Xie, W. Yao, Y. Xiao, and M. Guizani, Home M2M networks: Architectures, standards, and QOS improvement, *IEEE Communications Magazine*, Vol. 49, No. 4, pp. 44-52, 2011.

[4] L. Atzori, A. Iera, and G. Morabito, The internet of things: A survey, *Computer Networks*, Vol. 54, No. 15, pp. 2787-2805, 2010.

[5] G. Mulligan, The 6lowpan architecture, *Proceedings of the* 4*th Workshop on Embedded Networked Sensors. ACM*, pp. 78-82, 2007.

[6] M. Peng, Y. Li, Z. Zhao, and C. Wang, System architecture and key technologies for 5G heterogeneous cloud radio access networks, *IEEE Network*, Vol. 29, No. 2, pp. 6-14, 2015.

[7] J. Yick, B. Mukherjee, and D. Ghosal, Wireless sensor network survey, *Computer Networks*, Vol. 52, No. 12, pp. 2292-2330, 2008.

[8] Z. Xiong, A. D. Liveris, and S. Cheng, Distributed source coding for sensor networks, *IEEE Signal Processing Magazine*, Vol. 21, No. 5, pp. 80-94, 2004.

[9] D. Slepian and J. Wolf, Noiseless coding of correlated information sources, *IEEE Transactions on Information Theory*, Vol. 19, No. 4, pp. 471-480, 1973.

[10] A. D. Wyner and J. Ziv, The rate-distortion function for source coding with side information at the decoder, *IEEE Transactions on Information Theory*, Vol. 22, No.1, pp. 1-10, 1976.

[11] T. Berger, Multiterminal source coding, *The Information Theory Approach to Communications*, G. Longo, Ed. New York, NY, Springer-Verlag, pp. 171-231, 1977.

[12] T. M. Cover, A proof of the data compression theorem of Slepian and Wolf for ergodic sources (Corresp.), *IEEE Transactions on Information Theory*, Vol. 21, No. 2, pp. 226-228, March 1975.

[13] S. S. Pradhan and K. Ramchandran, Distributed source coding using syndromes (DISCUS): Design and

construction, *IEEE Transactions on Information Theory*,Vol. 49, No. 3, pp. 626-643, March 2003.

[14] V. Stankovic, A. D. Liveris, Z. Xiong, and C. N. Georghiades, On code design for the Slepian–Wolf problem and lossless multiterminal networks, *IEEE Transactions on Information Theory*, Vol. 52, No. 4, pp. 1495-1507, April 2006.

[15] J. Garcia-Frias, Compression of correlated binary sources using turbo codes, *IEEE Communication Letters*, Vol. 5, No. 10, pp. 417-419, October 2001.

[16] A.D. Liveris, Z. Xiong, and C. N. Georghiades, Compression of binary sources with side informa tion at the decoder using LDPC codes, *IEEE Communication Letters*, Vol. 6, No. 10, pp. 440-442, October 2002.

[17] M. Fresia, L. Vandendorpe, and H. V. Poor, Distributed source coding using raptor codes for hidden Markov sources, *IEEE Transactions on Signal Processing*, Vol. 57, No. 7, pp. 2868-2875, July 2009.

[18] Q. Xu, V. Stankovic, and Z. Xiong, Distributed joint source-channel coding ofvideo using raptor codes, *IEEE Journal on Selected Areas in Communication*,Vol.25, No. 4, pp. 851-861, May 2007.

[19] R. Cristescu, B. Beferull-Lozano, and M. Vetterli, Networked Slepian–Wolf: Theory, algorithms, and scaling laws, *IEEE Transactions on Information Theory*,Vol. 51, No. 12, pp. 4057-4073, December 2005.

[20] S. S. Pradhan, J. Kusuma,and K.Ramchandran,Distributed compression in a dense microsensor network, *IEEE Signal Processing Magazine*, Vol. 19, No. 2, pp. 51-60, March 2002.

[21] A. Checko, H. L. Christiansen, Y. Yan, L. Scolari, G. Kardaras, M. S. Berger, and L. Dittmann, Cloud RAN for mobile networks: A technology overview, *IEEE Communications Surveys and Tutorials*, Vol. 17, No. 1, pp. 405-426, 2015.

[22] Z. Zhu, P. Gupta, Q. Wang, S. Kalyanaraman, Y. Lin, H. Franke, and S. Sarangi, Virtual base station pool: Towards a wireless network cloud for radio access networks,*8th ACM International Conference on Computing Frontiers*, p. 34, May 2011.

[23] China Mobile Research Institute, C-RAN: The road towards green RAN, White Paper, version 2.5, October 2011.

[24] C. Chen, J. Huang, W. Jueping, Y. Wu, and G. Li, Suggestions on potential solutions to C-RAN, NGMN Alliance project P-CRAN Centralized Processing Collaborative Radio Real Time Cloud Computing Clear RAN System, version 4.0, January.

[25] C. Zhu, H. Wang, X. Liu, L. Shu, L. T. Yang, V. Leung, A novel sensory data processing framework to integrate sensor networks with mobile cloud, *IEEE Systems Journal*, Vol. 10, No. 3, pp. 1125-1136, September 2016.

[26] Y. Zhang, R. Yu, M. Nekovee, Y. Liu, S. Xie, and S. Gjessing, Cognitive machine-to-machine com munications: Visions and potentials for the smart grid, *IEEE Network*, Vol. 26, No. 3, pp. 6-13, 2012.

[27] K. Akkaya and M. Younis, A survey on routing protocols for wireless sensor networks, *Ad Hoc Networks*, Vol. 3, No. 3, pp. 325-349, May 2005.

[28] A. Koubâa, M. Alves, M. Attia, and A. Van Nieuwenhuyse, Collisionfree beacon scheduling mechanisms for IEEE 802.15.4/Zigbee cluster tree wireless sensor networks, *7th International Workshop on Applications and Services in Wireless Networks (ASWN), Proceedings*, 2007, pp. 1-16.

[29] G. Smart, N. Deligiannis, R. Surace, V. Loscri, G. Fortino, and Y. Andreopoulos, Decentralized

time-synchronized channel swapping for ad hoc wireless networks, *IEEE Transactions Vehicular Technology*, Vol. 65, No. 10, pp. 8538-8553, October 2016.

[30] N. Deligiannis, J. F. C. Mota, G. Smart, and Y. Andreopoulos, Fast desynchronization for decentralized multichannel medium access control, *IEEE Transactions on Communications*, Vol. 63, No. 9, pp. 3336-3349, September 2015.

[31] C. E. Shannon, A mathematical theory of communication, *Bell System Technical Journal*, Vol. 27, pp. 379-423, July 1948.

[32] R. Zamir, S. Shamai, and U. Erez, Nested linear/lattice codes for structured multiterminal binning, *IEEE Transactions on Information Theory*, Vol. 48, No. 6, pp. 1250-1276, June 2002.

[33] A. Wyner, Recent results in the Shannon theory, *IEEE Transactions on Information Theory*, Vol. 20, No. 1, pp. 2-10, January 1974.

[34] D. Varodayan, A. Aaron, and B. Girod, Rate-adaptive codes for distributed source coding, *Signal Processing Journal, Special Issue on Distributed Source Coding*, Vol. 86, No. 11, pp. 3123-3130, November 2006.

[35] R. Zamir, The rate loss in the Wyner-Ziv problem, *IEEE Transactions on Information Theory*, Vol. 42, No. 11, pp. 2073-2084, November 1996.

[36] S. Servetto, Lattice quantization with side information, IEEE Data Compression Conference, DCC 2000, March 2000.

[37] Z. Liu, S. Cheng, A. Liveris, and Z. Xiong, Slepian–Wolf coded nested quantization (SWC-NQ) for Wyner-Ziv coding: Performance analysis and code design, IEEE Data Compression Conference, DCC 2004, Snowbird, UT, March 2004.

[38] B. Girod, A. Aaron, S. Rane, and D. Rebollo-Monedero, Distributed video coding, *Proceedings of the IEEE*, Vol. 93, No. 1, pp. 71-83, January 2005.

[39] D. Taubman and M. W. Marcelin, *JPEG*2000: *Image Compression Fundamentals*, *Standards*, *and Practice*. Norwell, MA: Kluwer Academic Publishers, 2002.

[40] Y. Yang, S. Cheng, Z. Xiong, and W. Zhao, Wyner-Ziv coding based on TCQ and LDPC codes, Asilomar Conference on Signals, Systems, and Computers, Pacific Grove, CA, November 2003.

[41] N. Deligiannis, J. Barbarien, M. Jacobs, A. Munteanu, A. Skodras, andSchelkens, Side-information dependent correlation channel estimation in hash-based distributed video coding, *IEEE Transactions on Image Processing*,Vol. 21, No. 4, pp. 1934-1949, April 2012.

[42] N. Deligiannis, A. Sechelea, A. Munteanu, and S. Cheng, The no-rate-loss property of Wyner Ziv coding in the Z-channel correlation case, *IEEE Communications Letters*, Vol. 18, No. 10, pp. 1675-1678, October 2014.

[43] Y. Steinberg, Coding and common reconstruction, *IEEE Transactions on Information Theory*, Vol. 55, No. 11, pp. 4995-5010, November 2009.

[44] S. Cheng, V. Stankovic, and Z. Xiong, Computing the channel capacity and rate-distortion func tion with two-sided state information, *IEEE Transactions on Information Theory*, Vol. 51, No. 12, pp. 4418-4425, December. 2005.

[45] F. Oldewurtel, M. Foks, and P. Mahonen, On a practical distributed source coding scheme for wireless sensor networks, *IEEE Vehicular Technology Conference* (*VTC Spring*), *Proceedings*, pp.

228-232, May 2008.

[46] F. Oldewurtel, J. Ansari, and P. Mahonen, Cross-layer design for distributed source coding in wireless sensor networks, *2nd International Conference on Sensor Technologies and Applications (SENSORCOMM), Proceedings*, pp. 435-443, August 2008.

[47] F. Chen, M. Rutkowski, C. Fenner, R. C. Huck, S. Wang, and S. Cheng, Compression of distributed correlated temperature data in sensor networks, *the Data Compression Conference (DCC), Proceedings*, p. 479, March 2013.

[48] S. Cheng, Multiterminal source coding for many sensors with entropy coding and Gaussian process regression, *the Data Compression Conference, Proceedings*, p. 480, March 2013.

[49] B. Beferull-Lozano and R. L. Konsbruck, On source coding for distributed temperature sensing with shift-invariant geometries, *IEEE Transactions on Communication*, Vol. 59, No. 4, pp. 1053-1065, April 2011.

[50] K. C. Barr and K. Asanovic, Energy-aware lossless data compression, *ACM Transactions on Computational Systems*, Vol. 24, No. 3, pp. 250-291, 2006.

[51] D. I. Sacaleanu, R. Stoian, D. M. Ofrim, and N. Deligiannis, Compression scheme for increas ing the lifetime of wireless intelligent sensor networks, *20th European Signal Processing Conference (EUSIPCO), Proceedings*, pp. 709-713, August 2012.

[52] F. Marcelloni and M. Vecchio, A simple algorithm for data compression in wireless sensor networks, *IEEE Communications Letters*, Vol. 12, No. 6, pp. 411-413, June 2008.

[53] M. Vecchio, R. Giaffreda, and F. Marcelloni, Adaptive lossless entropy compressors for tiny IoT devices, *IEEE Transactions on Wireless Communications*, Vol. 13, No. 2, pp. 1088-1100, February 2014.

[54] A. Shokrollahi, Raptor codes, *IEEE Transactions on Information Theory*, Vol. 52, No. 6, pp. 2551-2567, June 2006.

[55] J. E. Barceló-Lladó, A. M. Pérez, and G. Seco-Granados, Enhanced correlation estimators for distributed source coding in large wireless sensor networks, *IEEE Sensors Journal*, Vol. 12, No. 9, pp. 2799-2806, September 2012.

[56] N. Deligiannis, E. Zimos, D. M. Ofrim, Y. Andreopoulos, and A. Munteanu, Distributed joint source-channel coding with copula-function-based correlation modeling for wireless sensors measure-ing temperature, *IEEE Sensors Journal*, Vol. 15, No. 8, pp. 4496-4507, August 2015.

[57] P. K. Trivedi and D. M. Zimmer, *Copula Modeling: An Introduction for Practitioners*, Vol. 1. Delft, The Netherlands: NOW Pub., 2007.

[58] M. Camilli and R. Kleihorst, Mouse sensor networks, the smart camera, *ACM/IEEE International Conference on Distributed Smart Cameras (ICDSC), Proceedings*, pp. 1-3, August 2011.

[59] S. Grunwedel, V. Jelaca, P. Van Hese, R. Kleihorst, and W. Philips, Multi-view occupancy maps using a network of low resolution visual sensors, *ACM/IEEE International Conference on Distributed Smart Cameras (ICDSC), Proceedings*, August 2011.

[60] S. Zambanini, J. Machajdik, and M. Kampel, Detecting falls at homes using a network of low resolution cameras, *IEEE International Conference on Information Technology and Applications in Biomedicine, (ITAB), Proceedings*, November 2010.

[61] T. Wiegand, G. J. Sullivan, G. Bjntegaard, and A. Luthra, Overview of the H.264/AVC video coding standard, *IEEE Transactions on Circuits and Systems for Video Technology*, Vol. 13, No. 7, pp. 560-576, July 2003.

[62] G. J. Sullivan, J.-R. Ohm, W.-J. Han, and T. Wiegand, Overview of the high efficiency video coding (HEVC) standard, *IEEE Transactions on Circuits and Systems for Video Technology*, Vol. 22, No. 12, pp. 1649-1668, December 2012.

[63] N. Deligiannis, A. Munteanu, S. Wang, S. Cheng, and P. Schelkens, Maximum likelihood Laplacian correlation channel estimation in layered Wyner-Ziv coding, *IEEE Transactions on Signal Processing*, Vol. 62, No. 4, pp. 892-904, February 2014.

[64] S. Cheng and Z. Xiong, Successive refinement for the Wyner-Ziv problem and layered code design, *IEEE Transactions on Signal Processing*, Vol. 53, No. 8, pp. 3269-3281, August. 2005.

[65] N. Deligiannis, F. Verbist, J. Slowack, R. Van de Walle, P. Schelkens, and A. Munteanu, Progressively refined Wyner-Ziv video coding for visual sensors, *ACM Transactions on Sensor Networks*, Special Issue on New Advancements in Distributed Smart Camera Networks, Vol. 10, No. 2, pp. 1-34, January 2014.

[66] N. Deligiannis, M. Jacobs, J. Barbarien, F. Verbist, J. Škorupa, R. Van de Walle, A. Skodras, P. Schelkens, and A. Munteanu, Joint DC coefficient band decoding and motion estimation in Wyner Ziv video coding, *International Conference on Digital Signal Processing* (*DSP*), *Proceedings*, July 2011, pp. 1-6.

[67] X. Artigas, J. Ascenso, M. Dalai, S. Klomp, D. Kubasov, and M. Quaret, The DISCOVER codec: Architecture, techniques and evaluation, *Picture Coding Symposium* (*PCS*), *Proceedings*, November 2007.

[68] F. Verbist, N. Deligiannis, W. Chen, P. Schelkens, and A. Munteanu,Transform-domain Wyner-Ziv video coding for 1-K pixel visual sensors, ACM/IEEE International Conference on Distributed Smart Cameras, ICDSC‘13, Palm Springs, CA,October-November 2013.

第11章　支持大规模业务传感网络服务的5G C-RAN上行链路跨层优化

11.1　引　言

5G技术和C-RAN除了提供传统的用户设备手机和网络的连接，还主要提供广域的网络覆盖和传感器网络服务。5G网络与其他网络系统的主要区别是其主要为两个或者多个不同扇区内的单用户多扇区通信提供本地高效的支持，从而可以有效得到更高的吞吐量和新的请求频带。通过节点虚拟化和C-RAN解决方案，对于吞吐量、时延、可访问性和服务质量的5G要求具有可行性和经济效益。物联网、机器对机器和终端直连通信都是5G无线服务新时代的主要前景，且通过从分布式基站到集中式C-RAN部署或者分布式边缘云等广泛的物理部署支持。

11.1.1　背景及研究目的

无论5G网络架构在未来的物联网服务中的最终发展目标是什么，从运营商的角度都不可否认，从3G和4G的传统蜂窝网络逐步部署到5G网络是肯定可行的，且从运营商的部署以及投资角度看是能够获得经济效益的。在灵活性能和增强性能方面，支撑关键技术的选择包括移动网络功能的使用、SDN控制以及移动接入和核心网络功能的联合优化[1]。预计5G移动网络架构将包含物理和虚拟(也涉及云)的网络功能，以及边缘云计算和集中式云部署。因此，5G移动网络需要在RAN功能和安全功能[2]方面集成LTE技术升级版(LTE-A)[1]中最著名且被全球接受的网络方案。下一代移动网络(NGMN)联盟[3]要求RAN技术的集成远远超出现3GPP商讨后提议的5G C-RAN接入技术[4]。5G C-RAN移动网络架构不仅需要支持未来移动下行链路的迅猛增长，而且需要能够在智能城市平台[5]和用户应用中支持基于传感器的物联网用户设备所产生的上行链路数据流量的能力。最常见的实施方案是将传统无线宏蜂窝网络转换为基于云架构的C-RAN，该方案在地理上能够实现无缝覆盖，且其包括许多辅助宏蜂窝的微蜂窝网[6]。

11.1.2　本章内容

在本章中，考虑到一些无线接入相关的限制因素，提到了5GPPP[7]与3GPP的联盟、LTE 和 LTE-A[8]，也提到了使用 C-RAN 代替传统的 BBUs 和远程射频拉远单元(RRUs)[9]。C-RAN 架构拆分和 BBU-RRU 的方法[10]在物理跨层的介质访问控制层以及小区容量规划中引入了许多限制条件，特别是上行吞吐量和可访问性等方面。考虑到特定应用，如未来具有 IoT 传感器流量负载的智能城市，其中大带宽是 RRUs 和远程云计算框架之间具有严格时延和同步要求的明确需求，而这些需求也将真正变得具有限制性。最后，C-RAN 的虚拟化提案、性能和小区规划策略应当与全球运营商对流量负载的需求以及面向经济效益的新网络部署之间密切契合。此外，为了最大限度地降低成本并优化基础设施投资，大多数运营商提出了关于 LTE-A 和异构网络的重新部署和利用。事实上，按照世界主导供应商的提案，包含各种无线分裂和光纤宽带回程上的 BBU-RRU 的 LTE-A 架构是平滑过渡到 5G 全面部署的主要候选提案[11,12]。

11.1.3 5G C-RAN 的下一代移动网络场景

在迄今为止所提出的具有非主导的标准化解决方案的 5G C-RAN 架构中，虽然具有增强型 LTE-A 网络功能的 5GPPP 对于世界标准化是最有前景的候选解决方案，但是就网络部署而言，具有经济效益且部署简单化的 C-RAN 集中式解决方案才是最受欢迎的。大多数世界主导厂商都提出了用来支撑 C-RAN 策略和面向 5G 演进的 LTE-A 网络架构和功能。提出的 C-RAN 概念基于设备的集中式 BBU 池，且为许多集群的分布式无线接入节点提供服务[13]。在 LTE-A 和异构网络等传统运营商网络中，协调功能和实时处理对于性能干扰、移动性和同步改进都是至关重要的，而 C-RAN 方法更易于达到需求。另外，小区的规划原理和具有适应特定业务的额外限制与 LTE-A 的要求非常相似。爱立信在 2016 年初提出了强大的软件功能组合，其能够将 C-RAN 与 LTE-A 技术相结合，同时在 4G 运营商的基础设施上提供具有高峰值小区吞吐量的最大应用覆盖范围，这些是为了与 3GPP 和 5GPPP 标准一致的 5G 网络演进而努力[14]。

在这样的体系结构中，对于 LTE-A 解决方案，将 RRUs 部署在一个广阔的地理区域内，且所有的远程 RRUs 都通过回程光纤链路(裸光纤链路)连接到云服务器上的集中式 BBU 池。该云服务器通过光纤链路提供 15～20km 的典型的小区覆盖范围[15]。在无线接入网中的无线接口使用的分布式 RRH/RRU 单元处引入先进技术，将处理负载的功能移动到小区边缘设备(移动边缘计算解决方案)，并在 RAN 传输和回程网络拓扑的光网络技术上利用聚焦多协议标签交换(multi-protocol label switching，MPLS)的 IP/以太网[4]等技术是人们已经普遍接受的。有了这样的设计，任何类型的业务都可以通过 LTE-A 网络来实现，其业务主要包括传统的 IP 用户网络业务、云服务和基于传感器的业务以及各种类型的通用 IoT 业务。遵循完全集中式 C-RAN 策略，部署良好的室内传感器网络拓扑结构可以由具有主接收器和发射端的不同的拓扑集群组组成，广义上即密集的周期性测量报告(温度、图像、视频或流媒体应用程序)[16]。在 WSNs 中，传感器集群的形成遵循基于众所周知的 IEEE 802.15.4 MAC 协议的簇树结构[17]，如 IEEE 802.15.4 GTS。IEEE 802.15.4 路由器(也称为接收器)将收集所有传感器数据，并将数据转发到 LTE-A 的室内 UE，即用户端设备(customer premise equipment，CPE)，从而为用户设备提供上下行链路的覆盖链接。该 CPE 将依赖小区的规划和可访问性链接，在 15～20km 的最大覆盖距离内通过上行链路将所有 IEEE 传感器 MAC 传输块传输到适当的 RRH/RRU 单元。最后，RRH/RRU 使用回程光纤网络将业务转发至 C-RAN(切片服务器方法)做进一步的数据分析，最终转发至 ISP 网络[18](图 11.1)。

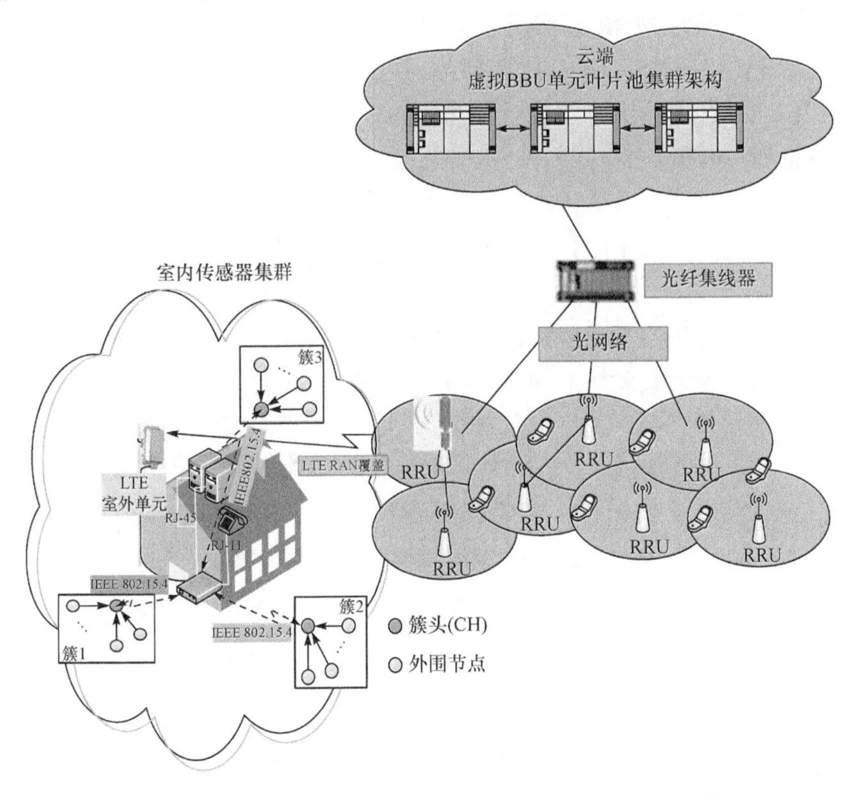

图 11.1　用于室内传感器网络流量的集中式 C-RAN 网络

11.2　C-RAN 的设计因素

根据蜂窝网络供应商的提议[5,14]和 3GPP/5GPPP 标准[7,8]，如图 11.1 所示，所提出的 C-RAN 架构设计取决于传统的 LTE-A 和异构网络的小区规划原理。此外，Rodriguez[19]已经指出将 5G C-RAN 技术集成到已有 4G 基础设施中的必要性，并强调了 LTE/LTE-A 和 5G 小区规划策略之间的相似性。4G Americas 还发布了一份白皮书，其中提到 5G 的演进将是 LTE-A 和具有类似 RAN 方法的 4G 技术的改进[20]。因此，对于服务、UE、类似 C-RAN 的网络部署以及基于传感器的 IoT 业务，RAN 的设计与具有特定要求的 4G 是相似的。

然而区分和复杂化设计存在三个主要限制条件。为了优化 C-RAN 及 LTE-A 性能，必须满足以下限制条件。

(1) C-RAN 的干扰因素：需要对分布式随机信道的频段选择中的干扰抑制进行研究和证明。

(2) 信干噪比因素：主要关注与上行链路小区规划和优化问题有关的因素，以这样的方式来保证足够的 SINR 以满足服务的可访问性以及完整性(吞吐量)等性能。

(3) 跨层因素：是关于 LTE-A 的 MAC 层到物理层规划的跨层方法。预选择的传感器网络 IEEE MAC 传输块将被放置到优化的 LTE-A MAC 传输机制中以最小化重传，从而优化容量和吞吐量。

11.3　C-RAN 的干扰因素

考虑混合传感器和基于 UE 的分组交换(packet switching，PS)业务应用时，主要面向 IoT 业务，且在基于云架构上的 C-RAN 的 LTE-A 设计中主要强调基于传感器业务的 CPE 上行链路覆盖[18](图 11.1)。在这种场景下，上行链路在可接入性[21]以及完整性[22]方面的性能总是弱于下行链路。因此为了确保上行链路的预算[23]并考虑适当的信干噪比 $\mathrm{SINR}_{\mathrm{target}}=\gamma_{\mathrm{target}}^{\mathrm{uplink}}$ 的必要条件，需要保证基于 IoT 传感器的 QoS 业务[18]。由于在区域内预测到一定的小区间干扰，因此无线网络规划师需限制小区间距离 d，并适当地在小区范围内邻接的 LTE-A 设置室外发射机允许的最大发射功率 $P_{\mathrm{max,ul}}^{\mathrm{UE}}$[24]。其中，允许的最大发射功率 $P_{\mathrm{max,ul}}^{\mathrm{UE}}$ 是运营商配置的参数，其额外限制始终小于硬件最大的 LTE-A 室外 CPE 用户可用的单位功率 P_0^{UE} ，即 $P_{\mathrm{max,ul}}^{\mathrm{UE}}\leqslant P_0^{\mathrm{UE}}$ 。该最优设置将确保预期上行链路邻近小区(小区间)的期望干扰低于其可接受的阈值[24]。

11.3.1　底噪等级评估

底噪(背景噪声)N 取决于背景环境的温度，而且其预测值不仅每天有差别，不同纬度坐标也有差别。由于 RRH/RRU 天线接收器(图 11.1)在白天和夜晚受温差影响，因此估算时需要遵循统计物理学(热力学)的基本原理。环境温度 T(K) 定义了金属晶体结构内部的分子随机振动量产生的加性高斯白噪声 N_{t} 。在这种随机振动中，受环境温度 T(K) 影响的分子能量预计为 $E\sim kT$ ，其中 k 是玻尔兹曼常量，$k=1.38\cdot10^{-23}\,\mathrm{J/K}$ 。这种能量遵循均值为 $E\sim kT$ 和随时间 Δt 变化的平均功率 $P\sim kT\Delta t$ 的高斯分布。考虑 $\Delta t=1/\Delta f$ ，其中 Δf 是信道带宽，平均噪声谱功率密度是 $N_t\sim kT/\Delta f(\mathrm{W/BW})$ 。当 $\Delta f=1\mathrm{Hz}$ 时，定义单位带宽的平

均噪声功率密度为 $N_t \sim kT(\mathrm{W/Hz})$。将波尔兹曼常量代入公式，并考虑一个典型的环境温度值 $T = 290\mathrm{K}$ (接近 18℃)，则 $N_t = 10\lg kT = -174\mathrm{dBm/Hz}$。在 LTE-A 室内和微微/微蜂窝小区中，调度资源的带宽单元是一个基本的物理资源块(physical resource block, PRB) = 180 kHz，且预期的噪声功率密度是 $N_t \cdot \mathrm{RB_{BW}} = kT \cdot 180\ \mathrm{kHz\ (W)}$ 或 $N_t \cdot \mathrm{RB_{BW}}\ (\mathrm{dBm}) = 10\lg kT + 10\lg 180\mathrm{kHz}$。

然而，由于存在收发器的电子设备噪声系数，使底噪等级可能会增加。这个噪声系数是由量子噪声所引起电子设备的工作温度而产生的，且其根据基础物理原理可以从 $N_f = N_f^{\mathrm{LNA}} + \left(N_f^{\mathrm{R}} L_{\mathrm{pathloss}}^{\mathrm{feeder}} - 1/G_{\mathrm{LNA}}\right)$ 估算得来。其中 N_f^{LNA} 是从前置放大器(低噪声放大器，LNA)得到，该放大器主要安装在接收单元设备之前，或接收天线之后。LNA 有助于上行链路在其信号处理功能之前对接收信号进行改进。N_f^{R} 是由接收单元的噪声得到，该噪声不仅随着馈线损耗的增加而产生，还通过信号噪声增益 G_{LNA} 低估得到。当 $L_{\mathrm{pathloss}}^{\mathrm{feeder}} = 1$ 且 $G_{\mathrm{LNA}} = 1$ 时，得出一个典型值 $N_f = 3\mathrm{dB}$。总结出每个 PRB 的背景噪声估计如下[25]：

$$N = N_t \cdot \mathrm{RB_{BW}} \cdot N_f = N_t \cdot \mathrm{RB_{BW}} \cdot \left(N_f^{\mathrm{LNA}} + \frac{N_f^{\mathrm{R}} L_{\mathrm{pathloss}}^{\mathrm{feeder}} - 1}{G_{\mathrm{LNA}}} \right) \tag{11.1}$$

其典型值为 $N = -119\ \mathrm{dBm}$。

11.3.2 期望小区间干扰估计

在 5G 网络的所有重要限制条件中，需要协调的最困难且最重要的限制条件是上下行链路中较大的小区间同频干扰[26]。主要是由于在 LTE-A、异构网络和具有基于传感器和手机设备的超密集 5G 演进网络中，覆盖密集和多层异构网络的部署是一种常见的 RAN 设计。此外，随着充分复用每个扇区(扩展到 100MHZ)的所有可用信道带宽来增加服务容量的趋势，预期的小区间干扰是不可避免的。3GPP 和最新的 5GPPP 已经提出[27]，通过几种先进的 SON 可选特性，使用多种不同且有效的技术来协调小区间干扰，最终降低预期的服务等级。网络规划人员和优化人员对诸如小区间干扰协调[28]或结合小区规划的联合调度[29]等技术非常熟悉。虽然小区间干扰受小区规划和密集的 5G RRH/RRU 单元地理分布的影响，但评估每个 180 kHz PRB 的小区间干扰 I_{RB} 对于预期每个小区的信干噪比目标极为重要。遵循分析的半解析模型并根据图 11.2 所示，考虑在半径 R 和小区间距 $d = 3/2R$ 的服务小区周围的相邻小区 $i \in \{1,2,\cdots,6\}$ 有着不同的小区负荷(活跃的用户数和每个相邻的小区使用的 PRB $k \in \{1,2,\cdots,q_i\}$)，这些相邻小区产生了整个上行链路的小区间干扰[30]。所有的小区(服务和邻接小区)具有相同的地理覆盖区域；每个 PRB 预期的上行链路干扰是 $I_{\mathrm{RB},n}(W)$，其中 n PRBs 的可用数量取决于信道带宽 $\mathrm{BW_{cell}} \in \{5,10,15,20,40,60,80,100\}(\mathrm{MHz})$，而且 PRBs 的数量也受 $n \in \left\{1,2,\cdots,\left(\mathrm{BW_{cell}}/(180\mathrm{kHz})\right) - \mathrm{BW_{guardband}}\right\}$ 的限制。

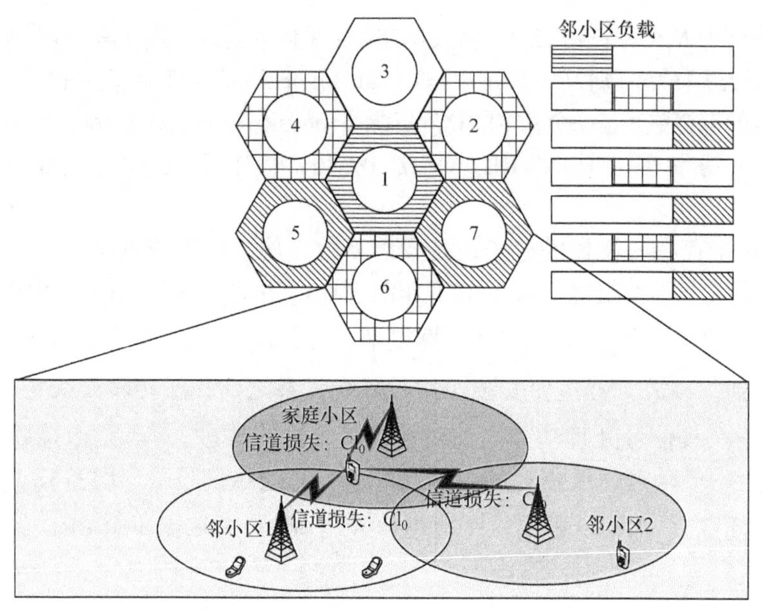

图 11.2　小区间干扰相关的小区网络拓扑

每个 PRB 上预期的干扰 $I_{\mathrm{RB},n}(W)$ 为[31]：

$$I_{\mathrm{RB},n}(W)=\sum_{i=1}^{6}\left(f_i\cdot\varphi_i\cdot \mathrm{pr}_{n,i}(\lambda)\cdot\sum_{k=1}^{q_i}\frac{P_{q_i,i}^{\mathrm{UE,RB}}(W)\cdot G_{q_i,i}^{\mathrm{T}}\left(\theta_{q_i,i}\right)\cdot G_{q_i,i}^{\mathrm{R}}\left(\theta_{q_i,i}\right)}{L_{q_i}}\right) \tag{11.2}$$

其中，$P_{q_i,i}^{\mathrm{UE,RB}}(W)$ 是在第 i 个小区中第 q_i 个活跃的上行链路CPE的预期发射功率；$G_{q_i,i}^{\mathrm{T}}\left(\theta_{q_i,i}\right)$ 是在传输夹角为 $\theta_{q_i,i}$ 的第 i 个小区中第 q_i 个活跃的上行链路 CPE 的天线增益；$G_{q_i,i}^{\mathrm{R}}\left(\theta_{q_i,i}\right)$ 是传输夹角为 $\theta_{q_i,i}$ 的第 i 个小区中第 q_i 个活跃的上行链路 CPE 得到的下行链路 RRH/RRU 单元(图 11.1)的天线增益； L_{q_i} 是根据 3GPP 标准在第 i 个小区中第 q_i 个活跃单元的路径损耗，计算标准为 $L_{q_i}(\mathrm{dB})=85.25+33.48\lg R_i$； f_i 是由于隔离扰码[32]导致的预期干扰衰减因子，典型值为 $f_i\in\{0.2,\cdots,0.4\}$； φ_i 是第二干扰衰减因子，其是由干扰抑制组合的一些可选的激活无线电特征[33,34]或者是由用户终端的 5G 先进的干扰协调技术[35]产生的。

根据预期的干扰协调算法，每个相邻小区上的 MAC 调度器根据小区负载得出的 PRBs 数量是由具有特定概率的活跃 CPE 单元决定的。因此，作者将第 i 个相邻小区在第 n 个 PRB 上产生的每个预期干扰与来自相邻小区 $\mathrm{pr}_{n,i}(\lambda)$ 的第 n 个 PRB 相应的使用概率相乘。为了估计概率，图 11.3 给出了半解析多层生灭模型。在特定的模型上，考虑 $0\leqslant\lambda\leqslant N_{\mathrm{sub}}$ 个链接的 CPE 室内单元(服务一些传感器的汇聚节点的业务)，多个 PRBs 通过上行链路请求发送具有相应服务时间 u 的服务。在每个 CPE 请求上，考虑到 MAC 调度器可以在 $k=2^{\alpha}\cdot 3^{\beta}\cdot 5^{\gamma},\alpha,\beta,\gamma\in\mathrm{Z}$，$1\leqslant k\leqslant\left(\mathrm{BW_{cell}}/180\mathrm{kHz}-\mathrm{BW_{guardband}}\right)$ 的 3GPP 上行链路约束下同时定义

k 个最大连续资源 PRBs，且定义多个具有衰减概率 p_k/n 的 PRBs，因此 $p_1 < p_2 < \cdots < p_k$。

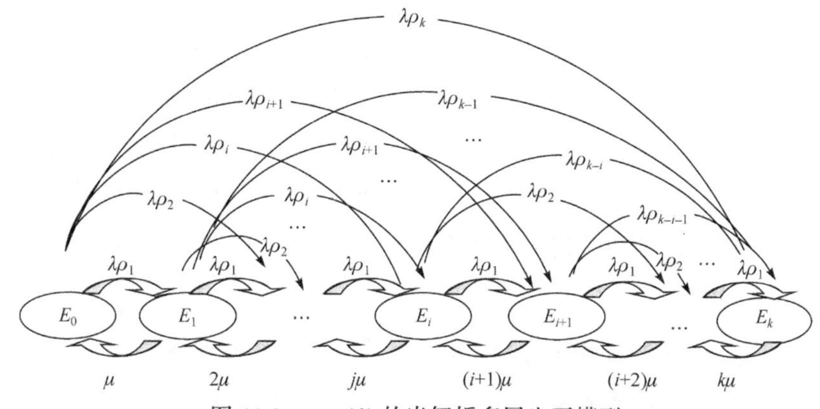

图 11.3　$p_{m,i}(\lambda)$ 的半解析多层生灭模型

该概率的计算遵循递归公式[30]如下：

$$\mathrm{pr}_{n,i}(\lambda,\mu,k)=\frac{1}{(n-1)\cdot\mu}\cdot\left\{\mathrm{pr}_{n,(i-1)}\left[(n-2)\cdot\mu+\lambda\cdot\sum_{j=0}^{k-n+1}\rho_j\right]\right\}$$
$$-\frac{1}{(n-1)\cdot\mu}\cdot\left(\lambda\cdot\sum_{\mathrm{v}=1}^{n-1}\mathrm{pr}_{n,\mathrm{v}}\cdot\rho_{n-\mathrm{v}}\right),2\leqslant n\leqslant k \tag{11.3}$$

总概率的限制条件归一化为 $\sum_{n=1}^{k}\mathrm{pr}_{n,i}(\lambda,u,k)=1$。

预期的比率 $\gamma_{\mathrm{RB}}=\mathrm{SINR}=S_{\mathrm{RB}}/(N+I_{\mathrm{RB}})$，其中 $N+I_{\mathrm{RB}}=N\left(1+I_{\mathrm{RB}}/N\right)=N\cdot\beta_{I,\mathrm{RB}}^{\mathrm{UL}}$，因子 $\left(1+I_{\mathrm{RB}}/N\right)=\beta_{I,\mathrm{RB}}^{\mathrm{UL}}$ 是已知的干扰负载边界值。

因此，$\gamma_{\mathrm{RB}}=\mathrm{SINR}=S_{\mathrm{RB}}/(N+I_{\mathrm{RB}})=S_{\mathrm{RB}}/(N\cdot\beta_{\mathrm{RB}}^{\mathrm{UL}})$。

递归公式计算是不容易执行的，唯一快速而准确的方法是通过 Matlab 进行仿真。实际上对于 $\beta_{I,\mathrm{RB}}^{\mathrm{UL}}$ 和不同的无线电链路信道，Matlab 仿真在一般情况下得到的预期值如图 11.4 所示[30]。

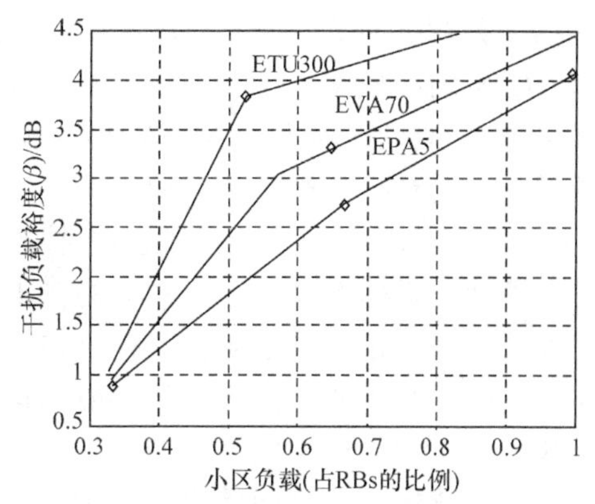

图 11.4　对干扰负荷裕度模拟结果

在下面仿真假设的条件下得出如图 11.4 所示的仿真结果。

(1) 多样性的二分支 RX。

(2) 调制方案：正交相移键控(QPSK)、16-QAM、64-QAM。

(3) 信道模型：EPA5(行人 5km/h)、EVA70(汽车 70km/h)和 ETU300(高铁 300km/h)。

(4) 用蒙特卡洛对第 i 个 $R_i = 150$ m 的相邻小区的第 q_i^{th} 个用户的移动性进行仿真。

(5) $0.01\text{W} \leqslant P_{q_i,i}^{\text{UE,RB}} \leqslant P_0^{\text{UE}} = 0.2\text{W} = 23\text{dBm}$ 作为第 i 个 LTE-A 室外单元或者用户手机设备件的典型值，其值也考虑功率控制算法。

(6) $G_{q_i,i}^{\text{T}}\left(\theta_{q_i,i}\right) = 1$。

(7) $G_{q_i,i}^{\text{R}}\left(\theta_{q_i,i}\right)$ 代表最大增益为 18dBi 的典型 Kathrein 型天线。

(8) $R = 150\text{m}$ 可得覆盖区域 $A = 0.044\text{m}^2$ 、小区间距离 $d = 3/2$ 以及 $r = 225\text{m}$ 。

当然，由于 CPE 设备是静止的，因此在密集城市的 5G 基于传感器的多层案例中考虑一般典型扩展城市(ETU)场景中速度为 300 km/h 的高速移动的用户终端或者在扩展车辆 A(EVA)场景中速度为 70 km/h 的城区用户设备场景是无用的。然而，扩展行人 A(EPA)场景中速度为 5 km/h 的密集城市场景却非常的接近 CPE 的案例研究，这是因为预期的正交频率和码分多址误差是由色散信道多径产生的[36]。

11.3.3 小区间干扰自动协调算法

在本章中，作者将针对 IOT 传感器产生的各种业务，提出一种先进的算法来减少或者协调 5G 网络中预期的小区间干扰。作者想要证明关于 5G 协作网络以及中继宽带无线传感器网络(类似 5G LTE-A)的技术，即如果在无线资源管理(RRM)系统的功能中包括动态频率分配，则可以提升基本 SINR 性能。事实上，由于这样的解决方案导致了较少的传输功率，则它在性能中起着重要的作用，这是改善 SINR 和减少小区间干扰的重要度量。

具有干扰度量反馈报告(闭环算法)的传统优化实现的 RRM 算法(如小区间干扰消除、ICIC、无线电特征[28])需要开源数据库，即充分了解网络基站空间分布的集中式处理器。相反，由于在 5G C-RAN 的虚拟网络中，中央基站节点(BBU 控制器)集中在云上，RRH/RRU 客户端分布在整个地理区域上，集中式 RRM 算法将显著增加信令负载的容量。因此，在这种情况下需要具有随机频率分配协调的分布式 RRM 算法。在所提出的分布式 RRM 算法中，RRH/RRUs 基于小区规划拓扑被划分为不同的簇。为了简单起见，作者考虑的路径损耗信道模型是采用了常见的自由空间路径损耗模型，它给出了比现有文献中更精细的模型。很容易证明，这种分布式随机策略收敛于次优的频谱分配，具有任意额外的集中式簇内协调过程，从而最小化 BBU 微处理器 C-RAN 的负载和回程光网络的负载，并且在光传输网络中利用云节点来保存分布式 RRH 无线设备的信令容量。换言之，该算法收敛到网络聚合干扰的局部最小值。

作者主要考虑了具有三扇区的 5G C-RAN 远程 RRH 设备，其中包含 $b_i = 1,2,\cdots,N_B$ 个相邻小区，在它们中每个设备都在上行链路中服务传感器设备 SD u_i。两个小区 b_i 和 b_j 间的距离被认为是具有 $f_1, f_2, \cdots, f_c$ 个可用信道频带的 R_{ij}，称为物理资源块。为简单起见，考虑所有 RRH 设备上的每个 SD u_i 和传输功率为 αP_u 的小区 b_i，其中范围为 $0<\alpha<1$ 的参数 α 通过 LTE-A 功率控制算法协调。P_u 是 SD 可能达到的最大上行链路的传输功率，仅受 SD 硬件的能力限制。SD 的 u_i 和 RRH 小区 b_j 之间的距离被认为是 d_{ij}，RRH 单元的接收侧由于距离而产生的预期路径损耗是 $1/d_{ij}^2$ 的因子。对于任意随机时间段 t，任何一个随机 RRH 设备的小区 b_i 都在子频带集 $S_i(t)$ 中分配到若干物理资源块(PRB)。只要 BBU 上的新 RRM 执行每个 RRU/RRH 上的 PRB 资源分配(称为 PRB 信道频带资源更新，channel band resource update，CBRU)，该分配的频带就被保留。该 CBRU 发生在离散时间 t_1 中，其总是大于 5G C-RAN 传输时间间隔(transport time lnterval，TTI)周期。CBRU 周期更新遵循随机分布，并且由于没有与网络中的其他基站协调，将致使每个 RRH/RRU 设备不与其他相邻 RRH/RRU 设备相关，而是以异步方式更新分配的子集频带 $S_j(t), i \in (f_1, f_2, \cdots, f_c)$。这个随机过程引入了一个简单但有效的性能。

评估所提出算法性能的基本度量是 RRH/RRU 集群网络中总上行链路的干扰平均值。对于每个分配的子集频带 $S_i(t)$，在时间 t_1 上，通过包含随机分配子集频带 $S_j(t)$ 的相邻 RRH/RRU 扇区 $b_{j,i\neq j}$ 得到一个 RRH/RRU 扇区 b_i 上的预期上行链路干扰，该干扰被评估为

$$I_{b_i} = \sum_{i\neq j} \frac{aP_{u_j}}{d_{ij}^2} \mu\left(s_i(t_1), s_j(t_1)\right)$$

其中，$\mu\left(s_i(t_1), s_j(t_1)\right) = \begin{cases} 1, 如果\ s_i(t_1) = s_j(t_1) \\ 0, 如果\ s_i(t_1) \neq s_j(t_1) \end{cases}$ 是 Kronecker delta 函数。

在时间 t_1 上，计算 RRH/RRU 集群网络中总上行链路的干扰计算为

$$\overline{I}_{t_1} = \sum_{i=1}^{N_B} I_{b_i} = \sum_{i=1}^{N_B} \sum_{i\neq j} \frac{aP_{u_j}}{d_{ij}^2} \mu\left(s_i(t_1), s_j(t_1)\right)$$

在较长时间周期 T 上，RRH/RRU 集群上行链路的干扰平均值定义为

$$I_T = \frac{1}{T} \sum_{t=t_1}^{T} \overline{I}_t = \frac{1}{T} \sum_{t=t_1}^{T} \left[\sum_{i=1}^{N_B} \sum_{i\neq j} \frac{aP_u}{d_{ij}^2} \mu\left(s_i(t), s_j(t)\right) \right]$$

描述可用连续子集频带 $S_i(t), i \in \left(f_1, f_2, \cdots, f_c\right)$ 分配的 CBRU 算法步骤如下。

(1) 每个 RRH/RRU 扇区 $b_i = 1,2,\cdots,N_B$ 基于实时流量负载测量，自主决定将子集频带 $S_i(t)$ 分配给其连接的 SDs。

(2) 在时间间隔 $\tau = t_i - t_{i-1}$ 上，每个 RRH/RRU 扇区 $b_i = 1,2,\cdots,N_B$ 扫描所有可用的

PRBs 带宽，并在子集频带 $S_i(t), i\in(f_1,f_2,\cdots,f_c)$ 上找到一组连续频率，使得上行链路干扰 I_τ 被估计为可能达到的最小干扰。在 CBRU 更新中，该组在下一个 τ 上被分配给其链接的 SDs。

$$I_\tau=\frac{1}{\tau}\sum_{t=t_{i-1}}^{t_i}\overline{I}_\tau=\frac{1}{t_i-t_{i-1}}\sum_{t=t_{i-1}}^{t_i}\left[\sum_{i=1}^{NB}\sum_{i\neq j}\frac{aP_{u_j}}{d_{ij}^2}\mu\left(s_i(\tau),s_j(\tau)\right)\right]$$

(3) 如果找不到一个更好的频率子集群，那么前面的子集被保存。

引理：上行链路总的平均干扰值 I_T 在有限时间 T_c 内收敛到局部最小。

证明：上行链路总的平均干扰值 I_T 是大于零的有界函数，因此

$$I_T=\frac{1}{T}\sum_{t=t_1}^{T}\overline{I}_t=\frac{1}{T}\sum_{t=t_1}^{T}\left[\sum_{i=1}^{NB}\sum_{i\neq j}\frac{aP_u}{d_{ij}^2}\mu\left(s_i(t),s_j(t)\right)\right]\geqslant 0,\ \forall T\in[0,\infty]$$

并且等号是一个小概率事件，取决于每个 RRH/RRU 扇区同时连接 SD 设备的数量、每个相邻 RRH/RRU 扇区分配到的子集群，以及每个 RRH/RRU 扇区的预期吞吐量。

假设一个 RRH 扇区 b_v 包含一个子集 $s_v, v\in(f_1,f_2,\cdots,f_v)\subseteq(f_1,f_2,\cdots,f_c)$，则将时间 t_m 上的预期上行链路平均干扰值定义为

$$\overline{I}_{t_m}=\sum_{k=1}^{N_B-1}I_{b_k}+I_{b_v}(v)=\sum_{k=1}^{N_B-1}\sum_{i\neq j}\frac{aP_{u_j}}{d_{ij}^2}\mu\left(s_i(t_m),s_j(t_m)\right)+\sum_{v\neq j}\frac{aP_{u_j}}{d_{vj}^2}\mu\left(s_v(t_m),s_j(t_m)\right)$$

在下一个时间 t_{m+1} 中，预测 CBRU 的更新，且 RRH/RRU 扇区 b_v 上的新子集群的状态被更新为 s_u， $u\in(f_1,f_2,\cdots,f_u)\subseteq(f_1,f_2,\cdots,f_c)$。然后定义预期上行链路平均干扰值为

$$\overline{I}_{t_{m+1}}=\sum_{k=1}^{N_B-1}I_{b_k}+I_{b_v}(\mu)=\sum_{k=1}^{N_B-1}\sum_{i\neq j}\frac{aP_u}{d_{ij}^2}\mu\left(s_i(t_{m+1}),s_j(t_{m+1})\right)+\sum_{v\neq j}\frac{aP_u}{d_{vj}^2}\mu\left(s_\mu(t_{m+1}),s_j(t_{m+1})\right)$$

所提出的 CBRU 用于上述算法的第二步更新，新分配的 s_u 子集遵循最小干扰的规则，因此 $I_{b_v}(u)\leqslant I_{b_v}(v)$ 且结果是 $I_{t_{m+1}}\leqslant I_{t_m}$，在不可能找到任何子集带来最小化干扰的情况下等号成立，但该情况很少出现。因而，在每个步骤中，总的平均干扰值总是等于或小于前一步骤中 CBRU 的更新。因此，干扰的下界为零，并且其也是一个具有一定的速率趋近到干扰最小值(局部或总)的递减函数。

定理：CBRU 算法在有限更新步骤内收敛到局部或总的最小平均干扰值。

证明：作者将使用组合方法继续做进一步的分析。考虑到 RRH/RRU 扇区上的每个 CBRU 更新过程，将可用的总频带 $(f_1,f_2,\cdots,f_c)$ 中连续 v 个 PRBs 的最大可用数量分配给每个链接的 SD_i，则作者期望在所分配频率的总 k 组中，$\lfloor f_c/v\rfloor\leqslant k\leqslant f_c$。因此，在一段时间 $\lfloor f_c/v\rfloor\leqslant k\leqslant f_c$ 上，小区中可能连接 SD_s 的最大数目是 $u_i=k$。

当存在相似谱带的可用群组 m 时，总的 $f=f_c$，PRBs 的可替换物的数目为 M，其中 $1\leqslant f_m\leqslant v$，得出 $f_1+f_2+\cdots+f_m=f$，再根据组合理论计算得到 $M=(f!/f_1!\cdot f_2!\cdots f_m!)$。

RRH/RRU 扇区设备最终能够从可用的可能替换物中选择 PRBs 的 M_s 组合(总是在限制 $\lfloor f_c / v \rfloor \leqslant k \leqslant f_c$ 下同时连接 SD_s 的数目)。根据组合理论，从 M 个现有对象中得到所选对象 M_s，二项分布归纳出可用选项的总数(CBRU 子集)：

$$C(M,M_s)=\binom{M}{M_s}=\frac{M!}{M_s!(M-M_s)!},\ M \geqslant M_s$$

一般而言，由于在具有 CBRU 选择重复的可能性网络集群中有 N_B 个可用的 RRH/RRU 扇区，集群选项的总数是

$$C(N_BM+N_BM_s-1,N_BM_s)=\binom{N_BM+N_BM_s-1}{N_BM_s}=\frac{(N_BM+N_BM_s-1)!}{N_BM_s!(N_BM-1)!},\ M \geqslant M_s$$

最后，在总的 N_B 中，每个相邻 RRH/RRU 扇区将以 $P=1/C\ (N_BM+N_BM_s-1,\ N_BM_s)$ 的预期概率从总的可用的 $C(N_BM+N_BM_s-1,N_BM_s)$ 中得到选项 M_s。不同的可能干扰值的数目为

$$I=\frac{(N_BM+N_BM_s-1)!}{N_BM_s!(N_BM-1)!}$$

最坏的场景是在总的 N_B 中从每个小区中得出相同 M_s 的选项。因此，在一个小区中的每个子带 PRB 分配更新 $S_i(t), i\in(f_1,f_2,\cdots,f_{100})$ 将随机产生。在最坏的场景下，干扰衰减至少可以为 $1/(N_BM_sd_{ij})^2$。

在 N_B 个小区中存在 $(N_BM+N_BM_s-1)!/\,N_BM_s/(N_BM-1)!$ 个不同的干扰值，因此干扰选项的总数为

$$C(I)=\frac{\left(\dfrac{(N_BM+N_BM_s-1)!}{N_BM_s!(N_BM-1)!}+N_B-1\right)!}{\left(\dfrac{(N_BM+N_BM_s-1)!}{N_BM_s!(N_BM-1)!}\right)!(N_B-1)!}$$

因此，在最坏的场景下，将会通过 $C(I)$ 步骤达到局部干扰或总干扰的最小限度，这些干扰最终是有限的并且可以减少 5G C-RAN 扇区上小区间的干扰。

11.4　信干噪比因素考虑

本节继续作者的分析并考虑第二个规划因素，确保信干噪比在上行链路接收电平上[37]是至关重要的，以便在 RRH/RRU 单元上 $\gamma_{\text{RRH}}^{\text{uplink}}=\gamma_{\text{target}}^{\text{uplink}}$，否则可能产生一些严重的副作用。

(1) 如果 $\gamma_{\text{RRH}}^{\text{uplink}} \gg \gamma_{\text{target}}^{\text{uplink}}$，在相邻的 RRH/RRU 小区间干扰将增加。

(2) 在限制条件 $\gamma_{\text{eNodeB}}^{\text{uplink}} \ll \gamma_{\text{target}}^{\text{uplink}}$ 上，相邻的 RRH/RRU 小区到服务小区的小区间干扰增加。

(3) 如果 $\gamma_{\text{RRH}}^{\text{uplink}} \ll \gamma_{\text{target}}^{\text{uplink}}$，且由于低于预期分配的 PRBs 数目 n_{RB}，则预期上行链路吞吐量降低。

11.4.1　信干噪比 $\gamma_{\text{target}}^{\text{uplink}}$ 设计限制条件

所请求的上行链路的 $\gamma_{\text{target}}^{\text{uplink}}$ 取决于 5G 或 LTE-A 户外 CPE 单元的功率 $P_{0,\text{target}}^{\text{UE}}$ 以及 RRH/RRU 灵敏度(RRH 灵敏度 $\text{SE}_{\text{RRH}} = P_{\text{R}}^{\text{UL}}\big|_{\min}$)。假设 CPE 室外单元的发送功率为 $P_{0,\text{target}}^{\text{UE}}$，RRH 接收单元信号强度 $\geqslant \text{SE}_{\text{RRH}} = P_{\text{R}}^{\text{UL}}\big|_{\min}$，那么 RRH 接收单元将能够成功地在噪声干扰信道链路对接收信号进行解码[38]。

接收灵敏度 SRRH 被定义为最小接收信号电平 $P_{\text{R}}^{\text{UL}}\big|_{\min}$，这取决于所请求的 CPE 室外单元的发送功率 $P_{0,\text{target}}^{\text{UE}}$，且由以下公式给出：

$$P_{\text{R}}^{\text{UL}}\big|_{\min} = \text{SE}_{\text{RRH}} = \frac{P_{0,\text{target}}^{\text{UE}} G_o^{\text{T}}(\theta_o) \cdot G_o^{\text{R}}(\theta_o)}{L_{\text{pathloss}} L_{\text{j}} L_{\text{LNA}} L_{\text{f}} L_{\text{C}}} \tag{11.4}$$

其中，L_{j} 表示在 RRH 天线单元上的跳线损耗；L_{LNA} 表示 LNA 的损耗；L_{f} 表示波导(馈线)损耗；L_{C} 表示 LNA 上的馈线连接器损耗。

因此，强调噪声和干扰等级对 RRH 灵敏度的影响是很有意义的。事实上，遵循式(11.4)并考虑图 11.5 可以很明显得出 RRH 的灵敏度取决于 $N = N_{\text{t}} \cdot \text{RB}_{\text{BW}} N_{\text{f}}$ 和干扰 $I_{\text{RB},n}$。接收 RRH 单元成功解码的理想条件是

$$\text{SE}_{\text{RRH}} \geqslant N_{\text{t}} \cdot \text{RB}_{\text{BW}} \cdot \left(N_{\text{f}}^{\text{LNA}} + \frac{N_{\text{f}}^{\text{R}} L_{\text{pathloss}}^{\text{feeder}} - 1}{G_{\text{LNA}}} \right) \tag{11.5}$$

用式(11.4)代替式(11.5)将有助于 RRH 接收单元达到充足的上行灵敏度条件：

$$\text{SE}_{\text{RRH}} = \frac{P_{0,\text{target}}^{\text{UE}} G_o^{\text{T}}(\theta_o) \cdot G_o^{\text{R}}(\theta_o)}{L_{\text{pathloss}} L_{\text{j}} L_{\text{LNA}} L_{\text{f}} L_{\text{C}}} \geqslant N_{\text{t}} \cdot \text{RB}_{\text{BW}} \cdot \left(N_{\text{f}}^{\text{LNA}} + \frac{N_{\text{f}}^{\text{R}} L_{\text{pathloss}}^{\text{feeder}} - 1}{G_{\text{LNA}}} \right) \Rightarrow$$

$$P_{o,\text{target}}^{\text{UE}} \geqslant \frac{N_{\text{t}} \cdot \text{RB}_{\text{BW}} \cdot \left(N_{\text{f}}^{\text{LNA}} + \frac{\left(N_{\text{f}}^{\text{R}} L_{\text{pathloss}}^{\text{feeder}} \right) - 1}{G_{\text{LNA}}} \right) L_{\text{pathloss}} L_{\text{j}} L_{\text{LNA}} L_{\text{f}} L_{\text{C}}}{G_o^{\text{T}}(\theta_o) \cdot G_o^{\text{R}}(\theta_o)} \tag{11.6}$$

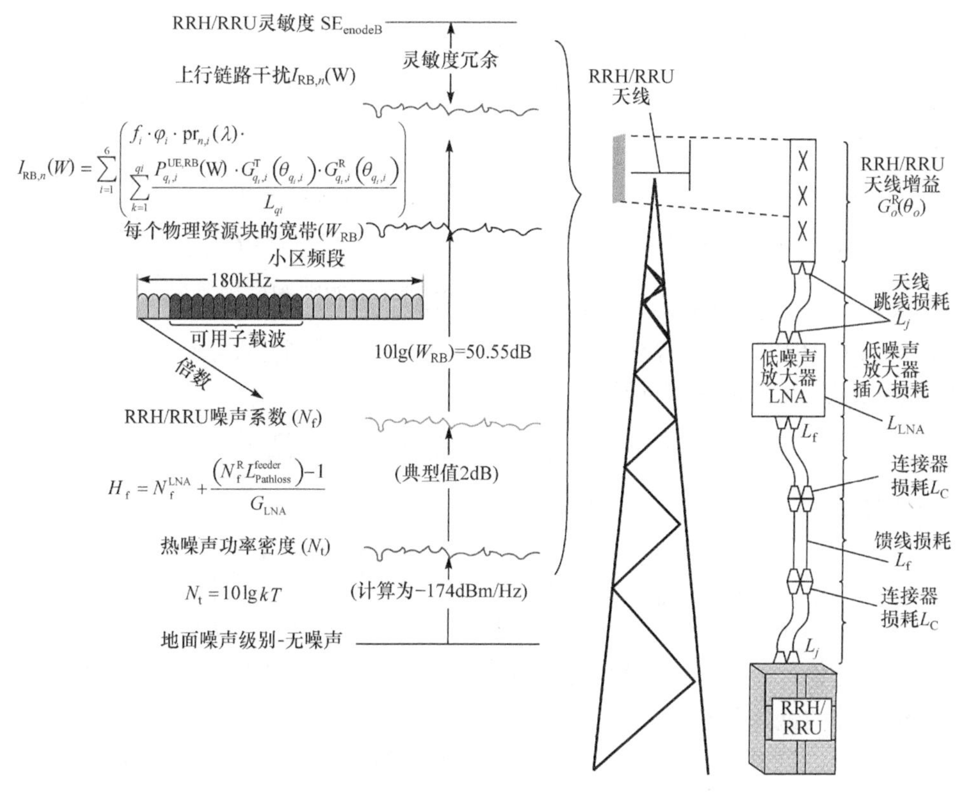

图 11.5　上行链路预算分析和灵敏度考虑

面向 C-RAN 的 LTE-A 用较好的功率控制算法来补偿 $P_{0,\text{target}}^{\text{UE}}$ 接收电平充足的功率，然而，由于式(11.6)中的条件并不总是可行的，因此应该进一步考虑一些额外的限制。这是由于 CPE 户外单元对允许的最大发射功率 P_0^{UE} 具有预定义的硬件限制。此外，通过设置一个最大允许上行链路功率阈值 $P_{\text{max,ul}}^{\text{UL}}$ 的 RAN 优化器来减少小区间干扰并使其尽可能低(如 Ericsson 参数 pMaxServingCell)。

考虑到这些额外的限制，式(11.6)被改写如下：

$$P_{\text{R}}^{\text{UE}}\big|_{\min}=\text{SE}_{\text{RRH}}=\frac{\min\left(P_0^{\text{UE}},\min\left(P_{\text{max,ul}}^{\text{UE}},P_{0,\text{target}}^{\text{UE}}\right)\right)G_o^{\text{T}}\left(\theta_o\right)\cdot G_o^{\text{R}}\left(\theta_o\right)}{L_{\text{pathloss}}L_{\text{j}}L_{\text{LNA}}L_{\text{f}}L_{\text{C}}} \tag{11.7}$$

RAN 设计人员在物联网传感器应用的 LTE-A C-RAN 规划中可能面临的主要问题是负载(该区域内的小区间干扰)，LTE-A 室外单元在上行链路的传输功率经常容易饱和。这意味着功率控制算法可能请求(在负载条件下)CPE 室外单元来增加上行链路传输功率 $\left(\approx P_{0,\text{target}}^{\text{UE}}=P_{0,\text{uplink}}^{\text{req}}\right)$ 以满足 RRH/RRU 接收的信干噪比或功率电平，然而，CPE 室外单元可能未回应(饱和)，原因如下。

(1) 所请求的 CPE 室外单元的发射功率 $P_{0,\text{target}}^{\text{UE}} > P_{\max,\text{ul}}^{\text{UE}}$ ，由于 $\min\left(P_{0,\text{target}}^{\text{UE}}, P_{\max,\text{ul}}^{\text{UE}}\right) = P_{\max,\text{ul}}^{\text{UE}}$ ，因此使 CPE 达到饱和。也就是说，它受限于所配置的参数(即 Ericsson 参数 pMaxServingCell)。

(2) 所请求的 CPE 室外单元的发射功率 $P_{0,\text{target}}^{\text{UE}} < P_{\max,\text{ul}}^{\text{UE}}$ ，由于 $\min\left(P_{0,\text{target}}^{\text{UE}}, P_{\max,\text{ul}}^{\text{UE}}\right) = P_{0,\text{target}}^{\text{UE}}$ ，因此使 CPE 有足够的功率。但同时 $P_0^{\text{UE}} < P_{0,\text{target}}^{\text{UE}} < P_{\max,\text{ul}}^{\text{UE}}$ ，因为 $\min\left(P_0^{\text{UE}}, \min\left(P_{\max,\text{ul}}^{\text{UE}}, P_{0,\text{target}}^{\text{UE}}\right)\right) = \min\left(P_0^{\text{UE}}, P_{0,\text{target}}^{\text{UE}}\right) = P_0^{\text{UE}}$ 产生硬件电路限制条件，所以无法响应(饱和)功率请求，由于 CPE 室外功率值限制，CPE 室外单元发生了饱和。

考虑到上述两个条件，可得

$$\text{Requested}\left(P_{0,\text{target}}^{\text{UE}} > P_0^{\text{UE}}\right) \cup \left(P_{0,\text{target}}^{\text{UE}} > P_{\max,\text{ul}}^{\text{UE}}\right)$$

因此总是

$$\text{SE}_{\text{eNodeB}} < N_{\text{t}} \cdot \text{RB}_{\text{BW}} \cdot \left(N_{\text{f}}^{\text{LNA}} + \frac{\left(N_{\text{f}}^{\text{R}} L_{\text{pathloss}}^{\text{feeder}}\right) - 1}{G_{\text{LNA}}} \right)$$

第一个结论：考虑到必要的 CPE 室外单元的上行链路连接性，C-RAN 设计人员必须确保之前的饱和状态不会发生。

第二个结论：考虑到所有的设计限制以及 RRH/RRU 的灵敏度条件：

$$\text{SE}_{\text{eNodeB}} = \frac{\min\left(P_0^{\text{UE}}, \min\left(P_{\max,\text{ul}}^{\text{UE}}, P_{0,\text{target}}^{\text{UE}}\right)\right) G_o^{\text{T}}(\theta_o) \cdot G_o^{\text{R}}(\theta_o)}{L_{\text{pathloss}} L_{\text{j}} L_{\text{LNA}} L_{\text{f}} L_{\text{C}}} \geqslant$$

$$N_{\text{t}} \cdot \text{RB}_{\text{BW}} \cdot \left(N_{\text{f}}^{\text{LNA}} + \frac{N_{\text{f}}^{\text{R}} L_{\text{pathloss}}^{\text{feeder}} - 1}{G_{\text{LNA}}} \right) \Rightarrow$$

$$\min\left(P_0^{\text{UE}}, \min\left(P_{\max,\text{ul}}^{\text{UE}}, P_{0,\text{target}}^{\text{UE}}\right)\right) \geqslant$$

$$\frac{N_{\text{t}} \cdot \text{RB}_{\text{BW}} \cdot \left(N_{\text{f}}^{\text{LNA}} + \frac{N_{\text{f}}^{\text{R}} L_{\text{pathloss}}^{\text{feeder}} - 1}{G_{\text{LNA}}} \right) L_{\text{pathloss}} L_{\text{j}} L_{\text{LNA}} L_{\text{f}} L_{\text{C}}}{G_o^{\text{T}}(\theta_o) \cdot G_o^{\text{R}}(\theta_o)} \Rightarrow$$

$$P_{0,\text{target}}^{\text{UE}} \geqslant \frac{N_{\text{t}} \cdot \text{RB}_{\text{BW}} \cdot \left(N_{\text{f}}^{\text{LNA}} + \frac{N_{\text{f}}^{\text{R}} L_{\text{pathloss}}^{\text{feeder}} - 1}{G_{\text{LNA}}} \right) L_{\text{pathloss}} L_{\text{j}} L_{\text{LNA}} L_{\text{f}} L_{\text{C}}}{G_o^{\text{T}}(\theta_o) \cdot G_o^{\text{R}}(\theta_o)} \tag{11.8}$$

针对 $\min\left(P_0^{\text{UE}}, \min\left(P_{\max,\text{ul}}^{\text{UE}}, P_{0,\text{target}}^{\text{UE}}\right)\right) = P_0^{\text{UE}}, \forall r \leqslant R$ ，考虑的严格条件如下。

(1) 在每个小区覆盖域 $r \leqslant R$ 上，最大功率 $P_{\max,\text{ul}}^{\text{UE}}$ 参数配置的初始设置(即 Ericsson 参数

pMaxServingCell)应该是 $P_{\max,\mathrm{ul}}^{\mathrm{UE}} \leqslant P_0^{\mathrm{UE}}$ ，可得 $\min\left(P_{\max,\mathrm{ul}}^{\mathrm{UE}}, P_{0,\mathrm{target}}^{\mathrm{UE}}\right) \leqslant P_0^{\mathrm{UE}}, \forall r \leqslant R$ 。

(2) 将同时存在的功率控制参数配置与最大的覆盖范围 R 相结合，应为

$$P_{0,\mathrm{target}}^{\mathrm{UE}} < P_{\max,\mathrm{ul}}^{\mathrm{UE}} \leqslant P_0^{\mathrm{UE}}, \forall r \leqslant R, \text{可得} \min\left(P_{\max,\mathrm{ul}}^{\mathrm{UE}}, P_{0,\mathrm{target}}^{\mathrm{UE}}\right) = P_{0,\mathrm{target}}^{\mathrm{UE}}, \forall r \leqslant R$$

$$\min\left(P_0^{\mathrm{UE}}, \min\left(P_{\max,\mathrm{ul}}^{\mathrm{UE}}, P_{0,\mathrm{target}}^{UE}\right)\right) = P_0^{\mathrm{UE}}, \forall r \leqslant R \text{，可得保证条件} P_{0,\mathrm{target}}^{\mathrm{UE}}, \forall r \leqslant R$$

一个更好的 C-RAN 提议是使用一个设计余量 $P_{\mathrm{marg}} \approx 3\ \mathrm{dB}$ ，以使任何噪声和干扰峰值在其初始设计中被超量化并被吸收。在这种情况下：

$$\begin{aligned}\mathrm{SE}_{\mathrm{eNodeB}} &= \frac{\min\left(P_0^{\mathrm{UE}}, \min\left(P_{\max,\mathrm{ul}}^{\mathrm{UE}}, P_{0,\mathrm{target}}^{\mathrm{UE}}\right)\right) \cdot G_o^{\mathrm{T}}(\theta_o) \cdot G_o^{\mathrm{R}}(\theta_o)}{L_{\mathrm{pathloss}} L_{\mathrm{j}} L_{\mathrm{LNA}} L_{\mathrm{f}} L_{\mathrm{C}}} \\ &\geqslant N_{\mathrm{t}} \cdot \mathrm{RB}_{\mathrm{BW}} \cdot \left(N_{\mathrm{f}}^{\mathrm{LNA}} + \frac{N_{\mathrm{f}}^{\mathrm{R}} L_{\mathrm{pathloss}}^{\mathrm{feeder}} - 1}{G_{\mathrm{LNA}}}\right) + P_{\mathrm{marg}}\end{aligned}$$

$$\min\left(P_0^{\mathrm{UE}}, \min\left(P_{\max,\mathrm{ul}}^{\mathrm{UE}}, P_{0,\mathrm{target}}^{\mathrm{UE}}\right)\right) \geqslant \frac{\left[N_{\mathrm{t}} \cdot \mathrm{RB}_{\mathrm{BW}} \cdot \left(N_{\mathrm{f}}^{\mathrm{LNA}} + \frac{N_{\mathrm{f}}^{\mathrm{R}} L_{\mathrm{pathloss}}^{\mathrm{feeder}} - 1}{G_{\mathrm{LNA}}}\right) + P_{\mathrm{marg}}\right] L_{\mathrm{pathloss}} L_{\mathrm{j}} L_{\mathrm{LNA}} L_{\mathrm{f}} L_{\mathrm{C}}}{G_o^{\mathrm{T}}(\theta_o) \cdot G_o^{\mathrm{R}}(\theta_o)} \Rightarrow$$

$$\text{功率控制决策} P_{0,\mathrm{target}}^{\mathrm{UE}} \geqslant \frac{\left[N_{\mathrm{t}} \cdot \mathrm{RB}_{\mathrm{BW}} \cdot \left(N_{\mathrm{f}}^{\mathrm{LNA}} + \frac{N_{\mathrm{f}}^{\mathrm{R}} L_{\mathrm{pathloss}}^{\mathrm{feeder}} - 1}{G_{\mathrm{LNA}}}\right) + P_{\mathrm{marg}}\right] L_{\mathrm{pathloss}} L_{\mathrm{j}} L_{\mathrm{LNA}} L_{\mathrm{f}} L_{\mathrm{C}}}{G_o^{\mathrm{T}}(\theta_o) \cdot G_o^{\mathrm{R}}(\theta_o)} \tag{11.9}$$

11.4.2 CEP 小区选择——野营适宜的条件

空闲模式(野营)中的小区选择对于 C-RAN CPE 室外单元也是至关重要的[30],因为不正确地驻留小区会导致 RRH/RRU 灵敏度条件失效，那么正确的做法就是始终遵循 3GPP 规范(即 3GPP TS 36.304)[38](图 11.6)。

根据 3GPP TS 36.304，通过以下提议对小区露营进行验证：

$$S_{\mathrm{rxlev}} = Q_{\mathrm{rxlevmeas}} - \left(Q_{\mathrm{rxlev\,min}} + Q_{\mathrm{rxlev\,min\,offset}}\right) - P_{\mathrm{compensation}} > 0 \tag{11.10}$$

其中，$Q_{\mathrm{rxlevmeas}}$ 为通过参考信号的 RS(RSRP)信号强度测量值得到实际 CPE 室外单元的下行链路 RRH 的测量发射功率；$Q_{\mathrm{rxlev\,min}}$ 为在下行链路上通过 BCCH 信道广播的可配置的小区参数；$Q_{\mathrm{rxlev\,min\,offset}}$ 为用于微调目标的可偏移的配置参数；$P_{\mathrm{compensation}}$ 为依据 3GPP 的提议得到的功率可配置参数 $P_{\mathrm{compensation}} = \max\left(P_{\mathrm{EMAX}} - P_{\mathrm{UMAX}}, 0\right)$ ，P_{EMAX} 为基于 3GPP 得到

$P_{\text{EMAX}} = P_{\max,\text{ul}}^{\text{UE}}$，$P_{\text{UMAX}}$ 也是根据 3GPP 得到 $P_{\text{UMAX}} = P_0^{\text{UE}}$。

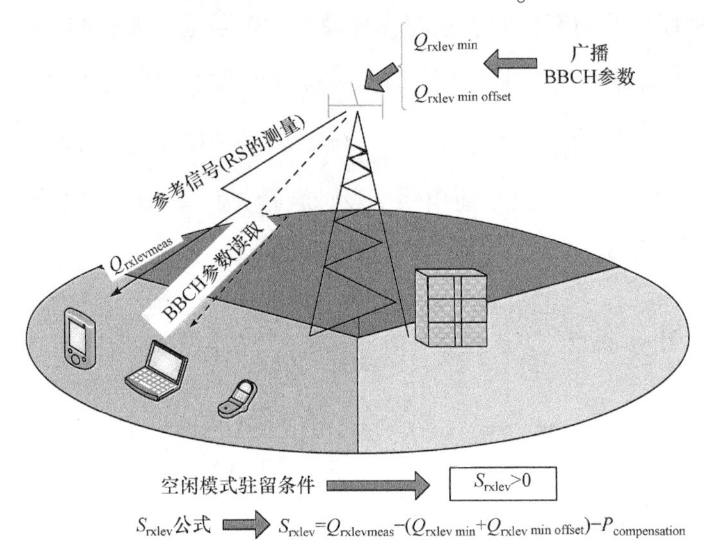

图 11.6　小区驻留过程

将 $P_{\text{compensation}}$ 代入式(11.10)，可以得到更新的小区野营的适宜条件：

$$S_{\text{rxlev}} = Q_{\text{rxlevmeas}} - \left(Q_{\text{rxlev min}} + Q_{\text{rxlev min offset}}\right) - \max\left(P_{\max,\text{ul}}^{\text{UE}} - P_0^{\text{UE}}, 0\right) \tag{11.11}$$

遵循标准小区规划并考虑 LTE-A 室外小区选择以保证式(11.9)的灵敏度条件，小区规划人员应始终选择野营的参数，以便实现以下两点。

(1) 在每个地理小区覆盖域中，要满足的 $r \leqslant R$ 条件是 $\left(Q_{\text{rxlev min}} + Q_{\text{rxlev min offset}}\right) < S_{\text{rxlev}}$，$\forall r \leqslant R$，因此总会得到 $S_{\text{rxlev}} > 0$。

(2) 在每个地理小区覆盖域中，要满足的 $r \leqslant R$ 条件是 $P_{\max,\text{ul}}^{\text{UE}} \leqslant P_0^{\text{UE}}, \forall r \leqslant R$，因此总会得到 $\max\left(P_{\max,\text{ul}}^{\text{UE}} - P_0^{\text{UE}}, 0\right), \forall r \leqslant R \rightarrow S_{\text{rxlev}} > 0, \forall r \leqslant R$。

11.5　跨 层 设 计

在本节中，将研究在 MAC 与物理跨层中聚焦对吞吐量的优化。由于数据业务的浮动性质，完整性(吞吐量)是密集的 ad hoc 传感器无线网络中的主要问题之一。特别是在依赖于 C-RAN 架构的 IoT 网络中，传感器的更新和报告功能随着业务量的变化随机分布在峰值和谷值。

根据文献[37]的分析，平均传输率为 $\langle R_{\text{data}} \rangle_{\text{uplink}} = \langle M_{\text{I}} \rangle / \langle T_{\text{delay}} \rangle$，且预期的平均吞吐量为

$$\begin{aligned}\left\langle T_{\text{delay}}\right\rangle =& \frac{m_{\text{mac}}\left\langle M_{\text{I}}\right\rangle}{M\cdot n_{\text{RB}}\cdot r_{\text{TTI}}}T_{\text{s}}+\frac{M_{\text{over}}\left(\frac{\left\langle M_{\text{I}}\right\rangle}{M_{\text{mac}}}+0.5\right)}{M\cdot n_{\text{RB}}\cdot r_{\text{TTI}}}T_{\text{s}}\\ &+\frac{\left(\frac{\left\langle M_{\text{I}}\right\rangle}{M_{\text{mac}}}+1.5\right)M_{\text{mac}}}{M\cdot n_{\text{RB}}\cdot r_{\text{TTI}}}T_{\text{s}}+\left\langle n\right\rangle T_{\text{s}}\end{aligned} \tag{11.12}$$

其中，$\left\langle M_{\text{I}}\right\rangle$是用于传输的平均 IP 传感器业务分组；$M_{\text{mac}}$是由传感器 MAC 软件产生的 IEEE MAC 传输块大小，并向 LTE-A 室内的 BBU 提供进一步处理；M_{over}是在 CPE BBU 上将 IEEE 基于传感器的 MAC 传输块大小添加到 3GPP LTE MAC 分组大小时添加的开销；r_{TTI}是从 CPE BBU 产生的 3GPP 传输块比特大小的数量，包括具有用于 C-RAN LTE-A 链路质量信道的编码比特的 IEEE MAC 传输块比特大小(该大小根据 3GPP MAC 软件内的增强型链路自适应单元选择)；M 是使用 MIMO 时的空间复用数量(LTE-A 的典型值是 $M=4$ 或 $M=8$)；T_{s}是持续时间为 1ms 的副帧周期。

针对特定的 CPE 室外单元和 RRH/RRU 无线链路质量，一个重要的优化参数是 n_{RB}，即从 C-RAN 3GPP MAC 调度器分配的 PRBs 数目[37,38]。读者应注意，MAC 调度器和链路适配软件块既不在 CPE 室内外单元上，也不在分布式 RRH/RRU 单元上，而是在云切片服务器上。

那么，基础的最优化问题是规划人员应该如何评估 n_{RB}，或规划人员应该如何重新考虑 C-RAN 规划以确保分配的最大 n_{RB} 以及预期的吞吐量？未来 5G C-RAN 网络的链路自适应功能以及 MAC 调度功能并不容易研究，这是由于系统供应商不会将它们向公众发布。但是，为了确保更好的性能和最大的容量，有一些简单但关键的步骤和规则需要遵循。链路自适应功能受限于以下要求。

第一需求：链路自适应单元设法分配数量为 n_{RB} 的 PRB 给 CPE 嵌入式 BBU，以完成每个传感器的服务请求 $\gamma_{\text{RRH}}^{\text{uplink}}=\text{SINR}_{\text{target}}=\gamma_{\text{target}}^{\text{uplink}}$。$\gamma_{\text{RRH}}^{\text{uplink}}$ 是测量的接收信噪比。$\gamma_{\text{RRH}}^{\text{uplink}}=\text{SE}_{\text{RRH}}/N\cdot\beta_{\text{I,RB}}^{\text{UL}}$是所请求的最小接收信噪比，且其使得 3GPP HARQ MAC 层和 ARQ RLC 层的错误校正和错误检测能够实现分组。

第二需求：接收到的上行链路信噪比 $\gamma_{\text{eNodeB}}^{\text{uplink}}$ 绝不能小于 $\gamma_{\text{target}}^{\text{uplink}}$。如果是上述情况，则 CPE 室内外单元可能会比预期的要小。

第三需求：接收到的上行链路信噪比 $\gamma_{\text{eNodeB}}^{\text{uplink}}$ 绝不能超过 $\gamma_{\text{target}}^{\text{uplink}}$。如果是上述情况，则 CPE 室内外嵌入式单元可能传输更大的 MAC 传输块并且可能增加吞吐量。但是，它将从同一小区覆盖区域内其他 CPE 用户单元处获取额外的 PRBs，因此会大大降低其潜在的吞吐量。

根据这些需求，优化者应能够估计分配的 n_{RB} PRBs。考虑上行链路最大发射功率为 $P_0^{\text{UE}}=P_{\text{max,ul}}^{\text{UE}}$ 的最坏情况(其典型值为 $P_{\text{max,ul}}^{\text{UE}}=20\text{dBm}$且 $P_0^{\text{UE}}\approx 23\text{dBm}$)。假设分配的

PRB 是 n_{RB}，并且每个 PRB 的发射功率是 $P_{\mathrm{max,ul}}^{\mathrm{UE}} / n_{\mathrm{RB}}$，则分布式 RRH/RRU 上每个 PRB 的预期上行链路接收功率将是

$$P_{\mathrm{R,RB}}^{\mathrm{UL}} = \frac{\frac{P_{\mathrm{max,ul}}^{\mathrm{UE}}}{n_{\mathrm{RB}}} \cdot G_o^{\mathrm{T}}(\theta_o) \cdot G_o^{\mathrm{R}}(\theta_o)}{L_{\mathrm{pathloss}}} = \frac{P_{\mathrm{max,ul}}^{\mathrm{UE}} G_o^{\mathrm{T}}(\theta_o) \cdot G_o^{\mathrm{R}}(\theta_o)}{n_{\mathrm{RB}} \cdot L_{\mathrm{pathloss}}}$$

预期每个 RB 的上行链路信噪比为

$$\gamma_{\mathrm{RRH,RB}}^{\mathrm{uplink}} = \frac{P_{\mathrm{R,RB}}^{\mathrm{UL}}}{N + I_{\mathrm{RB},n}} = \frac{P_{\mathrm{max,ul}}^{\mathrm{UE}} G_o^{\mathrm{T}}(\theta_o) \cdot G_o^{\mathrm{R}}(\theta_o)}{n_{\mathrm{RB}} \cdot L_{\mathrm{pathloss}} \cdot N \cdot \beta_{\mathrm{I,RB}}^{\mathrm{UL}}} \tag{11.13}$$

由于 MAC 调度器总是分配适当的 n_{RB} 个 PRBs，因此 $\gamma_{\mathrm{RRH}}^{\mathrm{uplink}} = \mathrm{SINR}_{\mathrm{target}} = \gamma_{\mathrm{target}}^{\mathrm{uplink}}$，

$$\gamma_{\mathrm{RRH,RB}}^{\mathrm{uplink}} = \gamma_{\mathrm{target}}^{\mathrm{uplink}} = \frac{\frac{P_{\mathrm{max,ul}}^{\mathrm{UE}} G_o^{\mathrm{T}}(\theta_o) \cdot G_o^{\mathrm{R}}(\theta_o)}{n_{\mathrm{RB}} \cdot L_{\mathrm{pathloss}}}}{N + I_{\mathrm{RB},n}} = \frac{P_{\mathrm{max,ul}}^{\mathrm{UE}} G_o^{\mathrm{T}}(\theta_o) \cdot G_o^{\mathrm{R}}(\theta_o)}{n_{\mathrm{RB}} \cdot L_{\mathrm{pathloss}} \cdot N \cdot \beta_{\mathrm{I,RB}}^{\mathrm{UL}}} \Rightarrow$$

$$\lceil n_{\mathrm{RB}} \rceil = \left. \frac{P_{\mathrm{max,ul}}^{\mathrm{UE}} \cdot G_o^{\mathrm{R}}(\theta_o)}{\gamma_{\mathrm{target}}^{\mathrm{uplink}} \cdot L(R)_{\mathrm{pathloss}} \cdot N \cdot \beta_{I,\mathrm{RB}}^{\mathrm{UL}}} \right|_{R=R_{\max}} \tag{11.14}$$

其中，物理层因素 $\gamma_{\mathrm{target}}^{\mathrm{uplink}}$ 主要取决于小区规划和网络部署，且其取值总是由供应 RRH/RRU 设备的供应商提供并作为现有硬件灵敏度的一般提议。事实上，这是一个 IoT 吞吐量和业务的跨层优化问题，优化者应规划充分的 C-RAN 覆盖范围，以最大化接收到的信号并尽量减少对 MAC 调度器决策的干扰。

考虑到式(11.12)中参数 m_{mac} 是 C-RAN RRH/RRU 单元的 MAC 层重传的 CPE 上行链路的数量，其取值取决于物理层的限制因素，即 $\gamma_{\mathrm{RRH}}^{\mathrm{uplink}} = \mathrm{SINR}_{\mathrm{target}} \approx \gamma_{\mathrm{target}}^{\mathrm{uplink}} = \mathrm{SE}_{\mathrm{RRH}} / N \cdot \beta_{\mathrm{I,RB}}^{\mathrm{UL}} = f\left(\mathrm{BER}_{\mathrm{RRH}}^{\mathrm{uplink}}\right) = f(p_{\mathrm{b}})$。根据文献[36]和[37]，该限制因素为 $m_{\mathrm{mac}} \approx \sum_{k=0}^{\infty}\left[(M_{\mathrm{mac}} + k - 1)! / k!(M_{\mathrm{mac}} - 1)!\right] p_{\mathrm{b}}^{k} - 1 = M_{\mathrm{mac}} \cdot p_{\mathrm{b}}$，在条件 $|p_{\mathrm{b}}| \ll 1$ 下估计得到的。

然而，C-RAN 设计人员应该始终注意，$\gamma_{\mathrm{RRH}}^{\mathrm{uplink}} = \mathrm{SINR}_{\mathrm{target}} \approx \gamma_{\mathrm{target}}^{\mathrm{uplink}} = \mathrm{SE}_{\mathrm{RRH}} / N \cdot \beta_{\mathrm{I,RB}}^{\mathrm{UL}}$ 的必要条件并不总是很容易实现。从网络设计的角度来看，未能满足这些条件的原因取决于文献[37]的以下几点。

(1) 小区覆盖设计 $R = R_{\max}$：规划人员应始终确保 CPE 设备不在小区边缘 $(R_{\max})$。

(2) 路损：始终考虑满足小区野营的条件，即 $\left(Q_{\mathrm{rxlev\,min}} + Q_{\mathrm{rxlev\,min\,offset}}\right) < S_{\mathrm{rxlev}} \cap P_{\mathrm{max,ul}}^{\mathrm{UE}} \leqslant P_0^{\mathrm{UE}}$，以至于总是 $S_{\mathrm{rxlev}} > 0, \forall r \leqslant R$。

(3) 每个 PRB 的最大 CPE 上行链路发射功率(具有典型值 23 dBm)。只要设置限制条件 $P_{0,\mathrm{target}}^{\mathrm{UE}} < P_{\mathrm{max,ul}}^{\mathrm{UE}} \leqslant P_0^{\mathrm{UE}}, \forall r \leqslant R$ 能有效地避免上行链路功率饱和，规划者可以始终确

保 CPE 室外单元不会太远(路损场景)，以便发射功率达到 $P_{RB}^{UE}=\min\left(P_0^{UE},\min\left(P_{max,ul}^{UE},P_{0,target}^{UE}\right)\right)/n_{RB}=P_{max,ul}^{UE}/n_{RB}$ 或者 $P_{0,target}^{UE}/n_{RB}$。

11.6 结　　论

针对 IoT 传感器业务，本章基于 3GPP 和 5GPPP 标准及相关国际文献研究了 5G C-RAN 虚拟化网络的部署。C-RAN 上行链路的设计在规划、优化以及影响 IoT 业务流量和服务性能方面一直是最困难的环节之一。特别是面向传感器网络，预期的上行链路流量在高负载峰值时极其不稳定，C-RAN 设计人员必须在网络拓扑的 RRH/RRU 部署中考虑诸多限制。本章研究和讨论了与干扰、吞吐量、可访问性和上行链路连接性等参数相关的规划难点和限制条件，并提出相应的解决方案和应遵循的规则。在优化 5G IoT 网络性能时，C-RAN 规划人员应实现所提出的建议。

参 考 文 献

[1] EUPROJECT METIS-II,5G RAN architecture and functional design, WhitePaper, https:// metisii. 5g-ppp. eu/wp-content/uploads/5G-PPP-METIS-II-5G-RAN-Architecture-White-Paper.pdf.

[2] EUPROJECT5GNORMA, Functional network architecture and security requirements, https://5gn orma. 5g-ppp. eu/wp-content/uploads/2016/11/5g_norma_d6-1.pdf.

[3] NGMNAlliance, 5G White Paper, March 2015.https://www.ngmn.org/5g-white-paper.html.

[4] C.Chen, J.Huang, W.Jueping, Y.Wu, and G.Li, Suggestions on potential solutions to C-RAN, NGMN Alliance project P-CRAN Centralized Processing Collaborative Radio RealTime Cloud Computing Clear RAN System, version4.0,January2013.

[5] S.Louvros,andM.Paraskevas,LTE uplink delay constraints for smartgrid applications, 19th IEEE International Workshop on Computer Aided Modeling and Design of Communication Links and Networks(CAMAD2014), Special session on “Smart energy grid: theory,ICT technologies and novel business models,” invited paper,Athens,1–3December,2014.

[6] Flex5GwareProject:www.flex5gware.eu/.

[7] 5GPPP use cases and performance evaluation models, version1.0,http://www.5g-ppp.eu/.

[8] 3GPPRP-152129, NGMN requirement metrics and deployment scenarios for 5G, December2015.

[9] 3GPPS2-153651, Study on architecture for next generation system, October2015.

[10] U.Dotsch, M.Doll, H-P. Mayer, F.Schaich, J.Segel, andP.Sehier, Quantitative analysis of split basestation processing and determination of advantageous architectures for LTE, *BellLabs Technical Journal*, Vol.18, No.1, pp.105-128, May2013.

[11] Ericsson Cloud RAN, https://www.ericsson.com/res/docs/whitepapers/wp-cloud-ran.pdf.

[12] CloudRAN: Reconstructing the radio network with cloud, web portal on www.huawei. com/en/ news/2016/4/CloudRAN.

[13] C-RAN<E Advanced: The road to “true 4G” &beyond, webpage file:http://www. heavyreading. com/details.asp?sku_id=3090&skuitem_itemid=1517.

[14] Ericsson unleashes gigabit LTE and creates hyperscale cloud RAN, https://www. ericsson.com/ news/ 160204-ericsson-unleashes-gigabit-lte-and-creates-hyperscale-cloud-ran_244039856_c.

[15] ChinaMobile Research Institute, C-RAN;The road towards green RAN,WhitePaper,ver- sion2.5, October 2011.

[16] A.Koubâa, M.Alves, M.Attia,andA.VanNieuwenhuyse,Collision-free beacons cheduling mechanisms for IEEE 802.15.4/Zigbee clustertree wireless sensornetworks, *Proceedings of 7th International Workshop on Applications and Services in Wireless Networks(ASWN2007)*, Santander, Spain, May2007, 1-16.

[17] G.Smart, N.Deligiannis, R.Surace, V.Loscri, G.Fortino, andY.Andreopoulos, Decentralizedtime-syn chronized channels wapping for ad hoc wireless networks, *IEEE Transactionson VehicularTechno logy*, Vol.65, No. 10, pp. 8538-8553, 2016.

[18] A.Checko,H.L.Christiansen,Y.Yan,L.Scolari,G.Kardaras,M.S.Berger,andL.Dittmann,Cloud ran for mobile networks:A technology overview, *IEEE Communication Surveys&Tutorials*, Vol.17, No.1, pp.405-426,September2014.

[19] J.Rodriguez, *Fundamentals of 5G Mobile Networks*, 2015, Wiley.

[20] RYSAVYResearch, LTE and 5G innovation: Igniting mobile broadband,4G Americas, file: ///C:/ Users/spyros/Desktop/4G_Americas_Rysavy_Research_LTE_and_5G_Innovat-ion_white_paper.pdf, August 2015.

[21] 3GPPTS36.304v8.6.0Technical specification group radio access network, E-UTRA,user equip- ment(UE) procedures in idle mode.

[22] 3GPP TS 36.101 0 technical specification group radio access network, E-UTRA, user equipment (UE) radio transmission and reception.

[23] 3GPP TS 36.213 v8.8.0 technical specification group radio access network, E-UTRA, physical layer procedures.

[24] S. Louvros, K. Aggelis, and A. Baltagiannis, LTE cell planning coverage algorithm optimising uplink user cell throughput, ConTEL 2011 11th International Conference on Telecommunications, IEEE sponsored (IEEE xplore data base), Graz, Austria, 15-17 June 2011.

[25] S. Louvros, and M. Paraskevas, Analytical average throughput and delay estimations for LTE uplink cell edge users, *Journal of Computers and Electrical Engineering*, Elsevier, Vol. 40, No. 5, pp. 1552-1563, July 2014.

[26] 3GPP, TR 36.819, Coordinated multi-point operation for LTE physical layer aspects.

[27] Project CHARISMA: converged heterogeneous advanced 5G cloud-RAN architec ture for intelligent and secure media access, ICT 2014: advanced 5G network infrastruc ture for the future Internet, http://www.charisma5g.eu/wp-content/uploads/2015/08/CHARISMA-D53-Standardisation-and-5GP PP-liaison-activities-Plan-v1.0.pdf.

[28] C. Kosta, B. Hunt, A. Ul Quddus, and R. Tafazolli, On interference avoidance through intercell interference coordination (ICIC) based on OFDMA mobile systems, *IEEE Commu- nications Surveys and Tutorials*, Vol. 15, No. 3, December 2012.

[29] J. Lee et al., Coordinated multipoint transmission and reception in LTE- advanced systems, *IEEE Communications Magazine*, Vol. 50, No. 11, November 2012, pp. 44-50.

[30] S. Louvros, I. Kougias, K. Aggelis, and A. Baltagiannis, LTE planning optimization based on queueing modeling & network topology principles, 2010 *International Conference on Topology and Its*

Applications, *Topology and its Applications*. Vol. 159, No. 7, pp. 1655-2020, 2012.

[31] S. Louvros, Topology dependant IP packet transmission delay on LTE networks, Anniversary *Proceedings of International Conference on Topology and Its Applications*, selected paper, Nafpaktos, 2015.

[32] 3GPP Technical Report TR 36.942, E-UTRA radio frequency system scenaria.

[33] Y. Sagae, Y. Ohwatari, and Y. Sano, Improved interference rejection and suppression technology in LTE release 11, *NTT DOCOMO Technical Journal*, Vol. 15, No. 2. pp. 27-30, 2013.

[34] D.A. Wassie, G. Berardinelli, F.M.L. Tavares, O. Tonelli, T.B. Sorensen, and P. Mogensen, Experimental evaluation of interference rejection combining for 5G small cells, *IEEE Wireless Communications and Networking Conference* (WCNC), pp. 652-657, March 2015.

[35] W. Nam, D. Bai, and J. Lee, Advanced interference management for 5G cellular networks, *IEEE Communications Magazine*, Vol. 52, No. 5, pp. 52-60, May 2014.

[36] S. Louvros, and I.E. Kougias, Analysis of LTE multi-carrier signal transmission over wireless channels with operators on Heisenberg group H(R), *International Conference on Topology and Its Applications*, selected paper, Nafpaktos, 2015.

[37] K. Aggelis, S. Louvros, A.C. Iossifides, A. Baltagiannis, and G. Economou, A semi-analytical mac roscopic MAC layer model for LTE uplink, IEEE 5th International IFIP Conference on New Technologies, Mobility and Security, (NTMS 2012), Istanbul, Turkey, 7-10 May, 2012.

[38] A. Al Masoud, G. Ashmakopoulos, S. Louvros, V. Triantafyllou, and A. Baltagiannis, Indoor LTE uplink cell planning considerations for symmetrical & unsymmetrical MIMO techniques, IEEE Wireless Telecommunications Symposium (WTS 2012), London, UK, 18-20 April, 2012.